Bildverarbeitung für Einsteiger

Burkhard Neumann

Bildverarbeitung
für Einsteiger

Programmbeispiele mit Mathcad

Mit 267 Abbildungen und 45 Tabellen

 Springer

Professor Dr. Burkhard Neumann
Fachhochschule Südwestfalen
Fachbereich Informatik und Naturwissenschaften
Frauenstuhlweg 31
58644 Iserlohn
Deutschland
e-mail: neumann.b@fh-swf.de

Bibliografische Information der Deutschen Bibliothek

Die Deutsche Bibliothek verzeichnet diese Publikation in der Deutschen Nationalbibliografie; detaillierte bibliografische Daten sind im Internet über http://dnb.ddb.de abrufbar.

ISBN 3-540-21888-2   Springer Berlin Heidelberg New York

Springer ist ein Unternehmen von Springer Science+Business Media

springer.de

© Springer-Verlag Berlin Heidelberg 2005
Printed in Germany

Satz: Reproduktionsfertige Vorlage vom Autor
Herstellung: LE-TeX Jelonek, Schmidt & Vöckler GbR, Leipzig
Einbandgestaltung: medionet AG, Berlin
Gedruckt auf säurefreiem Papier   SPIN: 10972335   7/3142YL - 5 4 3 2 1 0

Vorwort

Wir leben in einer von Bildern geprägten Zeit. Über Fernsehen und Internet erhalten wir fortlaufend Informationen über das Geschehen aus aller Welt. Unsere Kommunikation mit dem PC läuft überwiegend über den Monitor ab. Sogar aus fernen Welten gelangen wertvolle Bildinformationen zu uns. Wir erinnern uns an die eindrucksvollen Bilder der amerikanischen Mars-Rover Spirit und Opportunity sowie der europäischen Sonde Mars Express. Während Spirit und Opportunity direkt auf dem Mars gelandet sind und Bilder aus unmittelbarer Nähe zu uns schicken, umkreist Mars Express unseren Nachbarplaneten und sendet Aufsehen erregende 3D-Bilder von dessen Oberfläche.

Mit dem Bildmaterial setzte sogleich auch die Bildauswertung ein, die bereits zu ersten spektakulären Erkenntnissen geführt hat. So können wir aus dem Internet erfahren, dass es mit hoher Wahrscheinlichkeit Wasser auf dem Mars gibt.

Da die Bilddatenflut enorm ist, kann eine systematische Auswertung nur mit Hilfe der digitalen Bildverarbeitung (BV) erfolgen. In diesem Buch werden die Grundlagen dieser wissenschaftlichen Teildisziplin vermittelt.

Es gibt bereits seit vielen Jahren Bücher zum Thema Bildverarbeitung, die sich diesem Stoff auf unterschiedlichste Weise nähern. Während einige Autoren die theoretischen Aspekte in den Vordergrund rücken, gehen andere über deren Anwendungen an das Thema heran.

Dieses Buch versucht beide Gesichtspunkte im Sinne der Zielsetzung, nämlich eine Einführung in die Thematik zu geben, angemessen zu berücksichtigen.

Es richtet sich an jeden, der die grundlegenden Konzepte der Bildverarbeitung erlernen möchte, sei es als Student oder als Anwender, dessen Wissen schon ein wenig verblasst ist oder der etwas tiefere Einblicke in die Funktionsweisen der BV-Algorithmen gewinnen möchte.

Hierzu sollen die an den Schluss eines jeden Kapitels gestellten Mathcad-Arbeitsblätter dienen. Die Programmierung mit Mathcad kann relativ schnell erlernt werden, so dass die Beschäftigung mit den grundlegenden Algorithmen der Bildverarbeitung in den Vordergrund treten sollte.

Die Programmbeispiele in Mathcad eignen sich auch als Vorlagen für die Programmumsetzungen in andere Programmiersprachen.

Ich möchte Sie als aufmerksame Leser bitten, kritische und konstruktive Kritik an diesem Buch zu üben, Verbesserungen und Ergänzungen vorzuschlagen und auf eventuelle Unstimmigkeiten oder Fehler hinzuweisen, die sich trotz aller Sorgfalt eingeschlichen haben könnten. Meine E-Mail-Adresse lautet:

Neumann.b@fh-swf.de

Materialien im Internet

Dieses Buch besitzt eine Webseite:

http://www.springeronline.com/de/3-540-21888-2

Diese Seiten enthalten sämtliche im Buch behandelten Mathcad-Arbeitsblätter. Hinweise zum Laden dieser Files werden auf der Webseite gegeben.

Einsatz in der Lehre

Dieses Buch ist für Studierende nach dem Vordiplom gedacht, da die BV nicht zu den Grundlagenfächern gezählt werden kann. Es eignet sich als Einführung in die digitale Bildverarbeitung für Ingenieure, anwendungsorientierte Informatiker und alle, die sich aus beruflichen oder rein persönlichen Gründen intensiver mit dem Thema beschäftigen möchten. Für eine einsemestrige Einführung inklusive Praktikum eignen sich die Kapitel 1 bis 8, 11 und 12.

Danksagung

Ich bedanke mich bei meinem Kollegen Prof. Dr. H. Moock für die vielen wichtigen Anregungen und das Korrekturlesen. Ich bedanke mich bei meinem Sohn H. N. Neumann für die tatkräftige Unterstützung. Ich bedanke mich auch bei meiner Kollegin und meinen Kollegen vom Arbeitskreis Bildverarbeitung der Fachhochschule Südwestfalen, die maßgeblichen Anteil an der Etablierung dieser wichtigen Fachdisziplin an unserer Hochschule haben. Mein Dank gilt auch Herrn M. Skambraks für seinen Beitrag zum Thema Beleuchtung.

Ich bedanke mich darüber hinaus bei den Mitarbeitern des Springer-Verlags, die zum Gelingen des Buches beigetragen haben. Mein besonderer Dank gilt jedoch meiner Familie und insbesondere meiner lieben Frau Dagmar für die große Geduld, die sie über einen so langen Zeitraum aufgebracht haben.

Iserlohn, im Juli 2004   *Burkhard Neumann*

Inhaltsverzeichnis

1. Einführung

1.1 Ursprünge der Bildverarbeitung

Die Idee einer automatischen Bildverarbeitung (BV) entstand mit der Verfügbarkeit der ersten leistungsfähigen Rechenautomaten. So wurde beispielsweise in den 60-er Jahren des letzen Jahrhunderts bei der Fa. Leitz der sog. Leitz-Classimat entwickelt. Er bestand aus einer Vielzahl diskreter Logik-Gatter und wurde für die Erfassung und Auswertung von Bildern aus der optischen Mikroskopie herangezogen. Seine Programmierung wurde mit einem Kreuzschienenverteiler vorgenommen. Der Nachfolger dieses damals sehr erfolgreichen BV-Systems firmierte unter dem Namen Leitz-TASS, was soviel wie Leitz-**T**extur-**A**nalyse-**S**ystem bedeutet. Dieses ebenfalls erfolgreiche Gerät basierte bereits auf einem Rechner und stellte ein für damalige Verhältnisse sehr flexibles BV-System für die Binärbildverarbeitung dar. Ansatzweise konnte damit aber auch schon eine Graubildverarbeitung durchgeführt werden. Anwendungsgebiete lagen vornehmlich in den Bereichen Medizin, Biologie und Mineralogie. Die Zytologen verwendeten das Leitz-TASS zur automatischen Zelluntersuchung für die Krebsfrüherkennung und die Gesteinskundler führten statistische Untersuchungen an Schliffbildern aus, um damit die Zusammensetzung ihrer Proben besser erfassen zu können.

1.2 Einordnung und Anwendungen der Bildverarbeitung

Die Bildverarbeitung ist ein Spezialgebiet der Informatik. Das Wachstum dieser Branche ist nach den Angaben namhafter Industrieverbände, wie beispielsweise dem VDMA, groß. Mit dieser Methode werden wichtige bildhafte Informationen aus Röntgenbildern, Ultraschallbildern, Satellitenfotos etc. gewonnen. Einige Beispiele für Einsatzmöglichkeiten sind:

☐ Robotersehen
☐ Identifizierung von Schriftzeichen
☐ automatische Zelluntersuchung für die Krebsfrüherkennung
☐ Erkennung oder Vermessung von Werkstücken
☐ Vollständigkeitskontrolle von bestückten Platinen, Pralinenkästen, Medikamentenpackungen
☐ Druckbildkontrolle auf Farbtreue
☐ Objektsuche oder -verfolgung

☐ Objekt- oder Personenerkennung
☐ Objektzählung und Sortierung von Schrauben, Tabletten
☐ Erkennung von Tumoren
☐ Skelettvermessung etc.

Der Begriff Bildverarbeitung fasst viele Verfahrensschritte zusammen. Dazu zählen das irgendwie bildhafte Erfassen von Objekten, das automatische Bearbeiten der Bilder, das Gewinnen grafischer Informationen sowie das darauf basierende Fällen von Entscheidungen.

Aufgrund ihres universellen Einsatzes hat sich die BV als eine Querschnittstechnologie erwiesen, die daher in vielen Bereichen Eingang gefunden hat und deren ökonomische Bedeutung sich in Begriffen wie

☐ Erhöhung der Prüfsicherheit (oft 100%-Kontrolle möglich)
☐ Senkung der Fertigungskosten
☐ Verbesserung der Konkurrenzsituation
☐ Entlastung des Prüfpersonals von anstrengender und monotoner Arbeit

widerspiegelt.

1.3 Die Bildverarbeitungskette

Die Bildverarbeitung setzt sich aus einer Reihe von typischen Verarbeitungsschritten zusammen, die wir uns in Form einer Kette in Abb. 1.1 veranschaulichen. Die Bilderfassung stellt den ersten Schritt der BV dar. Dabei umfasst dieser wichtige erste Schritt neben der Umwandlung der optischen Bilder in elektronisch verarbeitbare Signale (Kap. 4 und 20) auch die Objektbeleuchtung (Kap. 18). Die Vorverarbeitung wird bereits im Rechner durchgeführt und beinhaltet Verarbeitungsschritte zur Bildverbesserung. Hierzu zählen die Rauschfilterung (Kap. 5, 7 und 11), die Kontrastanhebung (Kap. 5 und 6), die Korrektur inhomogener Bildausleuchtung (Kap. 10) und die Korrektur perspektivisch bedingter Bildverzerrungen (Kap. 15). Unter dem mit Segmentierung bezeichneten Arbeitsschritt verstehen wir die Hervorhebung relevanter Bildinhalte, wie bestimmte Objekte, Konturen, Texturen etc.

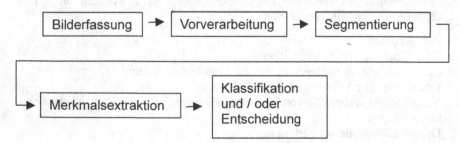

Abb. 1.1. Typische Verarbeitungsschritte der digitalen Bildverarbeitung

Mit diesen Aufgaben beschäftigen wir uns in den Kap. 8, 9, 13 und 16. Im weiteren Sinn können wir auch die Suche nach bestimmten Objekten als Segmentierung auffassen (Kap. 12). Es schließt sich die Merkmalsextraktion an, mit der die zuvor segmentierten Objekte charakterisiert werden. Dabei werden ihnen zuvor definierte Merkmale wie z.B. das Verhältnis Länge zu Breite, Fläche zu Umgang zugewiesen, mit denen die letzten Verarbeitungsschritte Klassifikation und/oder Entscheidung durchgeführt werden können (Kap. 14). Als Ergebnis der Verarbeitungskette sollten beispielsweise Informationen über Art und Anzahl von Teilchen, Oberflächenqualität von Werkstücken, Ort und Lage von Objekten, Zuordnungen von Werkstücknummern zu Werkstücken, Abmessungen von Skelettabschnitten zur Operationsplanung oder Gut-Schlecht-Entscheidungen über Massenprodukte herauskommen.

1.4 Aufbau und Inhalt des Buches

Unter Zuhilfenahme vieler Abbildungen werden in den Kap. 4 bis 16 die grundlegenden Konzepte der digitalen Bildverarbeitung dargestellt. Die einzelnen Kapitel schließen mit Mathcad Arbeitsblättern ab. Sie beinhalten Programmbeispiele zu den behandelten Themen. Neben der eigentlichen Beschreibung in den Kapiteln selbst sind die Arbeitsblätter zum besseren Verständnis mit zahlreichen Kommentaren versehen. Die Arbeitsblätter heben sich durch ihren besonderen Stil vom normalen Text ab und sind mit eigenen Seitenzahlen (römische Ziffern) versehen. Zu jedem Kapitel werden Übungsaufgaben und Computerprojekte angeboten. Lösungen zu ausgewählten Übungsaufgaben befinden sich am Schluss des Buches.

Das Buch besteht aus 20 Kapiteln. Die Kap. 1 und 2 haben Übersichtscharakter. Kap. 3 behandelt Mathcad-Befehle, die in den Arbeitsblättern immer wieder vorkommen. Auf spezielle Befehle wird in den Erläuterungen zu den Arbeitsblättern eingegangen. In den Kap. 4 bis 15 werden die unabdingbaren Grundlagen der Bildverarbeitung behandelt. Jedoch können dabei die Kap. 9, 10 und 13 bis 15 zu vertiefenderen Studien später herangezogen werden. Ein etwas spezielleres Thema stellt die Farbbildverarbeitung in Kap. 16 dar. Es sollte jedoch aufgrund der vielen Möglichkeiten, die das Zusatzmerkmal Farbe liefert, keinesfalls übergangen werden. Kap. 17 kann in einem ersten Durchgang ohne Nachteil für den Leser übersprungen werden. Die Kap. 18 bis 20 sind den verschiedenen Aspekten der Bildgewinnung vorbehalten und sollten spätestens dann erarbeitet werden, wenn dieses Thema für den Leser aktuell wird.

2. Das Bildverarbeitungssystem im Überblick

Die steigende Leistungsfähigkeit der Rechner im PC-Bereich ermöglicht eine breite Anwendung der BV zu relativ günstigen Kosten. Hiervon profitieren kleine und mittelständischen Unternehmen sowie Existenzgründer, die mit relativ geringen Startkosten in dieses Metier einsteigen möchten. BV-Systeme auf PC-Basis werden typischerweise aus den folgenden Komponenten aufgebaut (Abb. 2.1):

☐ Beleuchtungssystem und Optik (Kap. 18)
☐ bildgebendes Sensorsystem, z.B. CCD-Kamera (Kap. 20)
☐ Framegrabber-Einsteckkarte oder andere Schnittstellenkarten zur digitalen Bilddatengewinnung (Kap. 20)
☐ hochauflösende Grafikkarte
☐ PC hoher Leistungsfähigkeit
☐ Bildverarbeitungssoftware (z.B. IMAQ-Vision, Optimas, PicLab, Vipro 6/K, Horus, etc.) und falls nötig
☐ I/O-Einsteckkarte(n) zur Ansteuerung externer Geräte.

In Abschn. 2.1 ff. werden wir die wichtigsten Komponenten eines BV-Systems im Überblick näher kennen lernen.

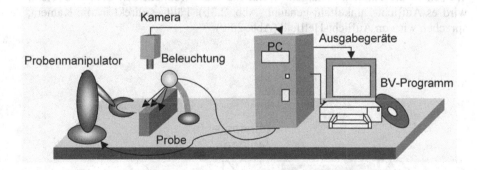

Abb. 2.1. Aufbau eines typischen Bildverarbeitungsplatzes

2.1 Beleuchtung

Der Einsatz einer geeigneten Beleuchtung ist für die digitale Bildverarbeitung von großer Bedeutung. Durch eine geschickte Wahl der Lichtquellen und des Verfahrens gelangen gut auswertbare Bildinformationen in den PC, die eine wichtige Voraussetzung für das Funktionieren der BV-Algorithmen darstellen. Aus diesem Grund ist für die Beleuchtung, neben der anschließenden Einführung in dieses Thema, das Kap. 18 vorgesehen.

2.1.1 Durchlicht

Bei der Durchlichtbeleuchtung wird das Objekt so angeordnet, dass es die Lichtquelle abschattet (Abb. 2.2). Der Hintergrund erscheint hell, das Objekt schwarz. Diese Beleuchtungsart führt zu einem sehr guten Hell-Dunkelkontrast, der scherenschnittartige Bilder hervorruft.

2.1.2 Auflicht

Von Auflicht sprechen wir, wenn das Objekt aus Richtung der Kamera beleuchtet wird. Weiterhin wird zwischen diffusem und gerichtetem Auflicht unterschieden. (Abb.2.3). Beim diffusen Auflicht (Abb. 2.3 a) bewirkt ein vor der Lichtquelle angeordneter Diffusor (z. B. eine Streuscheibe oder ein feines weißes Gewebe), dass das Licht aus verschiedenen Richtungen auf das Objekt fällt. Störende Glanzlichter, die Spiegelungen der Lichtquelle auf dem Objekt darstellen, können auf diese Weise unterdrückt werden. Das gerichtete Auflicht kann auf zwei verschiedene Weisen in die Kamera gelangen. Wenn nur das Streulicht den Sensor erreicht, wird es Auflicht-Dunkelfeld genannt (Abb. 2.3b). Fällt es direkt in die Kamera, sprechen wir von Auflicht-Hellfeld (Abb. 2.3c).

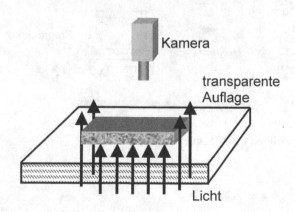

Abb. 2.2. Durchlichtbeleuchtung

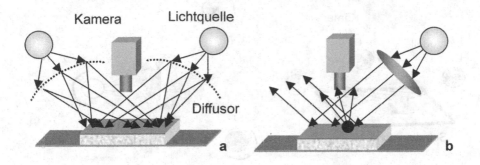

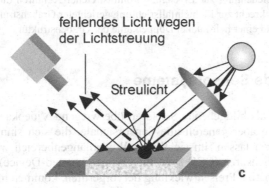

Abb. 2.3. Drei Verfahren zur Auflichtbeleuchtung. **a** Diffuses Auflicht, **b** gerichtetes Auflicht-Dunkelfeld, **c** gerichtetes Auflicht-Hellfeld

Bei Hellfeldbeleuchtung erscheinen reflektierende Bereiche der Oberfläche hell und Stellen, die das Licht streuen, wie z.B. Riefen, Nuten und andere lichtstreuende Strukturen dunkel. Beim Dunkelfeld verhält es sich umgekehrt (Oberflächenfehler werden hell abgebildet).

2.1.3 Mehrfachbeleuchtung

Durch die Beleuchtung aus unterschiedlichen Richtungen erzielen wir kontrastreiche Konturbilder gerichteter Strukturen. Es werden nur dann Kanten aus hellen und dunklen Linien gebildet, wenn ihre Längsorientierungen senkrecht zur Lichteinfallsrichtung verlaufen (Abb. 2.4). Auf diese Weise kann ein Konturbild durch Addition mehrerer hintereinander aufgenommener Einzelbilder erzeugt werden, wobei das Objekt auf jedem Bild aus einer anderen Richtung beleuchtet wurde. Dieser Kontrasteffekt wird viel schwächer, sobald bei der Bilderfassung alle Leuchten gleichzeitig eingeschaltet sind.

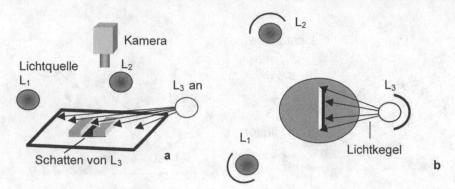

Abb. 2.4. Mehrfachbeleuchtung zur Erzeugung kontrastreicher Konturen durch Schatten. **a** Seitenansicht mit senkrecht zur Lichteinfallsrichtung gerichteter Grabenstruktur, **b** Draufsicht von (**a**) mit Abbild einer hell-dunkel Doppelkante der Grabenstruktur

2.2 Bildgebende Sensorsysteme

Für die BV werden als bildgebende Sensoren überwiegend Videokameras eingesetzt. Es eignen sich aber generell alle Sensorsignale, die sich sinnvoll in eine Bildmatrix überführen lassen. Im sichtbaren Wellenlängenbereich werden heute überwiegend CCD-Sensoren (CCD steht für Charge-Coupled-Device) verwendet. [37]. Durch eine günstige Preisentwicklung hervorgerufen, kommen in letzter Zeit immer mehr digitale Kameras zum Einsatz, die über eine serielle Schnittstelle nach IEEE 1394 (sog. Fire Wire-Schnittstelle), USB 2 oder andere digitale Schnittstellen verfügen (Abschn. 20.1). Solche Kameras benötigen keinen teuren Framegrabber, stattdessen eine entsprechende Schnittstellenkarte und eine Treibersoftware. Digitalkameras haben Vorteile gegenüber analogen Geräten. Sie ermöglichen eine störfestere Datenübertragung und die Eingabe von Kameraparametern, wie z.B. Bilder pro Sekunde (fps), Belichtungszeit (Shutter Time), Gamma (für die Art der Kontrastdarstellung), Verstärkung (Gain) etc. über PC.

Es gibt aber auch Kameras für den für uns nicht sichtbaren Spektralbereich. Hierzu zählen die Wärmebildkameras, Ultraschall- und Röntgensensoren, die oft für die Materialprüfung oder in der Medizin eingesetzt werden oder auch Mikrowellensensoren. Man unterscheidet Flächen- und Zeilen-CCD-Sensoren, je nachdem, ob die lichtempfindlichen Sensorzellen als Matrix oder Zeile ausgebildet sind. Ein Sensorelement wird als Pixel bezeichnet. Dieses Kunstwort setzt sich aus den englischen Wörtern „picture" und „element" zusammen. Die Anzahl der Pixel pro Zeile und Spalte bestimmen die Auflösung des Sensors. Üblich sind eine 1024x768, 768x576 (PAL/ SECAM) oder eine 640x480 (NTSC)-Matrix. Der Aufbau eines derartigen Sensors ist in Abb. 2.5 dargestellt. In jedem Matrixelement wird das auf das einzelne Element auffallende Licht während der Belichtungszeit (typisch 40 ms) summiert und in Ladungswerte umgesetzt.

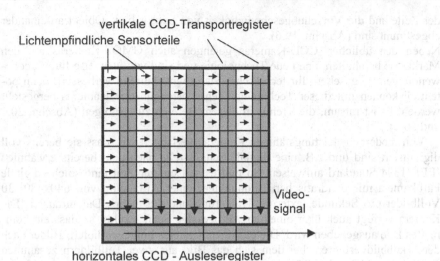

vertikale CCD-Transportregister

Lichtempfindliche Sensorteile

Video-
signal

horizontales CCD - Ausleseregister

Abb. 2.5. Aufbau eines CCD-Chips

Diese ortsabhängigen Ladungen werden mit einem Systemtakt von ca. 10 bis 14 MHz über horizontale und vertikale Schieberegister ausgelesen und in elektrische Spannungen konvertiert. Über den Systemtakt wird auch die Belichtungszeit (englisch: shutter speed), üblicherweise zwischen 1/60s und 1/10000s lang, gesteuert. Das System arbeitet pixelsynchron, wenn die Spannungen der Matrixelemente exakt im Takt mit der Auslesefrequenz in den Bildspeicher eingelesen werden. In diesem Fall gelangt genau der auf jeden Bildpunkt bezogene Intensitätswert in die entsprechende Speicherzelle. Dies ist z.B. für eine hochgenaue geometrische Vermessung unverzichtbar [14].

Dem steht die Nachabtastung eines kontinuierlich fließenden, analogen Spannungssignals als andere Möglichkeit gegenüber, wobei der Auslesetakt der Kamera und der Abtasttakt des Framegrabbers nur auf den Zeilenanfang synchronisiert werden. Danach läuft die Abtastung (englisch: sampling) unsynchronisiert zum Auslesetakt. Es kommt dadurch zu geringen Abweichungen in der Zuordnung zwischen Sensorelement und Bildspeicherelement. Über die Größe von CCD-Sensoren finden Sie mehr in Kap. 20. Die Funktionsweise der Zeilen-CCD-Sensoren entspricht derjenigen der Flächenchips. Die zweite Dimension wird durch die Bewegung des Objekts oder des Sensors senkrecht zur Zeilenrichtung gewonnen, wie dies beispielsweise im Flachbettscanner der Fall ist.

Die Zahl der Pixel pro Zeile ist bei einem Zeilensensor in der Regel größer als beim Flächensensor. Sie kann bis zu 8192 Bildpunkte umfassen (typischer Wert: 2048 Pixel). Gegenüber den etwa 756 Pixel pro Zeile einer typischen CCD-Matrix bedeutet das eine um den Faktor 10 größere Auflösung. Ein Nachteil bei der Verwendung von Zeilensensoren ist das Fehlen einer direkten Bildkontrolle etwa für Einstellzwecke. Verzerrte Abbildungen werden vermieden, wenn die Ausleserate der Zeile und die Vorschubgeschwindigkeit von Sensor bzw. Objekt aufeinander abgestimmt sind (Abschn. 19.6).

Neben den üblichen CCD-Kameras gelangen auch CMOS-Kameras auf den Markt. Sie beinhalten eine neue Technologie und sind vorzugsweise für Videoanwendungen vorgesehen. Ihr technischer Stand wird laufend verbessert, denn potentiell können mit dieser Technologie sehr kostengünstige Kameras hergestellt werden. Es ist ratsam, die Trends in diesem Bereich zu verfolgen (Abschn. 20.1 und 20.2).

Von modernen, leistungsfähigen Kameras verlangen wir, dass sie bereits voll digitalisiert sind und z.B. eine digitale Schnittstelle nach dem bereits erwähnten IEEE 1394 Standard aufweisen. So gibt es seit einiger Zeit eine solche digitale Farbkamera mir quadratischen Bildpunkten, einer Auflösung von 640x480, 30 Vollbilder pro Sekunde, externer Triggerung und 400 Mbps Datentransfer. Die Kamera verfügt auch über einen sog. Progressive Scan Modus, so dass ein komplettes Bild ausgegeben wird. Die gängigen Kameras hingegen liefern Bilder nach dem Halbbildverfahren, bei dem sich das Bild aus zwei Teilbildern zusammen setzt, die im Abstand von 20 ms aufgenommen werden.

> Für die Aufnahme von bewegten Objekten eignet sich ausschließlich eine Progressive Scan Kamera, denn nur dieses Verfahren garantiert Bilder ohne Bewegungsunschärfen.

2.3 Framegrabber

Neben dem Sensorsystem kommt den Bildaufnahmekarten (Framegrabber) immer noch eine gewisse Bedeutung zu. Für PCs existiert eine große Anzahl von Bildaufnahmekarten, die sich in der Anzahl der Videoeingänge, der Signalabtastung (feste oder variable Frequenz), der Art der Analog-Digital-Wandlung und der Bildspeichergröße unterscheiden.

Die meisten Framegrabber arbeiten mit Videosignalen nach der CCIR-Fernsehnorm (französisch: Comite Consultativ International des Radiocommunications; was auf deutsch soviel wie internationaler beratender Ausschuss für Funkdienste bedeutet). Bei Videosignalen, die von der europäischen CCIR-Norm abweichen, ist eine externe Synchronisation (englisch: variable-scan-input) notwendig. Die Signale können von einer CCD-Kamera oder aber einem Videorecorder stammen. Sie werden von einem Analog-Digital-Wandler digitalisiert und im Bildspeicher abgelegt, aus dem sie in den Rechner eingelesen werden. Die digitalisierten Datenströme können auch durch eine oder mehrere Look-up-Tabellen, kurz LUT genannt (Kap. 6), vor der Bildspeicherung in ihren Werten verändert werden. Dabei erhält jeder Signalwert einen neuen Wert, der sich aus der LUT ergibt, so dass beispielsweise ein kontrastreicheres Bild entsteht. Beim Erwerb eines Framegrabbers muss man je nach Anwendungszweck auf einige spezielle Eigenschaften achten:

☐ Der Signaltakt muss mit dem Videotakt von 50 Hz übereinstimmen oder sich wahlweise darauf einstellen lassen.

☐ Die Erfassung des Signals kann linear oder für spezielle Anwendungen auch logarithmisch erfolgen. Möglicherweise kann eine Signalmodifikation auch durch eine zusätzliche Eingangs-LUT hervorgerufen werden.

☐ Die Digitalisierung sollte quadratische Pixel gewährleisten, d.h. wenn ein quadratisches Objekt abgetastet wird, muss das Binärbild des Objektes aus einer quadratischen Matrix bestehen. Das setzt natürlich auch bei dem bildgebenden Sensorsystem eine CCD-Matrix mit quadratischen Pixeln voraus, was oft nicht der Fall ist.

Die meisten Framegrabberkarten liefern ein Abtastverhältnis von 3:4. Für quantitative Anwendungen ist das unerwünscht, so dass dabei auf eine 1:1 Abtastung geachtet werden sollte.

Im breiten Angebot von Bildverarbeitungskarten findet man diejenigen mit quadratischen Pixeln (englisch: square-pixel-option) relativ selten, obwohl sie für die quantitative Bildverarbeitung von großer Bedeutung sind. Die Signale digitaler Kameras gelangen über eine entsprechende digitale Schnittstellenkarte z.B. nach dem IEEE 1394 Standard, in den Rechner. Unabhängig von der Kartenart ist in jedem Fall eine Treibersoftware erforderlich, die in den meisten Fällen vom Hersteller der BV-Software angeboten wird.

2.4 Rechner

Da bei der Bildverarbeitung und erst recht bei der Farbbildverarbeitung sehr schnell große Datenmengen vorkommen, die dann meist auch noch in Echtzeit (englisch: real time) verarbeitet werden müssen, sollte das Bildverarbeitungssystem immer mit viel Speicherkapazität und nach dem neuesten Stand der Technik ausgewählt werden.

2.5 Aufgaben

Aufgabe 2.1. Was versteht man unter Bildbearbeitung und Bildverarbeitung?

Aufgabe 2.2. Überlegen Sie sich konkrete Anwendungen für die digitale Bildverarbeitung.

3. Erläuterungen zu den Programmbeispielen

Die Programmbeispiele sind, wie bereits in der Einleitung erwähnt, mit der Mathematik-Software „Mathcad" geschrieben. Sie sind dazu gedacht, dem Leser bei der Erarbeitung des Stoffes konkret zu helfen und Programmieranregungen zu geben. Mathcad beinhaltet eine Programmiersprache, die leicht zu erlernen ist. Sie eignet sich daher sehr gut für eine Einführung in die Bildverarbeitung. Da Mathcad eine streng strukturierte Programmierung verlangt, werden die Programme übersichtlich und können leicht in andere Programmiersprachen übertragen werden. Programmideen lassen sich mit Mathcad sehr schnell umsetzen. Daher ist diese Sprache zur Prototypenentwicklung und zum Algorithmentest gut zu gebrauchen. Die BV-Programme laufen unter Mathcad nicht mit sehr hoher Verarbeitungsgeschwindigkeit. Sie sollten dies beim Experimentieren mit den Beispielprogrammen berücksichtigen.

In Abschn. 3.1 werden wichtige, immer wieder vorkommende Programmstrukturen und Befehle beschrieben, damit Sie die Programmbeispiele auf den Arbeitsblättern leicht nachvollziehen können. Natürlich kann das kein Ersatz für ein Benutzerhandbuch sein. Der dabei notwendige Kompromiss zwischen Breite und Tiefe setzt beim Leser eine gewisse Vertrautheit mit allgemeinen Programmierkenntnissen voraus. In den jeweiligen Beschreibungen zu den Arbeitsblättern wird noch näher auf die speziellen Methoden und Befehle eingegangen. Für eine vertiefte Einarbeitung in Mathcad sei auf die spezielle Literatur verwiesen [31].

3.1 Arbeitsblätter

Erläuterungen zu den Programmbeispielen
"Erläuterungen"

Wert- und Funktionszuweisung:

Der Variablen a wird mit := ein Wert oder eine Funktion zugewiesen.

$$a := 120$$

Der Größe b(x) wird z.B. die Funktion $12 \cdot x^3 - 5 \cdot x + 8$ zugewiesen:

$$b(x) := 12 \cdot x^3 - 50 \cdot x + 8$$

Wertzuweisung eines Wertebereiches:
Der Bereichsvariablen x werden nacheinander die Wert −100, −99, −98 ..., 98, 99, 100 in Einerschritten zugewiesen.

$$x := -100 \; .. \; 100$$

Diagramm der Funktion b(x) mit der Bereichvariablen x darstellen:
Die Funktion b(x) wird mit $x := -100 .. 100$ von −100 bis 100 in Einerschritten im Diagramm dargestellt.

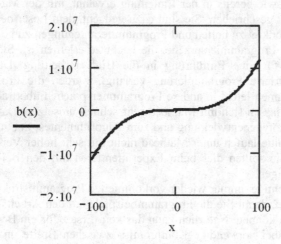

Abb. 3.1. Graf der Funktion b(x)

Wir erhalten den Wert der Funktion b(x) an der Stelle x = 4.564 durch

$$b(4.564) = 920.623 \; .$$

Wertzuweisung eines Bereiches mit Angabe der Schrittweite:
Der Bereichsvariablen x werden nacheinander die Wert −1 bis 1 in Schritten von 0.01 zugewiesen. Dabei muss der dem niedrigsten Wert (hier −1) folgende Wert (hier −0.09) angegeben werden, also

$$x := -1, -0.09 \; .. \; 1 .$$

Allgemein ausgedrückt variiert die Bereichsvariable x mit der Schrittweite Δx von x_{min} bis x_{max}, indem wir

$$x := x_{min}, x_{min} - \Delta x \; .. \; x_{max}$$

setzen.

Bild A aus einer BMP-Datei lesen:
Es wird eine BMP-Bilddatei gelesen und A zugewiesen. In dem Fall liegt das Bild A im BMP-Format vor (Abschn. 4.3). Der vollständige Dateiname mit kompletter Pfadangabe muss in Anführungszeichen eingegeben werden.

Beispiel:

Pfad := "E:\Mathcad8\Samples\Bildverarbeitung\Bild_Röntgen001.bmp"

$$A := BMPLESEN\,(\,Pfad\,)$$

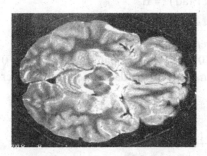

Abb. 3.2. Bild A aus Datei Pfad

Zeilen- und Spaltenzahl von Bild A abfragen, die Werte den Variablen Z und S zuordnen und Z und S ausgeben:

Unterschiedliche Gleichheitszeichen beachtet.

:= bedeutet Zuweisung oder Definition, = bedeutet Auswertung.

S := spalten (A)	Z := zeilen (A)
S = 795	Z = 603

Bild B aus HLS-Datei lesen:
Die HLS-Datei beinhaltet ein Farbbild im sog. HLS-Format. Dabei bedeuten H (Hue) den Farbton, L (Luminance) die Leuchtdichte und S (Saturation) die Farbsättigung (Kap. 16). H, L und S stellen die drei Farbauszüge des Farbbildes dar, die als Graubilder vorliegen (Abb. 3.3).

Beispiel:

B := HLSLESEN("E:\Mathcad8\Samples\Bildverarbeitung\Bild_Dagmar001")

Es wird eine HLS-Bilddatei gelesen und B zugeordnet.

Abb. 3.3. Bild B mit den Farbauszügen H (links) L (Mitte) und S (rechts)

Bild B in HLS-Datei schreiben:
Es wird das HLS-Bild B in eine Datei geschrieben.

Beispiel:

Pfad := "E:\Mathcad8\Samples\Bildverarbeitung\Bild_Dagmar001"
HLSSCHREIBEN(Pfad) := B.

Organisation der Bildmatrix B:
Der Nullpunkt der Bildmatrix liegt in der oberen linken Ecke.
Der Zeilenindex „i" (erster Index) läuft von 0 bis Z–1, der Spaltenindex „j" von 0
bis S–1 (Abb. 3.4). Bei Faltungsoperationen müssen wir darauf achten, dass der
Bildbereich nicht überschritten wird.

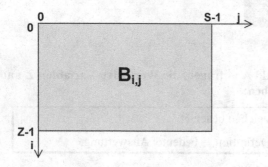

Abb. 3.4. Bildmatrix B

**Bild A zeilenweise abtasten, seine Grauwerte ändern und in die Bildmatrix
Bin(A,T) eintragen:**
Diese Funktionen sollen am Beispiel der Bildbinarisierung Bin(A,T) von Bild A
mit dem Schwellwert T eingeführt werden.

Kommentar zum Listing Bin(A,T):
Zeilen 1 u. 2: Mit den For-Schleifen

$$\text{for } i \in 0..\text{zeilen}(A) - 1$$
$$\text{for } j \in 0..\text{spalten}(A) - 1$$

werden die einzelnen Bildpunkte $A_{i,j}$ in A zeilenförmig abgetastet. Die Mathcad-
Funktionen zeilen(A) und spalten(A) übergeben die Anzahl Zeilen bzw. Spalten
der Bildmatrix A.
Zeilen 3 u. 4: In den Schleifen wird über IF-Abfrage untersucht, ob der Bildpunkt
$A_{i,j}$ kleiner oder gleich Schwellwert T ist. Wenn die Ungleichheit $A_{i,j} \leq T$ wahr ist,
soll dem neuen Bildpunkt $C_{i,j}$ der Wert null zugewiesen werden, ansonsten ist er
auf Grauwert 255 zu setzen.

> Im Programm werden die Wertzuweisungen durch einen Pfeil (lokaler Zu-
> weisungsoperator) angezeigt, also z.B. $C_{i,j} \leftarrow 0$.

Das Programm muss mit der jeweils berechneten Größe (in unserem Beispiel ist dies die Matrix C) abgeschlossen werden, so dass die Zuweisung Bin(A,T) := C resultiert.

Schwellwert definieren: $T := 80$

$$Bin(A,T) := \begin{vmatrix} \text{for} & i \in 0 \,..\, zeilen(A) - 1 \\ & \text{for} \;\; j \in 0 \,..\, spalten(A) - 1 \\ & \quad \begin{vmatrix} C_{i,j} \leftarrow 0 & \text{if} \;\; A_{i,j} \leq T \\ C_{i,j} \leftarrow 255 & \text{otherwise} \end{vmatrix} \\ C \end{vmatrix}$$

Bem.: 1) In dem Listing Bin(A,T) wird die Größe der Bildmatrix Bin(A,T) durch die Größe des Bildes A festgelegt. 2) Es ist im Sinne von Mathcad, mit der Programmiersprache den Funktionsumfang über die bereits existierenden Mathcad-Funktionen hinaus auszuweiten. In diesem Sinn ist Bin(A,T) eine **neue Funktion**, die aus den unabhängig Variablen A und T das Binärbild Bin(A,T) berechnet.

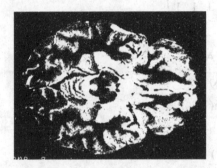

Abb. 3.5. Bild Bin(A,T) nach Binarisierung von Bild A (Abb. 3.2)

Einige Befehle wie **if, break if, while, return if** hängen von Booleschen Variablen ab, die bekanntlich die Zustände wahr oder unwahr aufweisen. Boolesche Variablen können miteinander über logischen Verknüpfungen wie AND (Zeichen: $\wedge$) oder OR (Zeichen: $\vee$) und deren Verneinungen untereinander in Beziehung stehen.

Beispiele:

Seien X und Y Boolesche Variablen, so sind auch die Ergebnisse Z_1 und Z_2 der logischen Verknüpfungen

$$Z_1 = X \wedge Y, \quad Z_2 = X \vee Y, \text{ etc.}$$

Boolesche Variablen.

Beispiele für logische Operatoren sind in den Arbeitsblättern „Bereichssegmentierung" (Kap. 13) zu finden.

Fensteroperation (Faltung) am Beispiel Mittelwertbildung:

Kommentar zum Listing Faltung(A,h):
Zeile 1: Bildmatrix D mit Nullen vorbelegen. Hierzu Berechnung der Nullmatrix und Zuweisung $D \leftarrow A \cdot 0$.
Zeilen 2-7: Definition der Konstanten. Dazu werden S, Z, Sh, Zh, k und m aus den Variablen A und h berechnet.
Zeilen 8 u. 9: Bild A mit dem beiden äußeren FOR-Schleifen zeilen- bzw. spaltenweise abtasten.
Zeilen 10-12: Grauwerte unter dem Fenster h mit den zwei inneren FOR-Schleifen addieren. Resultat: Faltungswert $D_{i,j}$ am Ort (i, j) des Bildes A. Die mathematische Operation der Faltung wird in Abschn. 7.2 (s. Gln. (7.3) und (7.4)) näher beschrieben. Zur Vermeidung von Bildüberschreitungen des Fensters h werden die Indizes i und j auf die Intervalle [k, S–(k+2)] bzw. [m, Z–(m+2)] beschränkt. Eine symmetrische Fensterlage um (i, j) wird durch folgende Indizierung erreicht: $A_{i-m+v, j-k+u}$

Definition des Fensteroperators: $h := \begin{pmatrix} 1 & 1 & 1 \\ 1 & 1 & 1 \\ 1 & 1 & 1 \end{pmatrix}$

$$
\text{Faltung}(A, h) := \left|
\begin{aligned}
& D \leftarrow A \cdot 0 \\
& S \leftarrow \text{spalten}(A) \\
& Z \leftarrow \text{zeilen}(A) \\
& Sh \leftarrow \text{spalten}(h) \\
& Zh \leftarrow \text{zeilen}(h) \\
& k \leftarrow \frac{(Sh - 1)}{2} \\
& m \leftarrow \frac{(Zh - 1)}{2} \\
& \text{for} \quad j \in k .. S - (k + 2) \\
& \quad \text{for} \quad i \in m .. Z - (m + 2) \\
& \quad \quad \text{for} \quad v \in 0 .. Zh - 1 \\
& \quad \quad \quad \text{for} \quad u \in 0 .. Sh - 1 \\
& \quad \quad \quad \quad D_{i,j} \leftarrow D_{i,j} + A_{i-m+v,\, j-k+u} \cdot h_{v,u} \\
& \frac{D}{Zh \cdot Sh}
\end{aligned}
\right.
$$

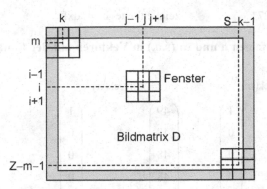

Abb. 3.6. Aufteilung der Bildmatrix bei Fensteroperationen mit 3x3-Fenster

Algebraische Operationen mit gleich großen Bildmatrizen A und B:

Seien x und y reelle Zahlen, $y \neq 0$, A und B zwei gleich große Bildmatrizen, so gilt:

$A + x$	bedeutet	$A_{i,j} + x$
$A \cdot x$	bedeutet	$A_{i,j} \cdot x$
A/y	bedeutet	$A_{i,j}/y$
$A + (-) B$	bedeutet	$A_{i,j} + (-) B_{i,j}$
$A \cdot B$	bedeutet	$C_{i,j} = A_{i,j} \cdot B_{i,j}$
A/B	bedeutet	$C_{i,j} = \begin{cases} A_{i,j}/B_{i,j} & \text{wenn } B_{i,j} \neq 0 \\ 255 & \text{sonst.} \end{cases}$

Zeichenketten und Vektoren:
Eine Zeichenkette steht zwischen Hochkommata.

$$n := \text{"100000011"} \ , \quad m := \text{"100001010"}$$

Umwandlung zweier Vektoren a und b in Zeichenketten (ASCCI-Code) mit der Funktion vekinzf():

$$a := \begin{pmatrix} 49 \\ 50 \\ 55 \end{pmatrix} \qquad b := \begin{pmatrix} 100 \\ 120 \\ 200 \end{pmatrix}$$

zeichenkette_a := vekinzf(a)   zeichenkette_b := vekinzf(b) zeichenkette_a = "127"   zeichenkette_b = "dxÈ"

Umwandlung zweier Zeichenfolgen n und m (s.o.) in Vektoren mit der Funktion zfinvek():

$$vm := zfinvek(m) \qquad vn := zfinvek(n)$$

$$vm = \begin{pmatrix} 49 \\ 48 \\ 48 \\ 48 \\ 48 \\ 49 \\ 48 \\ 49 \\ 48 \end{pmatrix} \quad vm-48 = \begin{pmatrix} 1 \\ 0 \\ 0 \\ 0 \\ 0 \\ 1 \\ 0 \\ 1 \\ 0 \end{pmatrix} \quad vn = \begin{pmatrix} 49 \\ 48 \\ 48 \\ 48 \\ 48 \\ 48 \\ 48 \\ 49 \\ 49 \end{pmatrix} \quad vn-48 = \begin{pmatrix} 1 \\ 0 \\ 0 \\ 0 \\ 0 \\ 0 \\ 0 \\ 1 \\ 1 \end{pmatrix}$$

Um die gleichen Zahlenfolgen wie in m und n zu erhalten, muss von den Vektoren vm und vn jeweils 48 subtrahiert werden.

Verkettung zweier (oder mehrerer) Zeichenfolgen m und n (s.o.) mit der Funktion verkett():

$$mn := verkett(m,n) \qquad mn = "100001010100000011"$$

Unterzeichenfolge o mit der Funktion subzf(mn, 5 ,6) aus der Zeichenfolge mn bilden:

Dabei bedeuten:

1. Argument in subzf()	:	Zeichenfolge
2. Argument "	:	Beginn der Unterzeichenkette in mn (Zählung beginnt bei 0)
3. Argument "	:	Länge der Unterzeichenkette.

Mit der Zeichenkette mn (s.o.) erhalten wir:

$$o := subzf(mn, 5, 6) \qquad o = "101010"$$

4. Digitalisierung von Bildern und Bildformate

Für eine Weiterverarbeitung müssen die von der Kamera gelieferten Bilder in das Datenformat des Rechners umgewandelt werden. Dieser als Digitalisierung bezeichnete Vorgang besteht aus zwei elektronischen Umwandlungsschritten, die in der Fachsprache der BV Rasterung und Quantisierung genannt werden.

Bei der Rasterung wird das Originalbild durch Überlagerung eines rechteckigen oder quadratischen Gitters in die kleinsten Elemente, die Bildpunkte oder Pixel, zerlegt. Die Form des Gitters wird vom Framegrabber oder der Kamera (Kap. 2) bestimmt. Das Verhältnis von horizontaler zu vertikaler Kantenlänge eines Video-Bildes, das die CCIR-Norm erfüllt, beträgt H:V = 4:3. Typische Videoausgabegeräte wie z.B. Bildschirme, Beamer, Drucker etc. verfügen über eine quadratische Bildpunktgeometrie, so dass für eine formtreue Bildwiedergabe ein Verhältnis der Bildpunktzahlen von ebenfalls H:V = 4:3 erforderlich ist. Aus diesem Grund können Kameras mit der üblichen 4:3-Chipgeometrie (Tabelle 19.1) und quadratischen Sensorelementen pixelsynchron ausgelesen werden, ohne dass sich die Proportionen der abgebildeten Objekte ändern. Für Kameras mit rechteckigen Bildpunktabmessungen gilt dies nicht. Vielmehr führt in diesem Fall eine pixelsynchrone Abtastung zu verzerrten Abbildungen, die jedoch mit einfachen Methoden der BV korrigiert werden können (Kap. 15). Framegrabber, die auch im Fall rechteckiger Bildpunkte eine naturgetreue Abbildung liefern, müssen pixelasynchron Abtasten.

Unter Quantisierung verstehen wir die Zuordnung der digitalisierten Grauwerte zu den Bildpunkten. Das digitalisierte Bild lässt sich durch eine Matrix repräsentieren, deren Werte $G_{i,j}$ die ortsabhängigen Intensitäten darstellen. Dabei sind i und j der Zeilen- bzw. Spaltenindex der Bildmatrix. Die Zählbereiche von i und j erstrecken sich von 0 bis Z–1 bzw. S–1, wobei Z die Zeilenzahl und S die Spaltenzahl angeben. Typische Werte für SxZ sind 320x240 oder 640x480. Der Nullpunkt des Bildes liegt, für uns zunächst etwas ungewohnt, in der oberen linken Ecke. Die Bildzeilen werden mit i vom oberen bis zum unteren Bildrand gezählt, während die Bildspalten mit j von der linken zur rechten Bildseite nummeriert sind (Kap. 3). Für manche Darstellungen ist es notwendig, das Bild als Funktion $G(x,y)$ zweier Ortsvariablen x und y aufzufassen. In solchen Fällen soll die x-Achse des Bildes in unkonventioneller Weise vertikal von oben nach unten und die y-Achse horizontal von links nach rechts verlaufen. Sofern die Wertepaare (x, y) aus ganzen Zahlen bestehen, sind die Darstellungen $G_{i,j}$ und $G(x,y)$ identisch. Jeder Bildpunkt, mit Ausnahme der Randpunkte, besitzt vier direkte (senkrecht und waagerecht) und vier diagonale Nachbarn. Zur Berechnung des Abstandes zwischen zwei Bildpunkten $P_1(x_1,y_1)$ und $P_2(x_2,y_2)$ wird üblicherweise nach Euklid

$$d(P_1,P_2) = \sqrt{(x_2 - x_1)^2 + (y_2 - y_1)^2} \qquad (4.1)$$

verwendet. Es sind aber auch andere Berechnungsweisen möglich, beispielsweise der City-Block-Abstand

$$d(P_1,P_2) = |x_1 - x_2| + |y_1 - y_2| . \qquad (4.2)$$

Mit der Verwendung unterschiedlicher Abstandsmaße beschäftigen wir uns ausführlich in Abschn. 11.10.

4.1 Rasterung

Die Größe der Gittermaschen, die über das Urbild gelegt werden, haben einen entscheidenden Einfluss auf die Qualität des digitalisierten Bildes. Bei der Wahl eines zu groben Rasters gehen Details verloren oder feine Bilddetails werden verfälscht wiedergegeben. In der Sprache der BV wird dieser Rastereffekt Aliasing genannt. Bei einem zu feinen Gitter steigt die Auflösung, aber auch die Dateigröße. Um nun die für den jeweiligen Anwendungsfall richtige Rasterung zu finden, muss man sich an das Shannonsche Abtasttheorem halten, welches bezogen auf die Bildverarbeitung besagt:

> Die Rasterweite eines Bildes darf nicht gröber sein als die halbe geometrische Ausdehnung des kleinsten noch abzubildenden Objektdetails.

In der Abb. 4.1a ist die Rasterung für die Darstellung des Doppelteilchens gerade ausreichend, in Abb. 4.1b ist sie zu grob.

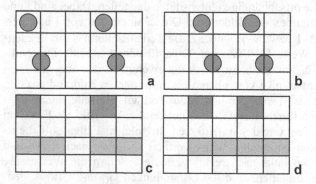

Abb. 4.1. Lage der Objekte (Punkte mit Lücken) zum Digitalisierungsraster. **a** Rasterung fein genug, **b** Rasterung zu grob. **c** CCD-Signal für den Fall (**a**) und **d** für den Fall (**b**). Wir erkennen in (**d**), dass eine zu grobe Rasterung zur Verschmelzung der Signale führen kann

4.2 Quantisierung

Mit dem Begriff Quantisierung wird die Zuordnung der digitalisierten Grauwerte zu den Pixeln bezeichnet. Als Grauwerte werden meist die natürlichen Zahlen von 0 bis 255 verwendet, wobei die Zahlen G = 0, 127 und 255 den Graustufen Schwarz, Grau bzw. Weiß entsprechen. Neben der Rasterfeinheit wird die Bildqualität durch die Anzahl der Graustufen zwischen Schwarz und Weiß bestimmt. Eine Reduzierung der Graustufen eines Grautonbildes führt zu größeren homogenen Flächen mit störenden Kanten.

Die meisten Bildverarbeitungssysteme besitzen 256 oder sogar 1024 Graustufen. Man sagt auch, sie können mit 8 Bit bzw. 10 Bit quantisieren (2^8=256; 2^{10}=1024). Die Bildquantisierung wird sichtbar, wenn ein digitales Bild um das 10- bzw. 15-fache vergrößert wird, wie dies in Abb. 4.2 geschehen ist.

Die Digitalisierung von Farbbildern entspricht der von Grautonbildern mit dem einzigen Unterschied, dass das Farbbild in seine Rot-, Grün- und Blauanteile durch Filter zerlegt wird. Für jeden Farbanteil gibt es eine eigene Bildmatrix. Die Rot-, Grün- und Blaumatrizen lassen sich zum Originalbild kombinieren (Abschn. 16.1.1). Da für jede der drei Matrizen 256 bzw. 1024 Grauwerte für die Quantisierung zur Verfügung stehen, beträgt die Zahl der theoretisch realisierbaren Farbwerte 16,7 Millionen (24bit) bzw. 1,07 Milliarden (30bit). In der Praxis liegen die Bilddaten bereits in digitaler Form vor, so dass wir auf das Thema nicht weiter eingehen müssen. Bilder stellen große Dateien dar, die in bestimmter Weise organisiert sind. Dabei wird besonders viel Wert auf die Datenreduktion gelegt (Datenkompression), ohne die Qualität der Bilder wesentlich oder überhaupt nicht zu mindern. In Abschn. 4.3 soll kurz auf einige wichtige Bildformate eingegangen werden.

Abb. 4.2. Vergrößerung des Bildausschnittes um das 10- bzw. 15-fache. Rasterung und Quantisierung des Bildes treten deutlich hervor

4.3 Bildformate

Leider hat sich als Bildformat kein Standard durchgesetzt. Aus der Vielzahl unterschiedlicher Bildformate sollen einige wichtige genannt werden.

Vektorielle Formate

Hierbei werden die Bildinformationen objektbezogen abgespeichert. Ein Polygon wird beispielsweise durch seine Eckpunkte, Linientyp und Linienfarbe beschrieben. Bekannte Vektorformate sind in Tabelle 4.1 aufgelistet (siehe hierzu auch Abschn. 8.5):

Tabelle 4.1. Einige wichtige vektorielle Bildformate

Format	Handelsname
DXF- Format	Autodesk- Drawing Exchange-Format
CDR- Format	Corel- Draw- Format
HPGL-Format	Plotter-Steuersprache für HP kompatible PLotter

Metafile-Formate

In diesem Fall wird die Bildinformation in einer Beschreibungssprache niedergelegt. Das Format ist gut für den Datenaustausch oder für die Bildausgabe geeignet. Oft verwendete Formate dieser Art finden sich in der Tabelle 4.2.

Tabelle 4.2. Einige wichtige Metafile-Formate

Format	Handelsname
WMF- Format	Windows Metafile- Format
CGM- Format	Computer Graphics Metafile- Format
PS- und EPS- Format	Postskript-/ Encapsulated Postskript-Format

Pixel-Formate

Diese bildpunktorientierten Formate sind für die Bildverarbeitung am wichtigsten. Sie benötigen viel Speicherplatz, aber sie können durch geeignete Kompressionsverfahren in ihrem Speicherplatzbedarf stark reduziert werden.

Weite Verbreitung haben das PCX-, BMP-, TIF-, PNG- und das JPEG-Format gefunden. Nähere Angaben zu diesen Formaten finden sich in [27, 28].

Bisher haben wir uns mit der Erfassung und Organisation von Bilddaten beschäftigt. Dabei besteht doch die Hauptaufgabe der BV darin, Informationen aus Bildern zu erhalten. Einen ersten Schritt in diese Richtung werden wir in Kap. 5 machen. Dort beschäftigen wir uns mit der Gewinnung statistischer Kenngrößen aus Bilddaten.

4.4 Aufgaben

Aufgabe 4.1. Wir gehen von einem quadratischen Graubild mit der Kantenlänge N Pixel und vorgegebener Quantisierung aus. Stellen Sie eine Tabelle auf, aus der hervorgeht, welcher Speicherplatz jeweils benötigt wird. Starten Sie mit der Rasterung 16x16 und gehen Sie in Zweierpotenzen bis 4096x4096. Verwenden Sie eine 8 Bit Quantisierung.

Aufgabe 4.2. Um welchen Faktor müssen 24 Bit Farbbilder mit 1024x1024 Bildpunkten komprimiert werden, damit 40 Bilder auf eine 16 MB Speicherkarte passen? Bem.: Der Kehrwert des gesuchten Faktors wird Kompressionsrate genannt.

Aufgabe 4.3. Reduzieren Sie die Bildquantisierung, indem Sie ein N Bit Bild (N = 8, 16, 32, ...) durch natürliche Zahlen $n \geq 2$ teilen, die so erhaltenen Grauwerte durch Abschneiden der Nachkommastellen in ganze Zahlen umwandeln und anschließend mit den selben Zahlen n wieder multiplizieren. Überlegen Sie sich, wie es zu der Abnahme der Grauwertstufen kommt.

4.5 Computerprojekt

Projekt Nehmen Sie ein Gitter mit abnehmender Gitterkonstante g auf (g ist der Abstand zwischen zwei benachbarter Gitterlinien in Millimeter) und ermitteln Sie die Stelle im Gitter, die nicht mehr naturgetreu wiedergegeben wird. Geben Sie an, ab welcher Ortsfrequenz $(1/g)_{max}$ im Objekt und im Bild (Angabe in Linienpaare pro Millimeter LP/mm) die Rasterung nicht mehr ausreicht (Abb. 4.3).

Abb. 4.3. Gitter mit abnehmender Gitterkonstante g

5. Statistische Kenngrößen

Mit Hilfe einiger aus der Statistik bekannter Größen können bereits wichtige Bild-informationen erhalten werden. Dabei ist die Grauwertverteilung als eine Schwan-kungsgröße aufzufassen, die in Abhängigkeit vom Ort innerhalb des erlaubten Grauwertintervalls von 0 bis 255 zufällige Werte annimmt. Eine gleichmäßig graue Fläche ist nach dieser Vorstellung rauschfrei. Das Gegenteil trifft zu, wenn ein Bild viele Details und folglich viele Grauwertvariationen enthält. In Kap. 5 wollen wir uns mit einigen Größen aus der Statistik beschäftigen.

5.1 Mittelwert und mittlere quadratische Abweichung

Der Mittelwert und die mittlere quadratische Abweichung sind Kenngrößen zur Charakterisierung der Grauwertverteilung eines Bildes [17]

Der Mittelwert ist ein Maß für die Helligkeit (Abb. 5.1) und die mittlere quad-ratische Abweichung liefert Informationen über den Kontrast. Die zuletzt genann-te Größe kann z.B. für eine automatische Fokussierung verwendet werden, denn ein fokussiertes Bild ist durch einen höheren Kontrast gekennzeichnet.

Die Formeln zur Berechnung des Mittelwertes μ_G und der mittleren quadrati-schen Abweichung σ^2_G eines Graubildes G mit Z Zeilen und S Spalten lauten:

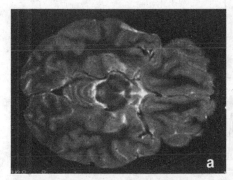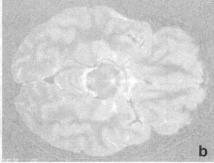

Abb. 5.1a. Bild mit kleinem Mittelwert und großer mittleren quadratischen Abweichung, **b** Bild mit hohem Mittelwert und kleiner mittleren quadratischer Abweichung

$$\mu_G = \frac{1}{S \cdot Z} \cdot \sum_{i=0}^{Z-1} \sum_{j=0}^{S-1} G_{i,j} \tag{5.1}$$

$$\sigma^2_G = \frac{1}{S \cdot Z} \cdot \sum_{i=0}^{Z-1} \sum_{j=0}^{S-1} G_{i,j}^{\;2} - \mu_G^{\;2} \;. \tag{5.2}$$

Mittelwert und die mittlere quadratische Abweichung eines Bildes lassen sich in einem Durchgang berechnen. Bei mehrkanaligen Bildern (z.B. Farbbildern) muss die Berechnung für jeden Kanal getrennt durchgeführt werden.

5.2 Histogramm

Das Histogramm h eines Bildes macht eine Aussage über die Anzahl h_G von Pixeln mit Grauwert G [17]. Es kann in tabellarischer Form oder grafisch (Abb. 5.2a) dargestellt werden. Dazu sind auf der Abszisse die Grauwerte von 0 bis 255 und auf der Ordinate die Anzahl der Bildpunkte aufgetragen. Aus dem Funktionsverlauf des Histogramms erhalten wir wichtige Informationen über die Grauwertverteilung. Das Bild in Abb. 5.2b enthält vier dominante Grauwerte, die sich in den vier Maxima des Histogramms widerspiegeln und die mit den unterschiedlichen, in diesem Fall sicherlich mineralogisch zu begründenden Bereichen in Verbindung zu bringen sind. In Abschn. 8.1.1 wird ein Verfahren mit Grauwerthistogrammen beschrieben, mit dem die einzelnen Bereiche automatisch ausgewählt werden. Da die Grauwerte oft nicht gleich verteilt sind, kann ein Histogramm zum Auffinden sinnvoller Grauwertschwellen für eine Binarisierung genutzt werden. Hinweise für gute Schwellwertpositionen liefern die lokalen Minima.

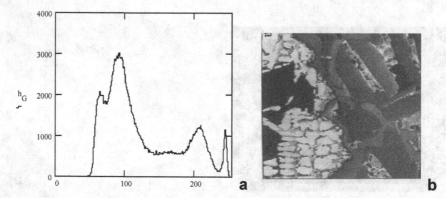

Abb. 5.2a. Grauwerthistogramm mit vier ausgeprägten Maxima, welche die unterschiedlich hellen Gebiete repräsentieren, **b** Graubild zum Histogramm

Unter Binarisierung verstehen wir die Umwandlung in ein Bild aus schwarzen und weißen Bereichen. Allen Gebieten, deren Grauwerte oberhalb einer Schwelle liegen, wird z.B. der Grauwert 255 zugewiesen, der Rest wird auf Grauwert 0 gesetzt.

Histogramme liefern keine Informationen über die örtliche Anordnung der Grauwerte in einer Bildmatrix. Beispielsweise kann ein Bild mit zwei zusammenhängenden dunklen und hellen Bereichen dasselbe bimodale Histogramm (Histogramm mit zwei Maxima) besitzen wie eines, in dem die beiden Grauwerte statistisch verteilt sind.

Histogramme sind auch für mehrkanalige Bilder sinnvoll. In diesem Fall wird für jeden Kanal ein Histogramm berechnet.

Auf den Arbeitsblättern „Kumuliertes Histogramm" findet sich auf Seite I ein Programmbeispiel zur Histogramm-Berechnung. Das Bild wird zeilenweise abgetastet. Die Grauwerte der Bildpunkte $B_{i,j}$ bilden den Listenindex. Für jeden neuen Wert $B_{i,j}$ wird der Listeneintrag um eins erhöht. Zu Beginn der Routine wird die Liste mit Nullen vorbesetzt.

5.2.1 Kumuliertes Histogramm

Aus dem Histogramm wird durch Integration das kumulierte Histogramm (Abb. 5.3b) gebildet. In der Statistik wird es oft auch Summenhäufigkeit genannt [17]. Kumulierte Histogramme können dazu verwendet werden, den Grauwertbereich kontrastarmer (flauer) Bilder zum Zweck der automatischen Bildverbesserung zu dehnen und somit den Kontrast zu verstärken. Diese Operation wird Histogramm-ebnen (englisch: histogram equaliziation) genannt. Um sie zu verstehen, greifen wir uns die Grauwertfunktion G(x) entlang einer Bildzeile heraus (Abb. 5.4). Das dazu passende kumulierte Histogramm ist schematisch in Abb. 5.5a dargestellt. Es wird zu einer Umrechnungstabelle für Grauwerte, wenn es auf den Wert 255 normiert ist (auch relative Summenhäufigkeit genannt).

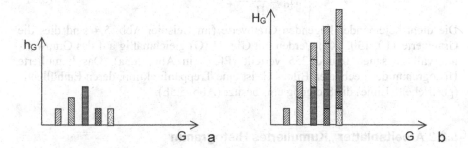

Abb. 5.3a. Histogramm h und b daraus berechnetes kumuliertes Histogramm H

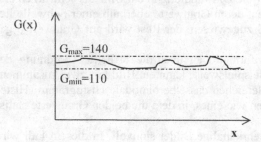

Abb. 5.4. Linescan eines kontrastarmen Bildes

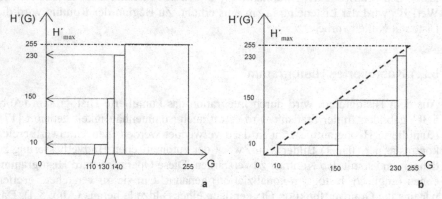

Abb. 5.5a. Kumuliertes und auf 255 normiertes Histogramm H′ von G(x) für die Operation Histogrammebnen, **b** kumuliertes Histogramm vom geebneten Bild. Die Einhüllende der Treppenfunktion (gestrichelte Linie) besitzt nun die Steigung eins

Die Umrechnung geschieht mit

$$H'_G = \frac{H_G}{H_{max}} \cdot 255 \,. \tag{5.3}$$

Die dicht beieinander liegenden Grauwerte (im Beispiel Abb. 5.4 sind dies die Grauwerte 110, 130, 140) werden mit G′ = H′(G) gleichmäßig auf das Grauwertintervall zwischen 0 und 255 verteilt (Pfeile in Abb. 5.5a). Das kumulierte Histogramm des geebneten Bildes G′ ist eine Treppenfunktion, deren Einhüllende (gestrichelte Linie) die Steigung eins besitzt (Abb. 5.5b).

5.2.2 Arbeitsblätter „Kumuliertes Histogramm"

Auf den Arbeitsblättern wird das kumulierte Histogramm KumulHistogramm(B) von Bild B berechnet, danach auf 255 normiert und als Tabelle in der Funktion

Histogrammebnen(B) zur Kontrastverbesserung von B angewendet. Auf Seite I wird das Histogramm h von Bild B mit der Funktion Histogramm(B) berechnet und dargestellt (Abb. 5.8b). Wir erkennen, dass die Grauwerte im oberen Zahlenbereich angesiedelt sind, wodurch sich die überwiegend hellen Bereiche des Bildes (Abb. 5.8a) erklären. Auf Seite II werden das kumulierte Histogramm HB mit der Funktion KumulHistogrann(B) sowie das normieret kumulierte Histogramm NH berechnet. Letzteres dient als Umrechnungstabelle für Bild B in der Funktion Histogrammebnen(B). Offensichtlich ist die Grauwertverteilung im geebneten Bild C (Abb. 5.10b) für eine Visualisierung gegenüber B (Abb. 5.10a) wesentlich verbessert. Wie bereits erwähnt, ist das kumulierte Histogramm des geebneten Bildes C eine Treppenfunktion, deren Einhüllende die Steigung eins besitzt (Abb. 5.11).

Umrechnungstabellen für Grauwertverteilungen werden in der BV Look Up Tabellen (kurz LUT) genannt. Sie dienen zur Bildverbesserung und Hervorhebung bestimmter Grauwertbereiche (Kap. 6).

5.3 Cooccurrencematrix (Grauwertematrix)

Zu den statistischen Eigenschaften eines Bildes gehören auch die noch näher zu beschreibende Nachbarschaftsrelationen der Bildpunkte bezüglich ihrer Grauwerte. Eine elegante Form der Beschreibung liefert die Cooccurrencematrix C (auch Grauwertmatrix genannt) [6].

Die Matrixelemente $C_{m,n}$ geben an, wie häufig eine Relation mRn im Bild erfüllt ist, wobei m und n die Grauwerte des Bildes darstellen. Die Relation mRn kann beispielsweise folgende Bedeutungen haben:

☐ Grauwert m ist rechter Nachbar von Grauwert n
☐ Grauwert m ist oberer Nachbar von Grauwert n
☐ Grauwert m ist übernächster linker Nachbar von Grauwert n etc.

Oft wird das erste Beispiel verwendet. Aus einem gegebenen Bild G, das in Gl. (5.4) als Zahlenmatrix angegeben ist, ergibt sich mit mRn := „Grauwert m ist rechter Nachbar von Grauwert n" die Grauwertmatrix C.

$$G = \begin{bmatrix} 0 & 0 & 1 & 1 & 2 & 3 \\ 0 & 0 & 0 & 1 & 2 & 3 \\ 0 & 0 & 1 & 2 & 3 & 3 \\ 0 & 1 & 1 & 2 & 3 & 3 \\ 1 & 2 & 2 & 3 & 3 & 3 \\ 2 & 2 & 3 & 3 & 3 & 3 \end{bmatrix} \rightarrow C = \begin{bmatrix} 4 & 4 & 0 & 0 \\ 0 & 2 & 5 & 0 \\ 0 & 0 & 2 & 6 \\ 0 & 0 & 0 & 7 \end{bmatrix}. \qquad (5.4)$$

Die Aussagen der Cooccurrencematrix C sind in Tabelle 5.1 zusammengefasst.

Die Diagonalelemente von C repräsentieren die Größe der homogenen Bildbereiche. Bei einem Bild mit wenig Kontrast wird der Bereich um die Diagonale der

Tabelle 5.1. Aussagen der Cooccurrencematrix C über die Nachbarschaftshäufigkeiten der Grauwerte untereinander

Grauwert m	Grauwert n	Häufigkeit mit der Grauwert m rechter Nachbar von Grauwert n ist
0	0	4
1	0	4
2	0	0
3	0	0
0	1	0
1	1	2
2	1	5
etc.	etc.	etc.

Grauwertematrix häufig mit großen Zahlen besetzt sein, während bei einem Bild mit hohem Kontrast die linke untere und die rechte obere Ecke mit großen Werten besetzt sind.

Die Operationen zur Erstellung einer Grauwertmatrix beschränken sich auf das Zählen bestimmter Grauwertkombinationen an vorgegebenen Orten des Urbildes, so dass der auf dem Arbeitsblatt „Cooccurrencematrix" vorgestellte Algorithmus schnell ist. Der Algorithmus ist demjenigen zur Histogrammberechnung ähnlich (Arbeitsblätter „Kumuliertes Histogramm"). Hierbei bilden die Matrixelemente $C_{m,n}$ die Zähler für die Häufigkeit, wie oft die Relation mRn im Bild erfüllt ist. Die Grauwerte der entsprechenden Pixel liefern die Indizierungen. Anwendungen der Grauwertmatrix finden sich in der Texturanalyse und der statistischen Beschreibung von Gitterstrukturen (Kap. 9). Die statistischen Funktionen können auch auf kleine Bildausschnitte angewendet werden. In diesem Fall spricht man von lokalen Operatoren. Hierzu zählen u.a. der lokale Mittelwert (englisch: local average), die lokale quadratische Abweichung (englisch: local variance), das lokale Histogramm (englisch: local histogram), die lokale Cooccurrencematrix (Kap. 9) etc.

5.4 Linescan

Als Linescan bezeichnen wir die Darstellung der Grauwertverteilung entlang einer Linie im Bild (Abb. 5.7). Oft ist die Linie eine gerade Strecke. Aber wie in unserem Beispiel kann sie auch andere Formen annehmen. In Abb. 5.6 ist ein Zahnrad zu sehen, das von einer Kreislinie überlagert ist. Der hierzu gehörende Linescan ist in der Abb. 5.7 zu sehen. Deutlich heben sich die Zahnräder in Form von Grauwertsprüngen ab, so dass eine Vermessung beispielsweise der Zahnabstände möglich ist.

Abb. 5.6. Graubild mit überlagertem kreisförmigen Linescan

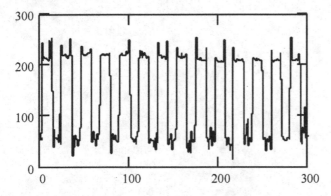

Abb. 5.7. Grauwertverteilung entlang des kreisförmigen Linescans aus Abb. 5.6

Auf den Arbeitsblättern „Linescan" wird zunächst die Kreiskontur mit den Funktionen $i(p)$ und $j(p)$ festgelegt, wobei p der Kurvenparameter ist. Programm Linescan(B, i, j, p_{max}) dient der Überlagerung von Bild B mit der Kreiskontur. Den Linescan Abb. 5.14a erhalten wir, indem nur die Grauwerte $B_{i(p),j(p)}$ der Bildpunkte auf der Kontur zur Darstellung gelangen.

5.5 Aufgabe

Aufgabe   Stellen Sie nach der im Text angegebenen Bildmatrix G (Gl. (5.4)) die Grauwertmatrix für die Relation „Grauwert m ist übernächster linker Nachbar von Grauwert n" auf.

5.6 Computerprojekte

Projekt 5.1. **a** Laden Sie ein geeignetes Bild und berechnen Sie einen Linescan parallel zur y-Achse für x = 100 Pixel. **b** Ermitteln Sie für einen Bildausschnitt das Grauwerthistogramm.

Projekt 5.2. **a** Führen Sie die Binarisierung eines geeigneten Graubildes durch, indem Sie die Schwelle S aus dem lokalen Minimum des Histogramms berechnen. **b** Welche Probleme können bei der Binarisierung auftreten, wenn das Objekt ungleichmäßig beleuchtet ist?

5.7 Arbeitsblätter

Kumuliertes Histogramm
„Kumuliertes Histogramm"

Eingabe:	Bild B
Ausgaben:	Histogramme h, NH und HC, Bild B und geebnetes Bild C

Bild aus Datei lesen:

$$B := \text{BILDLESEN}(\text{"10\_Textur\_Katzenauge"})$$

Histogramm-Berechnung:

Kommentar zum Listing Histogramm(B):
Zeilen 1 und 2: Histogramm mit Nullen vorbelegen.
Zeilen 3 bis 5: Adressierung der Elemente von h mit den Grauwerten $B_{i,j}$ und Inkrementierung des Inhalts um eins.

$$\text{Histogramm (B)} := \begin{vmatrix} \text{for} \ \ G \in 0..\ 255 \\ \quad h_G \leftarrow 0 \\ \text{for} \ \ i \in 0..\ \text{zeilen(B)} - 1 \\ \quad \text{for} \ \ j \in 0..\ \text{spalten(B)} - 1 \\ \qquad h_{(B_{i,j})} \leftarrow h_{(B_{i,j})} + 1 \\ h \end{vmatrix}$$

$$h := \text{Histogramm(B)}$$

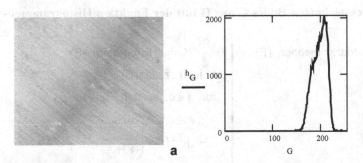

a   G   **b**

Abb. 5.8a. Bild B, **b** Histogramm h von Bild B

Seite II

Berechnung des kumulierten Histogramms KumulHistogramm(B) aus Histogramm(B):

Kommentar zum Listing KumulHistogramm(B):
Zeile 1: Der Konstanten hB Histogramm(B) zuweisen.
Zeile 2: Element null des kumulierten Histogramms das 0-te Element des Histogramms hB zuweisen.
Zeilen 2 u. 4: Berechnung des kumulierten Histogramms.

$$\text{KumulHistogramm (B)} := \begin{vmatrix} \text{hB} \leftarrow \text{Histogramm (B)} \\ H_0 \leftarrow hB_0 \\ \text{for } G \in 1..255 \\ \quad H_G \leftarrow H_{G-1} + hB_G \\ H \end{vmatrix}$$

Berechnung des normierten, kumulierten Histogramms NH für die Punktoperation Histogrammebnen:

$$HB := \text{KumulHistogramm(B)} \qquad NH := HB \cdot 255 / HB_{255}$$

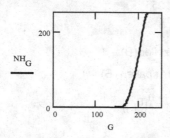

Abb. 5.9. Normiertes, kumuliertes Histogramm NH von B, das als LUT für die Operation Histogrammebnen verwendet wird

Berechnung des geebneten Bildes C aus B mit der Funktion Histogrammebnen(B):

$$\text{Histogrammebnen (B)} := \begin{vmatrix} \text{KH} \leftarrow \text{KumulHistogramm (B)} \\ \text{for } i \in 0.. \text{zeilen(B)} - 1 \\ \quad \text{for } j \in 0.. \text{spalten (B)} - 1 \\ \qquad C_{i,j} \leftarrow \text{rund}\left(\dfrac{KH_{B_{i,j}}}{KH_{255}} \cdot 255 \right) \\ C \end{vmatrix}$$

C := Histogrammebnen(B)

a   b

Abb. 5.10a. Urbild B, **b** geebnetes Bild C von B

Darstellung des kumulierten Histogramms HC des geebneten Bildes C (Abb. 5.10b):

HC := KumulHistogramm(C)

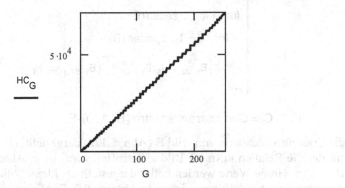

Abb. 5.11. Kumuliertes Histogramm HC des geebneten Bildes C

Cooccurrenzmatrix
"Cooccurrenzmatrix"

Eingaben: Bild B, Nachbarschaftsrelation ds, dz
Ausgaben: Bild B, Cooccurrencematrix C

B := BILDLESEN("textur001")

Berechnung der Cooccurrencematrix C mit der Funktion Cooccurrencematrix(B,ds,dz):

Seite II

Kommentar zum Listing Cooccurrencematrix():
Zeilen 1-3: Matrix C mit Nullen vorbelegt.
Zeilen 4-6: Adressierung der Elemente von Matrix C mit den Grauwerten $B_{i-dz,j-ds}$ und $B_{i,j}$ und Inkrementierung des Inhalts um eins.

Bedeutung der Argumente von Cooccurrencematrix(B,ds,dz):

Argument 1:   Bild B, für das die Cooccurrencematrix berechnet werden soll.

Argumente 2 und 3:   Koordinaten ds und dz des Abstandsvektors für die Festlegung der Nachbarschaft. Nachbarpunkt von (i, j) ist demnach (i+dz, j+ds).

$$\text{Cooccurrencematrix}(B,ds,dz) := \left| \begin{array}{l} \text{for } i \in 0..\,255 \\ \quad \text{for } j \in 0..\,255 \\ \qquad C_{i,j} \leftarrow 0 \\ \text{for } i \in 1..\,\text{zeilen}(B)-1 \\ \quad \text{for } j \in 1..\,\text{spalten}(B)-1 \\ \qquad C_{\left(B_{i-dz,j-ds},\,B_{i,j}\right)} \leftarrow C_{\left(B_{i-dz,j-ds},\,B_{i,j}\right)} + 1 \\ C \end{array} \right.$$

$$F := 40 \qquad C := \text{Cooccurrencematrix}(B,1,0) \cdot F$$

In Abb. 5.12b ist die Cooccurrencematrix von Bild B (Abb. 5.12a) dargestellt. Die Häufigkeit $C_{m,n}$, mit der die Relation mRn im Bild angetroffen wird, ist in Abb. 5.12b als Grauwert codiert. Große Werte werden heller dargestellt als kleine. Mit der lokalen Cooccurrencematrix beschäftigen wir uns in Abschn. 9.2. Der Faktor F (s.o.) dient zur Visualisierung der Grauwerte von C.

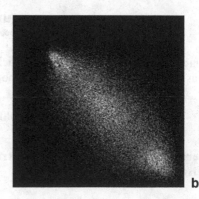

a   b

Abb. 5.12a. Graubild B, **b** Cooccurrencematrix C von Bild B

Linescan
"Linescan"

Eingaben:	Bild B, Ellipsenparameter i0, j0 für den Ellipsenmittelpunkt, r1 und r2 für die Halbachsen
Ausgaben:	Überlagerung Bild mit Ellipse, Linescan der Ellipse

$$B := \text{BMPLESEN}(\text{"E:\textbackslash Mathcad8\textbackslash Samples\textbackslash Bildverarbeitung\textbackslash Zahnrad01.bmp"})$$

Ellipsenparameter eingeben:
i_0, j_0 legen den Ellipsenmittelpunkt fest, r_1 und r_2 bestimmen die beiden Halbachsen.

$$i_0 := 144 \quad j_0 := 135 \quad r_1 := 80 \quad r_2 := 80 \quad p_{max} := 300$$

Bem.: Mit diesen speziellen Eingaben wird ein Kreis definiert.

Definition der Kreiskoordinaten mit p als Kurvenparameter.

$$p := 0 .. \ p_{max}$$

$$i_p := \text{trunc}\left(i_0 + r_1 \cdot \sin\left(2 \cdot \frac{\pi}{p_{max}} \cdot p \right) \right) \quad j_p := \text{trunc}\left(j_0 + r_2 \cdot \cos\left(2 \cdot \frac{\pi}{p_{max}} \cdot p \right) \right)$$

Bildmatrix mit überlagertem Linescan mit der Funktion Linescan(B,i,j,p_{max}) berechnen:

$$\text{Linescan}\left(B, i, j, p_{max} \right) := \begin{array}{|l} G \leftarrow B \\ \text{for} \ \ p \in 0 .. \ p_{max} \\ \quad \begin{array}{|l} G_{i_p, j_p} \leftarrow 255 \ \text{if} \ B_{i_p, j_p} < 127 \\ G_{i_p, j_p} \leftarrow 0 \ \text{if} \ B_{i_p, j_p} \geq 127 \end{array} \\ G \end{array}$$

$$G := \text{Linescan}(B, i, j, p_{max})$$

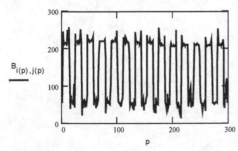

a G   **b**

Abb. 5.13a. Linescan entlang der Kreislinie **b** Bild G mit überlagerter Kreislinie

6. Punktoperationen

Zur Ausbildung eines Fotolaboranten gehört die Vermittlung von Kenntnissen über Methoden und Materialien, mit denen sich Kontrast und Helligkeit der Bilder beeinflussen lassen. Auf klassische Weise werden mit nasschemischen Methoden seit der Erfindung der Fotografie durch Louis Jacques Mande Daguerre 1837 Fotografien modifiziert. Im Zeitalter der Digitalfotografie sind die gleichen Effekte mit der Funktion Helligkeit-Kontrast-Intensität einer Bildbearbeitungssoftware viel schneller zu erreichen. Mit diesen und anderen in der BV sehr nützlichen Operationen beschäftigen wir uns in Kap. 6, das den Namen Punktoperationen trägt. Dieser Operatortyp beeinflusst jeden Bildpunkt für sich, ohne dabei die Umgebung mit einzubeziehen. Daher hat sich nach einer Punktoperation zwar das Grauwerthistogramm eines Bildes verändert, nicht aber dessen Bildschärfe [1, 17, 21].

Ganz allgemein verstehen wir unter einem Operator **Op**(A,...) eine Funktion, die ein oder mehrere Urbilder A,... in ein oder mehrere Ergebnisbilder B,... (auch Zielbilder genannt) überführt.

$$\textbf{Op}(A,...) \rightarrow B,... \tag{6.1}$$

Die Bildverarbeitungsoperatoren lassen sich je nach ihrer Funktionsweise in die drei Hauptgruppen

- Punktoperatoren
- Lokale Operatoren
- Globale Operatoren

unterteilen. In Kap. 6 werden wir zunächst die Punktoperatoren kennen lernen. Ein Teil der Punktoperationen können mit geringem Rechenaufwand unter Zuhilfenahme einer Look-Up-Tabellen (LUT) ausgeführt werden, die jedem Grauwert G im Urbild einen Grauwert G′ im Zielbild zuweist, also die Operation

$$G' = LUT(G) \quad \text{mit} \quad G, G' \in \{0, 1, ..., G_{max}\} \tag{6.2}$$

ausführt. Üblicherweise wird als maximaler Grauwert $G_{max} = 255$ genommen. Die gebräuchlichsten Punktoperationen mit LUTs sind:
- Grauwertspreizung
- lineare Skalierung
- Binarisierung
- Invertierung
- Labeling
- Falschfarbendarstellung.

Daneben sind auch die arithmetischen und logischen Verknüpfungen zwischen zwei meist gleich großen Bildern Punktoperationen. Hierzu gehören die Addition, Subtraktion, Multiplikation und Division von Bildern oder von einem Bild mit einer Konstanten. Logische Verknüpfungen stellen AND, OR, EXOR und ihre Negierungen dar. Doch zunächst wollen wir etwas intensiver auf die Operationen mit LUTs eingehen.

6.1 Punktoperatoren mit LUT

6.1.1 Grauwertspreizung

Hierbei wird ein kleinerer Grauwertbereich im Urbild auf einen größeren im Zielbild abgebildet (gespreizt). Die bereits in Abschn. 5.1.1 besprochene Funktion „Histogramm ebnen" ist eine Grauwertspreizung. In dem folgenden Beispiel findet eine Dehnung des Grauwertbereich $81 \leq G \leq 128$ auf den Grauwertbereich $25 \leq G \leq 255$ statt.

$$81 ... 128 \qquad \text{Grauwertbereich im Originalbild}$$
$$\downarrow$$
$$25 ... 255 \qquad \text{Grauwertbereich im Zielbild.}$$

Hierdurch werden kleine Grauwertdifferenzen verstärkt, so dass z.B. Kratzer, Haarrisse, Blutgefäße oder auch unterschiedliche Gewebesorten bei histologischen Präparaten besser zu erkennen sind. Dabei sind wir uns bewusst, dass hierdurch keine zusätzlichen Informationen gewonnen werden, sondern lediglich das Bildmaterial für einen Betrachter optimal aufbereitet wird. Die grafische Darstellung der entsprechenden LUT ist in Abb. 6.1 zu sehen. Wie bereits in Abschn. 5.1.1 erwähnt, liefert auch die Funktion „Histogramm ebnen" eine LUT, die eine Grauwertspreizung automatisch und sehr effektiv durchführt. Man kann eine wirkungsvolle Kontrastverbesserung auch durch lineare Skalierung der Grauwerte erzielen.

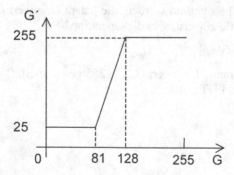

Abb. 6.1. Grafische Darstellung der LUT zur Grauwertspreizung. Die Grauwerte im Intervalls [81, 128] werden auf das Intervall [25, 255] verteilt

Dabei wird das Urbild G durch eine Abbildung auf folgende Weise umgerechnet:

$$G \rightarrow G': \; G'_{x,y} = \left[G_{x,y} + c_1 \right] \cdot c_2 = G_{x,y} \cdot c_2 + c_1 \cdot c_2. \tag{6.3}$$

Dabei lassen sich die Wirkungen der Konstanten c_1 und c_2 folgendermaßen beschreiben:

☐ Wenn $c_1 > 0$, dann wird zu den Grauwerten eine Konstante addiert und das Bild wird heller.

☐ Wenn $c_1 < 0$, dann wird von den Grauwerten eine Konstante subtrahiert und die Darstellung wird dunkler. Der Faktor c_2 führt eine Veränderung des Kontrastes herbei.

☐ Wenn $c_2 > 1$, dann wird das Bild kontrastreicher, für $c_2 < 1$ hingegen kontrastärmer.

Damit bei der Umrechnung keine Bildinformationen (G<0 oder G>255)) verloren gehen, sollte man anhand des Grauwerthistogramms den minimalen und den maximalen Grauwert (G_{min}, G_{max}) des Bildes bestimmen und dann die beiden Parameter c_1 und c_2 nach

$$c_1 = -G_{min} \; , \; c_2 = \frac{255}{G_{max} - G_{min}} \tag{6.4}$$

berechnen.

6.1.2 Binarisierung

Hier verfahren wir analog, bis auf den Unterschied, dass der Wertebereich des Urbildes auf genau zwei Grauwerte, meist schwarz (G = 0) und weiß (G = 255), abgebildet wird. Mit Schwellwert (englisch: threshold) werden die vorgegebenen Zahlen bezeichnet, bei deren Überschreitung sich der Grauwert von schwarz auf weiß ändert.
Das Beispiel einer LUT für die Binarisierung mit dem Schwellwert G = 95 ist in Abb. 6.2 dargestellt.

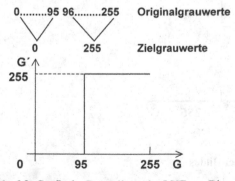

Abb. 6.2. Grafische Darstellung der LUT zur Binarisierung mit Schwellwert 95

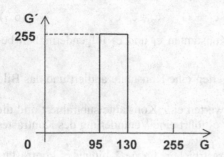

Abb. 6.3. Grafische Darstellung der LUT zur Binarisierung mit zwei Schwellen $G_{min} = 95$ und $G_{max} = 130$

Eine LUT zur Binarisierung mit zwei Schwellen $G_{min} = 95$ und $G_{max} = 130$ hat hingegen den in Abb.6.3 gezeigten Verlauf (siehe Arbeitsblatt „Schwellwert mit LUT").

6.1.3 Labeling

Oft werden für eine Bildsegmentierung (d.h. für eine Zusammenfassung von Bildpunkten zu größeren Einheiten) mehrere Schwellen gesetzt, die beispielsweise aus einem mehrgipfeligen Histogramm hervorgehen (Abschn. 8.1.1). Den Originalgrauwerten werden mit Hilfe der LUT innerhalb der Intervalle Zielgrauwerte zugewiesen. Diese Grauwerte haben die Bezeichnung Labels, aus denen sich die sog. Label-Bilder zusammensetzen. In Abb. 6.4 ist eine LUT zur Generierung eines derartigen Bildes dargestellt.

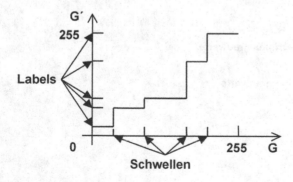

Abb. 6.4. LUT zur Berechnung eines Label-Bildes

6.1.4 Invertierung

Bei der Invertierung eines Bildes besitzt die Abbildung G→G′ die Form der in Abb. 6.5 gezeigten Zuordnung. In der grafischen Darstellung der zugehörigen LUT (Abb. 6.6) erkennen wir einen linearen Zusammenhang. Ein Beispielprogramm findet sich auf den Arbeitsblättern „Bild mit LUT invertieren". Denselben Effekt können wir auch mit der Funktion G′(x.y) = 255–G(x,y) erreichen.

6.1.5 Falschfarbendarstellung

Für eine bessere Visualisierung von Graubildern werden Falschfarbendarstellungen verwendet. Dabei wird ausgenutzt, dass der Mensch unterschiedliche Farben besser erkennen kann als Grauwertunterschiede. Man nutzt dabei auch das subjektive Empfinden eines Betrachters, die Farbe Rot mit Wärme oder Tiefe, Blau hingegen mit Kälte oder Höhe zu assoziieren.
Wir erhalten eine Falschfarbendarstellung, wenn den Grauwerten G(x,y) mit Hilfe dreier LUTs die Farbwerten R, G, B zugewiesen werden. In Abb. 6.7 bis 6.9 werden Beispiele für Farbwertzuweisungen im RGB-Farbmodell (Kap. 16) gegeben. Auf dem Arbeitsblatt „Falschfarbendarstellung eines Graubildes" wird alternativ der HLS-Farbraum verwendet, bei dem das H-Bild (H steht für Farbton, englisch: hue) eine direkte Umwandlung vom Grau- zum Farbwert erlaubt.

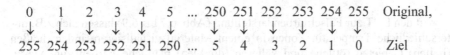

Abb. 6.5. Zuordnung der Originalgrauwerte zu den Zielgrauwerten bei Grauwertinvertierung

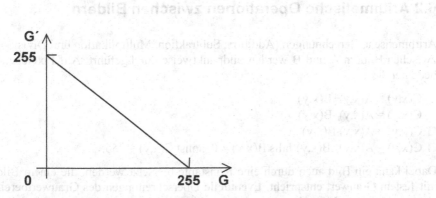

Abb. 6.6. LUT zur Grauwertinvertierung

0 ... 20	21 ... 41	42 ... 62	63 ... 83	Grauwerte des Originals
↓	↓	↓	↓	
63	127	191	255	Grauwerte der Blaumatrix

Abb. 6.7. Beispiel einer LUT zur Falschfarbendarstellung. Zuordnung bestimmter Grauwertintervalle zu Werten der Blaumatrix

84 ... 104	105 ... 125	126 ... 146	147 ... 167	Grauwerte des Originals
↓	↓	↓	↓	
63	127	191	255	Grauwerte der Grünmatrix

Abb. 6.8. Beispiel einer LUT zur Falschfarbendarstellung. Zuordnung bestimmter Grauwertintervalle zu Werten der Grünmatrix

168 ... 188	189 ... 209	210 ... 230	231 ... 255	Grauwerte des Originals
↓	↓	↓	↓	
63	127	191	255	Grauwerte der Rotmatrix

Abb. 6.9. Beispiel einer LUT zur Falschfarbendarstellung. Zuordnung bestimmter Grauwertintervalle zu Werten der Rotmatrix

Mit den LUT zur Falschfarbendarstellung (Abb. 6.7 bis 6.9) lassen sich z.B. unterschiedliche Temperatur-Zonen in einem Material visualisieren, indem heißen (hellen) Gebieten rötliche und kälteren (dunklen) bläuliche Farben zugewiesen werden (siehe Arbeitsblätter „Falschfarbendarstellung eines Graubildes").

6.2 Arithmetische Operationen zwischen Bildern

Arithmetische Berechnungen (Addition, Subtraktion, Multiplikation und Division) zwischen Bildern A und B werden bildpunktweise durchgeführt. Auf Pixelebene bedeutet dies:

☐ $C(x,y) = A(x,y)+B(x,y)$
☐ $C(x,y) = A(x,y)-B(x,y)$
☐ $C(x,y) = A(x,y)\cdot B(x,y)$
☐ $C(x,y) = A(x,y)/B(x,y)$ falls $B(x,y) \neq 0$, sonst $C(x,y) = 255$.

Dabei kann ein Bild auch durch eine Konstante b ersetzt werden, die einem Bild mit festem Grauwert entspricht. Eventuelle Überschreitungen des Grauwertbereiches nach oben (>255) oder unten (<0) sind bei den Operationen zu berücksichtigen. Die Subtraktion zweier bis auf kleine Abweichungen identischer Bilder demonstriert die Nützlichkeit dieser Operationen. Das Differenzbild liefert die eventuell gesuchten Unterschiede.

6.3 Logische Operationen zwischen Bildern

Logische Operatoren können auf zwei Bilder ebenfalls sinnvoll angewendet werden. Ihre Wirkungsweise lässt sich für Binärbilder leicht mit der Wahrheitstafel erklären (Tabelle 6.2). Die logische Verknüpfung von Graubildern muss hingegen bitweise geschehen. An dem folgenden Beispiel wollen wir uns diesen Sachverhalt verdeutlichen. Hierzu führen wir eine AND-, eine OR-, eine NOR- und eine XOR-Verknüpfung zwischen den Grauwerten A = 127 und B = 72 durch, deren Ergebnisse in der Tabelle 6.1 aufgeführt sind.

Die Resultate der negierten logischen Operationen NAND, NOR und NXOR erhalten wir durch Negation der Ergebnisse mit den AND-, OR- und XOR-Verknüpfungen. Ein Beispiel ist für NOR in der letzten Zeile aufgeführt.

Für den Umgang mit logischen Operatoren werden die Wahrheitstafeln benötigt, von denen die gebräuchlichsten in der Tabelle 6.2 zusammengestellt sind. Eine wichtige Anwendung ist in Zusammenhang mit Masken-Operationen zu sehen. Masken sind Binärbilder mit den Grauwerten 0 und 255. Bei einer AND-Verknüpfung zwischen einer Maske B (Abb. 6.10) und einem gleich großen Binär- oder Graubild A bleiben an den Maskenstellen mit Grauwert 255 die Bildinhalte von A erhalten. An den anderen Stellen nimmt das Resultatbild C in Abb. 6.10 den Wert null an.

Tabelle 6.1. Ergebnisse zu den bitweisen, logischen Verknüpfungen zweier Grauwerte A und B

Operanden	Dezimaldarstellung	Binärdarstellung
A	127	0 1 1 1 1 1 1 1
B	72	0 1 0 0 1 0 0 0
C = A AND B	72	0 1 0 0 1 0 0 0
C = A OR B	127	0 1 1 1 1 1 1 1
C = A XOR B	55	0 0 1 1 0 1 1 1
C = A NOR B	128	1 0 0 0 0 0 0 0

Tabelle 6.2. Wahrheitstafel für die logischen Operatoren AND, OR und XOR

	AND		OR		XOR	
	b = 0	b = 1	b = 0	b = 1	b = 0	b = 1
a = 0	0	0	0	1	0	1
a = 1	0	1	1	1	1	0

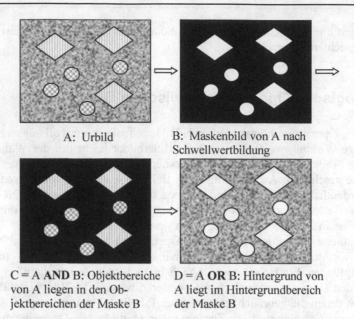

A: Urbild

B: Maskenbild von A nach
Schwellwertbildung

C = A **AND** B: Objektbereiche
von A liegen in den Ob-
jektbereichen der Maske B

D = A **OR** B: Hintergrund von
A liegt im Hintergrundbereich
der Maske B

Abb. 6.10. Ausschneiden von Objekten mit den logischen Operatoren AND und OR

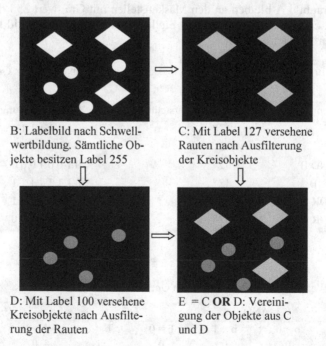

B: Labelbild nach Schwellwertbildung. Sämtliche Objekte besitzen Label 255

C: Mit Label 127 versehene
Rauten nach Ausfilterung
der Kreisobjekte

D: Mit Label 100 versehene
Kreisobjekte nach Ausfilterung der Rauten

E = C **OR** D: Vereini-
gung der Objekte aus C
und D

Abb. 6.11. Markierung unterschiedlicher Objektgruppen mit verschiedenen Grauwerten
(Labels)

Eine OR-Verknüpfung zwischen den Bildern A und B führt zu Bild D, das den Hintergrund von Bild A darstellt. Mit speziellen, die Form der Teilchen betreffenden Filteroperationen lassen sich in Bild B die Rauten bzw. Kreisobjekte ausfiltern (siehe hierzu Kap. 12). So sind die Bilder C und D in Abb. 6.11 entstanden. Zu ihrer Unterscheidung sind sie mit den Labeln 127 und 100 versehen. Eine Vereinigung beider Teilchensorten (Bild E in Abb. 6.11) gelingt mit einer OR-Verknüpfung zwischen C und D.

6.4 Aufgaben

Aufgabe 6.1. Führen Sie mit den Operanden A = 190 und B = 220 (im Dezimalsystem angegeben) die logischen Operationen AND, NOR und NOT XOR durch. Bedenken Sie dabei, dass die Operationen bitweise erfolgen.

Aufgabe 6.2. Begründen Sie, warum Masken-Bilder die Grauwerte 0 und 255 besitzen müssen.

6.5 Computerprojekt

Projekt Führen Sie mit zwei Graubildern, einem Grau- und einem Binärbild sowie zwei Binärbildern A und B arithmetische und logische Operationen durch. Überlegen Sie sich, für welche Anwendungen die einzelnen Operationen genutzt werden können.

6.6 Arbeitsblätter

Schwellwert mit LUT
"Schwellwert mit LUT"

Eingaben: Bild B, untere Schwelle SU, obere Schwelle SO
Ausgaben: Bild B, Binärbild C von Bild B

B := BILDLESEN("E:\Mathcad8\Samples\Bildverarbeitung\Bild_Röntgen001")

Binärbild C mit der Funktion Bin(B,SU,SO) berechnen:

Kommentar zum Listing Bin():
Zeile 1: Bildmatrix C mit Nullen vorbelegen.
Zeilen 2-5: Realisierung der LUT mit IF-Bedingung. ($\wedge$ bedeutet logisches AND),
also IF $B_{i,j} \in \,]SU, SO]$, dann $C_{i,j} \leftarrow 255$, sonst (otherwise) $C_{i,j} \leftarrow 0$.

$$
\mathrm{Bin}(B, SU, SO) := \left|
\begin{array}{l}
C \leftarrow B \cdot 0 \\
\text{for } j \in 0 .. \text{ spalten}(B) - 1 \\
\quad \text{for } i \in 0 .. \text{ zeilen}(B) - 1 \\
\qquad \left|
\begin{array}{l}
C_{i,j} \leftarrow 255 \text{ if } B_{i,j} \leq SO \wedge B_{i,j} > SU \\
C_{i,j} \leftarrow 0 \text{ otherwise}
\end{array}
\right. \\
C
\end{array}
\right.
$$

Bild B sowie untere und obere Schwelle SU bzw. SO in Bin() eingeben:

$$C := \mathrm{Bin}(B, 70, 255)$$

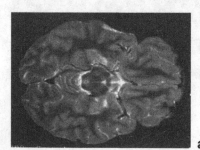 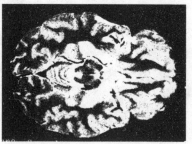

Abb. 6.12a. Urbild B (Tomographiebild vom Gehirn), **b** Binärbild C von B mit den Schwellen SU = 70 und SO = 255

Bild mit LUT invertieren
"Bild mit LUT invertieren"

Eingabe: Bild B
Ausgaben: Bild B, invertiertes Bild C von B

Bild := "Bild_Röntgen001"   B := BILDLESEN(Bild)

Bildinvertierung mit der Funktion Inv(B):

Kommentare zum Listing Inv():
Zeile 1: C mit Nullen vorbelegen.
Zeilen 2 und 3: LUT definieren.
Zeilen 4-6: In den For-Schleifen $C_{i,j}$ aus LUT($B_{i,j}$) berechnen.

$$\text{Inv}(B) := \begin{vmatrix} C \leftarrow B \cdot 0 \\ \text{for } G \in 0..255 \\ \quad \text{LUT}_G \leftarrow 255 - G \\ \text{for } j \in 0.. \text{ spalten}(B) - 1 \\ \quad \text{for } i \in 0.. \text{ zeilen}(B) - 1 \\ \qquad C_{i,j} \leftarrow \text{LUT}_{\left(B_{i,j}\right)} \\ C \end{vmatrix}$$

$$C := \text{Inv}(B)$$

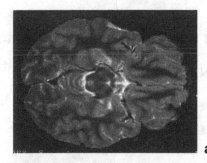 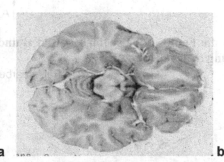

a   b

Abb. 6.13a. Urbild B, **b** invertiertes Bild C = Inv(B) von B

Falschfarbendarstellung
"Farbbild_Falschfarbendarstellung"

Eingaben: Bild B, Luminanz L, Sättigung S
Ausgaben: Bildmatrix A mit Pseudofarbdarstellung

B := BILDLESEN("image001")

ZB := zeilen(B)   ZB = 236   SB := spalten(B)   SB = 250

HLS-Bild A mit der Funktion Falschfarbe(B,L,S) berechnen:

Kommentar zum Listing Falschfarbe():
Die HLS-Bildmatrix A besteht aus den drei Teilmatrizen Farbton H (**Zeile 4**),
Luminanz L (**Zeile 5**) und Sättigung S (**Zeile 6**). Dabei belegen die Teilmatrizen
folgende Zeilen und Spalten der Bildmatrix A:

Zeilen von H, L und S gehen für alle drei Teilmatrizen von 0 bis ZB.
Spalten gehen:

Für H von 0 bis SB-1, für L: von SB bis 2·SB-1 und für S von 2·SB bis 3·SB-1.

$$
\text{Falschfarbe}(B, L, S) := \left|
\begin{array}{l}
SB \leftarrow \text{spalten}(B) \\
\text{for } i \in 0.. \text{zeilen}(B) - 1 \\
\quad \text{for } j \in 0.. SB - 1 \\
\qquad A_{i,j} \leftarrow B_{i,j} \\
\qquad A_{i,j+SB} \leftarrow L \\
\qquad A_{i,j+2\cdot SB} \leftarrow S \\
A
\end{array}
\right.
$$

**In die Funktion Falschfarbe() Bild B und Werte für Luminanz L und Sätti-
gung S eingeben:**

$$A := \text{Falschfarbe}(B, 125, 200)$$

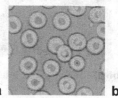

                                                                    a   b

Abb. 6.14a. Bildmatrix A mit den Farbauszügen H, L und S (v.l.), **b** Pseudofarbdarstellung
von A (s/w-Druck)

7. Lokale Operatoren

Während die Punktoperatoren nur das Grauwerthistogramm verändern, wirken lokale Operatoren auch auf Schärfe und Form. So hat beispielsweise der Mittelwertoperator (Abschn. 7.2) die gleiche Wirkung auf Bilder wie der aus der Fotografie her bekannte Weichzeichner, der auf eine mehr oder weniger große Kontrastminderung abzielt. Für den Anwender gilt es nun, die zusätzlichen Veränderungen für die Gewinnung von Bildinformationen zu nutzen. In Kap. 7 besprechen wir Operatoren, die in der Mathematik mit dem Oberbegriff Faltung bezeichnet werden.

7.1 Lokale Operatoren im Überblick

Lokale Operatoren wirken auf Bildausschnitte, die durch Fenster freigegeben werden. In Abb. 7.1 ist ein derartiges Fenster mit drei Pixel Kantenlänge dargestellt. Meist wird es zeilenweise über das Urbild verschoben, damit das mittlere Fensterpixel alle Urbildpixel bis auf den Rand überstreicht. An jedem Bildpunkt werden nach noch zu beschreibenden Rechenverfahren Größen mit den Urbildpixeln innerhalb des Fensters berechnet, aus denen sich das Ergebnisbild zusammensetzt. Dabei stimmen die Orte des mittleren Fensterpixels im Urbild mit den Orten der im Fenster berechneten Grauwerte im Ergebnisbild überein. Wie bereits erwähnt, können die Randpunkte wegen der Größe des Operatorfensters nicht berechnet werden,

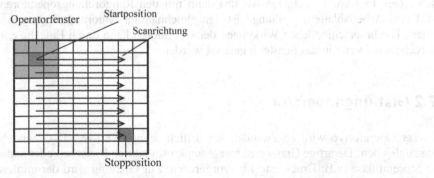

Abb. 7.1. Fensteroperator (hellgrau) wird zeilenweise verschoben. Start- und Stopposition (dunkelgrau) reichen nicht bis an den Bildrand

so dass das Ergebnisbild nach jeder Filterung etwas kleiner wird (siehe z.B. Abb. 7.6c). Die Randpixel im Ergebnisbild werden meist auf den Wert G = 0 gesetzt. In aller Regel wirkt sich die Schrumpfung des Urbildes nicht nachteilig aus. Eine Verkleinerung des Bildes kann aber auch vermieden werden, wenn es zu Beginn der Operation entsprechend der Fenstergröße erweitert wird. Bildberechnungen mit Operatorfenstern nehmen mehr Zeit in Anspruch als Punktoperationen, weil sie auf der Verknüpfung mit den Nachbarpixeln beruhen. Die Rechenzeit nimmt proportional zur Anzahl der Fensterelemente zu. So dauert die Bearbeitung mit einem 5x5-Fenster fast drei mal so lange wie diejenige mit einem 3x3-Fenster. Dieser Sachverhalt ist deswegen so erwähnenswert, weil die Bildverarbeitung oft in Verbindung mit zeitkritischen Anwendungen eingesetzt wird. Für eine systematische Beschreibung der lokalen Operatoren ist eine Klassifizierung nach ihren Wirkungsweisen sinnvoll:

1. Glättungsoperatoren
   - Mittelwert Operator (englisch: local average)
   - Gaußfilter (englisch: Gaussian)
   - Median Operator
   - Tiefpass (englisch: low pass)
2. Differenzoperatoren
   - Kirsch Operator
   - Kompassgradienten Operator
   - Laplace Operator
3. Rangordnungsoperatoren
   - Median Operator
   - Maximum Operator (englisch: dilatation)
   - Minimum Operator (englisch: erosion)
   - Opening
   - Closing.

In Kap. 7 beschränken wir uns auf die Darstellung der Glättungs- und Differenzoperatoren, weil die ihnen zugrunde liegenden mathematischen Verfahren, die auf sog. Faltungsalgorithmen beruhen, analog sind. Sie werden in Abschn. 7.2 beschrieben. In Kap. 11 befassen wir uns dann mit den Rangordnungsoperatoren. Auf den Arbeitsblättern „Faltung" ist der gleichnamige Algorithmus programmiert. Die unterschiedlichen Wirkungen der Operatoren kann durch Eingabe entsprechender Werte in das Fenster h getestet werden.

7.2 Glättungsoperator

Dieser Operatortyp wird angewendet, um örtlich schnell variierende Grauwerte auszugleichen. Derartige Grauwertschwankungen sind durch Rauschen oder andere Störeinflüsse (z.B. Druckraster) hervorgerufen. Zur Glättung wird der mittlere Grauwert im Filterfenster berechnet und das Ergebnis im aktuellen Pixel (mittleres Pixel im Operatorfenster) eingetragen (Abb. 7.1).

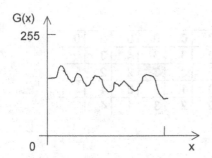
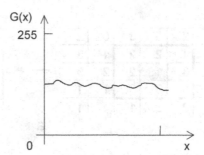

Abb. 7.2. Ungeglätteter Linescan (schematisch)

Abb. 7.3. Mit dem Mittelwertoperator geglätteter Linescan (schematisch)

Durch die Mittelung des Grauwertes über die ganze Filtermatrix verschwinden störende Grauwertspitzen, leider erscheinen Kanten und feine Strukturen nach der Filterung unscharf. Je größer das Fenster ist, desto besser wird die Glättung, aber umso mehr Informationen gehen auch verloren. Die Wirkungsweise ist anhand der zwei Linescans auf den Abb. 7.2 und 7.3 zu erkennen. In Abb. 7.2 ist ein stark verrauschter Linescan schematisch dargestellt, der nach Glättung mit einem Mittelwertoperator die in Abb. 7.3 gezeigte Gestalt annimmt. Wir erkennen bei der Gegenüberstellung beider Linescans die stark glättende Wirkung des Operators.

In Abb. 7.4 sind Ur- und Zielbild nach einer lokalen Mittelwertbildung abgebildet. Dem Urbild ist der Rahmen eines 3x3-Fensters überlagert. Wie verläuft nun die Bildung des Mittelwerts am Ort des Fensters? Hierzu werden alle Grauwerte unter dem Fenster addiert und die Summe durch die Anzahl der Grauwerte dividiert. Wir erhalten so den Mittelwert 3.

In Hinblick auf eine Verallgemeinerung können wir die Mittelwertbildung auch so formulieren:

☐ Wahl eines mit Einsen besetzten Fensters, z.B. das oben erwähnte 3x3-Fenster

$$h = \begin{pmatrix} 1 & 1 & 1 \\ 1 & 1 & 1 \\ 1 & 1 & 1 \end{pmatrix} \tag{7.1}$$

☐ Multiplikation jedes Fensterelements mit dem Grauwert des darunter liegenden Bildpunktes
☐ Bildung der Summe aller Produkte und Division durch die Summe der Fensterelemente
☐ Zuordnung des Ergebnisses zu dem Bildpunkt unterhalb der Fenstermitte
☐ Durchführung dieser Operationen an jeder Stelle des zu glättenden Bildes.

Die ersten drei Rechenschritte können wir für das Beispiel aus Abb. 7.4a durch

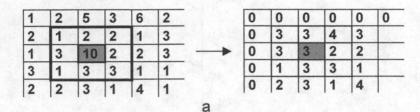

a   b

Abb. 7.4. Wirkungsweise eines Mittelwertoperators. Aus dem herausspringenden Grauwert 10 (**a**) wird der geglättete Grauwert 3 (**b**)

$$G'(2,2) = \frac{1\cdot1+1\cdot2+1\cdot2+1\cdot3+1\cdot10+1\cdot2+1\cdot1+1\cdot3+1\cdot3}{9} = \frac{27}{9} = 3 \qquad (7.2)$$

beschreiben. Ganz allgemein lässt sich die diskrete, zweidimensionale Faltung, zu der auch der spezielle Fall der Mittelwertoperation zählt, durch

$$G'(x,y) = N^{-1} \cdot \sum_{u=0}^{L-1}\sum_{v=0}^{M-1} G(x-l+u, y-m+v)\cdot h(u,v) \qquad (7.3)$$

mit $l = (L-1)/2,$ $L = 3, 5, 7, ...$

           $m = (M-1)/2,$ $M = 3, 5, 7, ...$

und

$$N = \sum_{u=0}^{L-1}\sum_{v=0}^{M-1} h(u,v) \qquad (7.4)$$

ausdrücken. Darin bedeuten L und M die Anzahl Zeilen bzw. Spalten des Operatorfensters, der die Fensterelemente h(u,v) aufweist. In der Regel sind L und M ungerade natürliche Zahlen, so dass ein mittleres Fensterelement existiert. Mit N wird der schon erwähnte Normierungsfaktor gebildet, der ein Überschreiten des erlaubten Grauwertbereichs verhindert.

Für die Mittelwertbildung im letzten Beispiel haben alle Fensterelemente h(u,v) den Wert eins. In Abb. 7.5 sind die Lage eines 5x7-Fensters sowie seine Positionen in der Bildmatrix dargestellt.

Die allgemeine Schreibweise für die in Gln. (7.3) und (7.4) definierte Faltung zwischen G und h ist durch

$$G' = G*h \qquad (7.5)$$

gegeben. In Gl. (7.6) werden wir von dieser Schreibweise Gebrauch machen.

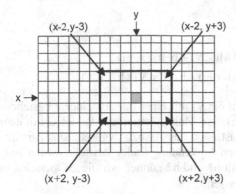

Abb. 7.5. Mittenposition (grau) und Eckpositionen des Operatorfensters

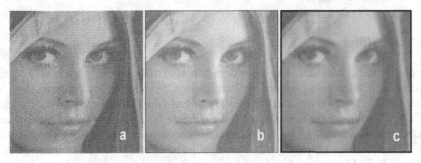

Abb. 7.6. Der Einfluss unterschiedlich großer Glättungsfenster. **a** Originalbild mit Druckraster, **b** nach Glättung mit einem 3x3-Fenster, **c** nach Glättung mit einem 7x7-Fenster

Unterschiedliche Fenstergrößen haben die in Abb. 7.6 ersichtlichen Wirkungen. Das 3x3- und erst rech das 7x7-Fenster filtern das störende Druckraster in Abb. 7.6a aus. Für die Vereinfachung von Algorithmen sind einige Eigenschaften der Faltung erwähnenswert. Sie erklären sich aus der Linearität dieser Operation.

Seien h1 und h2 zwei Fensteroperatoren, a und b konstante Skalierungsfaktoren, G das Urbild und G′ das Ergebnisbild nach der Faltung, so gilt für alle Bildpunkte (x, y), für die h1 und h2 noch ganz in G liegen:

$$
\left.
\begin{array}{l}
\text{Es gibt ein neutrales Element } \delta(x,y) \text{ mit}: \\[4pt]
G(x,y) \rightarrow G'(x,y) = G(x,y) * \delta(x,y) = G(x,y) \\[4pt]
\text{Kommutativgesetz}: \\[4pt]
G(x,y) \rightarrow G'(x,y) = G(x,y) * h(x,y) = h(x,y) * G(x,y) \\[4pt]
\text{Assoziativgesetz}: \\[4pt]
G(x,y) \rightarrow G'(x,y) = h1(x,y) * [h2(x,y) * G(x,y)] \\[4pt]
\qquad\qquad\qquad\; = [h1(x,y) * h2(x,y)] * G(x,y)
\end{array}
\right\}
\qquad (7.6a)
$$

Distributivgesetz :

$$\left. \begin{array}{l} G(x,y) \to G'(x,y) = G(x,y)*(a \cdot h1(x,y)+b \cdot h2(x,y)) \\ \qquad = a \cdot G(x,y)*h1(x,y)+b \cdot G(x,y)*h2(x,y) \end{array} \right\} \qquad (7.7b)$$

Wir identifizieren das neutrale Element $\delta(x,y)$ mit einer nur aus einer 1 bestehenden Matrix, so dass sich die Faltung auf eine Multiplikation des Bildes G mit dem Faktor eins reduziert. Hervorzuheben ist auch das Assoziativgesetz, das zur Entwicklung zusammengesetzter Operatoren Anwendung findet. Anstelle zweier zeitaufwendiger Faltungen des Bildes G mit h1 und h2 können wir diese Operation in einem Operator h = h1*h2 zusammenfassen.
Neben dem einfachen Mittelwert, dessen 3x3-Fenster in Gl. (7.1) dargestellt ist, gibt es andere Operatoren mit ähnlicher Wirkung, die in Abschn. 7.2.1 beschrieben werden. Im Einzelfall muss experimentell ermittelt werden, welcher der Operatoren am günstigsten ist.

7.2.1 Gaußfilter

Für die Glättung wird das Gaußfilter dem Mittelwertfilter meist vorgezogen, weil Kanten und Linien etwas besser erhalten bleiben. Seinen Namen verdankt der Operator den Fensterwerten, die der gleichnamigen Glockenkurve entsprechen. Ein einfaches Verfahren zur Berechnung der Elemente $h(u,v)$ ist mit dem Pascalschen Dreieck möglich (Abb. 7.7). Ganz allgemein lässt sich ein Gaußscher Operator mit n+1 Zeilen und m+1 Spalten aus dem dyadischen Produkt zweier Vektoren errechnen, deren Elemente der m-ten bzw. n-ten Zeile des Pascalschen Dreiecks entsprechen. Aus einem dyadischen Produkt zweier Vektoren $\vec{a}$ und $\vec{b}$ mit den Komponenten $a_0, a_1,...a_i,...$

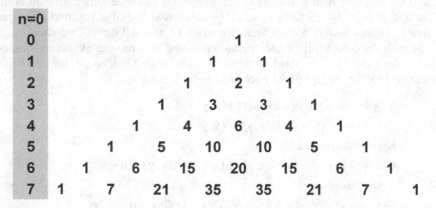

Abb. 7.7. Paskalsches Dreieck bis n = 7 als Designhilfe für ein Gaußfilter

	1	4	6	4	1
1	1	4	6	4	1
4	4	16	24	16	4
6	6	24	36	24	6
4	4	16	24	16	4
1	1	4	6	4	1

Abb. 7.8. Entstehung eines Gaußschen Operatorfensters

bzw. b_0, b_1,..., b_j,... erhalten wir eine Matrix C mit den Elemente $c_{i,j} = a_i \cdot b_j$. Wir wollen dies am Beispiel eines 5x5-Fensters ausführen. Dazu schreiben wir die vierte Zeile des Pascalschen Dreiecks als Spalten- und Zeilenvektor (beide Vektoren sind in Abb. 7.8 grau unterlegt)und multiplizieren die Zahlen der Zeilen mit denen der Spalten. Daraus ergibt sich der Fensteroperator (weißes Feld) in Abb. 7.8. Zur Optimierung der Rechenzeit wird häufig der 3x3-Grauß-Operator

$$h_{Gauß} = \begin{bmatrix} 1 & 2 & 1 \\ 2 & 4 & 2 \\ 1 & 2 & 1 \end{bmatrix} \tag{7.8}$$

eingesetzt.

7.3 Differenzoperatoren

Während die Mittelwertoperatoren Grauwertunterschiede ausgleichen, werden sie von den Differenzoperatoren verstärkt. Wegen dieses Verhaltens eignen sie sich zur Hervorhebung von Kanten, Linien oder sonstigen sprunghaften Grauwertvariationen.

Mit dem sog. Prewitt-Operator Gl. (7.10) werden die horizontalen und vertikalen Kanten mit unterschiedlichen Fenstern erhöht, die näherungsweise partiellen Richtungsableitung

$$G_x(x,y) = \partial G(x,y) / \partial x \quad \text{und} \quad G_y(x,y) = \partial G(x,y) / \partial y \tag{7.9}$$

nach x und y entsprechen. Seine zwei Operatoren lassen sich durch

$$s_x = \begin{pmatrix} -1 & -1 & -1 \\ 0 & 0 & 0 \\ 1 & 1 & 1 \end{pmatrix} \quad s_y = \begin{pmatrix} -1 & 0 & 1 \\ -1 & 0 & 1 \\ -1 & 0 & 1 \end{pmatrix} \tag{7.10}$$

ausdrücken. Dabei setzen wir hier und im Folgenden immer voraus, dass mit x und y die Bildkoordinaten gemeint sind. Demnach weist also die x-Koordinatenachse entgegen der herkömmlichen Konvention nach unten und die y-Koordinate nach rechts. Der Koordinatenursprung befindet sich folglich in der oberen linken Ecke des Bildes. Durch die negativen Werte im Fenster können im Fall der Grauwertabnahme negative Ergebnisse entstehen. Da der verfügbare Zahlenbereich weiterhin von 0 bis 255 reicht, müssen wir zum Resultat einer Differenzoperation immer die Konstante 127 addieren. Mit dieser Modifikation wird der Wertebereich von zunächst [−127, 128] wieder nach [0, 255] verschoben, so dass also der Grauwert 127 der Steigung null entspricht. Leichte Veränderungen an den Richtungsableitungen nach Prewitt führen uns zu den Sobel-Operatoren

$$s_x = \begin{pmatrix} -1 & -2 & -1 \\ 0 & 0 & 0 \\ 1 & 2 & 1 \end{pmatrix} \qquad s_y = \begin{pmatrix} -1 & 0 & 1 \\ -2 & 0 & 2 \\ -1 & 0 & 1 \end{pmatrix}. \tag{7.11}$$

Da die programmtechnische Umsetzung der Differenzoperatoren derjenigen der Mittelwertoperatoren entspricht, können wir auf die mathematischen Ausführungen in Abschn. 7.2 verweisen.

Kantenorientierungen werden mit hoher Empfindlichkeit von den jeweils acht Kompass- und Kirsch-Operatoren erfasst. Die Rechenzeit dieser Operatoren erhöht sich allerdings um mehr als das Vierfache. Im Programm werden Pixelweise alle acht Richtungsableitungen durchgeführt und das Maximum als Ergebnis genommen. Auf diese Weise wird ein Richtungsbild generiert, das für eine Konturbeschreibung herangezogen werden kann. Wir erfahren mehr über Konturhervorhebungen und Beschreibungen in Abschn. 8.3. Die Fenster für Kompass- und Kirsch-Operatoren lauten wie folgt.

Die Fenster des Kompass-Operator:

$$h_0 = \begin{pmatrix} -1 & 1 & 1 \\ -1 & -2 & 1 \\ -1 & 1 & 1 \end{pmatrix} \qquad h_1 = \begin{pmatrix} 1 & 1 & 1 \\ -1 & -2 & 1 \\ -1 & -1 & 1 \end{pmatrix}$$

$$h_2 = \begin{pmatrix} 1 & 1 & 1 \\ 1 & -2 & 1 \\ -1 & -1 & -1 \end{pmatrix} \qquad h_3 = \begin{pmatrix} 1 & 1 & 1 \\ 1 & -2 & -1 \\ 1 & -1 & -1 \end{pmatrix}$$

$$h_4 = \begin{pmatrix} 1 & 1 & -1 \\ 1 & -2 & -1 \\ 1 & 1 & -1 \end{pmatrix} \qquad h_5 = \begin{pmatrix} 1 & -1 & -1 \\ 1 & -2 & -1 \\ 1 & 1 & 1 \end{pmatrix}$$

$$\tag{7.12a}$$

$$h_6 = \begin{pmatrix} -1 & -1 & -1 \\ 1 & -2 & 1 \\ 1 & 1 & 1 \end{pmatrix} \qquad h_7 = \begin{pmatrix} -1 & -1 & 1 \\ -1 & -2 & 1 \\ 1 & 1 & 1 \end{pmatrix} \Bigg\}. \qquad (7.13b)$$

Die Fenster des Kirsch-Operator:

$$h_0 = \begin{pmatrix} -3 & -3 & 5 \\ -3 & 0 & 5 \\ -3 & -3 & 5 \end{pmatrix} \qquad h_1 = \begin{pmatrix} -3 & 5 & 5 \\ -3 & 0 & 5 \\ -3 & -3 & -3 \end{pmatrix}$$

$$h_2 = \begin{pmatrix} 5 & 5 & 5 \\ -3 & 0 & -3 \\ -3 & -3 & -3 \end{pmatrix} \qquad h_3 = \begin{pmatrix} 5 & 5 & -3 \\ 5 & 0 & -3 \\ -3 & -3 & -3 \end{pmatrix}$$

$$(7.14)$$

$$h_4 = \begin{pmatrix} 5 & -3 & -3 \\ 5 & 0 & -3 \\ 5 & -3 & -3 \end{pmatrix} \qquad h_5 = \begin{pmatrix} -3 & -3 & -3 \\ 5 & 0 & -3 \\ 5 & 5 & -3 \end{pmatrix}$$

$$h_6 = \begin{pmatrix} -3 & -3 & -3 \\ -3 & 0 & -3 \\ 5 & 5 & 5 \end{pmatrix} \qquad h_7 = \begin{pmatrix} -3 & -3 & 3 \\ -3 & 0 & 5 \\ -3 & 5 & 5 \end{pmatrix}$$

Für Konturbeschreibungen (Abschn. 8.3) müssen Richtungsbilder berechnet werden, die außer mit den beiden soeben beschriebenen Verfahren auch mit den Gradienten-Operatoren nach Prewitt und Sobel gebildet werden können. Hierfür sind der Betrag

$$\left| \vec{\nabla} G(x,y) \right| = \sqrt{G_x(x,y)^2 + G_y(x,y)^2} \qquad (7.15)$$

und die Richtung

$$\varphi(x,y) = \arctan\left(\frac{G_y(x,y)}{G_x(x,y)} \right) \qquad (7.16)$$

aus den Gradientenbildern G_x und G_y zu ermitteln. Während der Betrag ein Maß für die Höhendifferenz der Grauwerte ist, gibt der Winkel φ die Richtung der Kante in jedem Punkt an (Abb. 7.9).

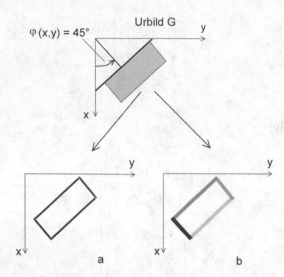

Abb. 7.9. Urbild G mit **a** Betragsbild und **b** Richtungsbild

Wir betrachten diese Zusammenhänge in Abschn. 8.3 genauer. Wie bereits erwähnt, nehmen die Resultate bei den Differenzoperationen sowohl positive als auch negative Werte an, so dass wir zum Ergebnis den Grauwert 127 addieren müssen. Hierdurch findet eine Nullpunktsverschiebung zum Grauwert 127 statt. Negative Werte haben demnach Grauwerte unter 127. Ein Beispiel für die Richtungsableitung mit dem Operator s_x Gl. (7.10) ist in Abb. 7.10b dargestellt. Wir erkennen den mittleren Grauwert 127, der in diesem Fall die Steigung null repräsentiert. Beim Übergang zum Zahnrad entsteht eine helle Kante. Grauwertübergänge, die parallel zur x-Achse orientiert sind, werden von diesem Operator nicht erfasst (siehe Pfeil).

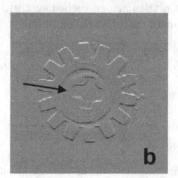

Abb. 7.10a. Urbild, **b** Richtungsableitung in x-Richtung mit einem 3x3-Differenzoperator s_x nach Gl. (7.10)

In manchen Fällen ist eine Kantenerkennung ohne Richtungsinformation vorzuziehen. Der hierfür geeignete Operator basiert auf einer zweifachen Richtungsableitung und heißt Laplace-Operator. Mathematisch wird er durch

$$\Delta G(x,y) = \partial^2 G(x,y)/\partial x^2 + \partial^2 G(x,y)/\partial y^2 \tag{7.17}$$

ausgedrückt. Das 3x3-Fenster des Laplace-Operators lässt sich durch

$$h = \begin{pmatrix} 0 & 1 & 0 \\ 1 & -4 & 1 \\ 0 & 1 & 0 \end{pmatrix} \tag{7.18}$$

darstellen. Wir können uns das Zustandekommen seiner Fensterelemente dadurch
erklären, dass wir den Differenzenquotienten zweimal auf das Bild G(x,y) anwenden. Dazu definieren wir zunächst die Differenzoperatoren

$$\Delta_{x,1} G(x,y) = G(x+1,y) - G(x,y) \tag{7.19}$$

und

$$\Delta_{x,2} G(x,y) = G(x,y) - G(x-1,y) \tag{7.20}$$

und wenden sie hintereinander auf das Graubild G(x,y) an:

$$\frac{\partial^2}{\partial x^2} G(x,y) \approx \Delta_{x,2}(\Delta_{x,1} G(x,y)) = G(x+1,y) - 2 \cdot G(x,y) + G(x-1,y). \tag{7.21}$$

Analoges Vorgehen in y-Richtung liefert:

$$\frac{\partial^2}{\partial y^2} G(x,y) \approx \Delta_{y,2}(\Delta_{y,1} G(x,y)) = G(x,y+1) - 2 \cdot G(x,y) + G(x,y-1). \tag{7.22}$$

Aus Gln. (7.21) und (7.22) erhalten wir schließlich unter Berücksichtigung von
Gl. (7.17) den Fensteroperator Gl. (7.18).
In der Literatur [1, 22] werden auch andere Näherungen des Laplace-Operator-
festers angegeben, wie beispielsweise

$$h = \begin{pmatrix} 1 & 1 & 1 \\ 1 & -8 & 1 \\ 1 & 1 & 1 \end{pmatrix} \tag{7.23}$$

oder

$$h = \begin{pmatrix} 1 & 4 & 1 \\ 4 & -20 & 4 \\ 1 & 4 & 1 \end{pmatrix}. \tag{7.24}$$

Ihre Wirkungen können mit den Arbeitsblättern „Faltung" getestet werden. Hierzu
müssen Sie lediglich das Fenster h entsprechend ändern.

Abb. 7.11. Bild vom Zahnrad (Abb. 7.10a) nach Laplace-Operation mit Fensteroperator nach Gl. (7.21). Zur Darstellung wurde der Kontrast stark angehoben

Da die auf ein- oder zweifache Ableitungen beruhenden Operatoren das Rauschen im Bild verstärken (s. Abb. 7.11), werden sie häufig erst nach einer Glättung mit einem Gaußfilter angewendet. Glättung und Laplace-Filterung können aufgrund der Faltungseigenschaften Gl. (7.6) zu einem Filter zusammengefasst werden. Wir wenden das Assoziativgesetz an und erhalten

$$h_{Laplace} * (h_{Gauß} * G) = (h_{Laplace} * h_{Gauß}) * G = h_{LoG} * G \ . \tag{7.25}$$

Die linke Seite der Gleichung besagt, dass zunächst Bild G mit dem Gauß-Operator $h_{Gauß}$ geglättet und danach die Laplace-Filterung angewendet wird. Diese Operation lässt sich nach der rechten Seite von Gl. (7.25) mit einer einzigen Filterung erreichen, bei der das Operatorfenster h_{LoG} aus der Faltung zwischen Laplace- und Gaußfilter hervorgeht. Durch Gln. (7.25) bzw. (7.26) wird der sog. Laplace of Gauß-Operator (kurz: LoG-Operator) definiert, der für die Kantendetektion eingesetzt wird.

$$h_{LoG} = h_{Laplace} * h_{Gauß} \tag{7.26}$$

Diese läuft in mehreren Schritten ab, wobei die ersten beiden mit dem Operator nach Gl. (7.26) zusammengefasst werden können (Abb. 7.12):

1. Bild Glätten. Ergebnis: Bild G
2. Laplace-Operator auf das geglättete Bild G anwenden. Ergebnis: Bild L
3. Bildung der 1. Ableitung des geglätteten Bildes G. Ergebnis: Bild D.

Ein Kantenpixel liegt am Ort (i, j) vor, wenn die Bedingung

$$L_{i,j} = 0 \ \ AND \ \ D_{i,j} > S$$

erfüllt ist, wobei S eine für Bild D geeignete Schwelle bedeutet.

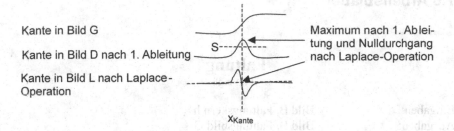

Kante in Bild G

Kante in Bild D nach 1. Ableitung

Kante in Bild L nach Laplace-Operation

Maximum nach 1. Ablei-tung und Nulldurchgang nach Laplace-Operation

x_{Kante}

Abb. 7.12. Kriterium für die Kantenlage x_{Kante}. Eine Kante liegt vor wenn gilt: $L(x_{Kante}) = 0$ AND $D(x_{Kante}) > S$

Das Operatorfenster

$$h_{LoG} = \begin{pmatrix} 0 & 0 & -1 & 0 & 0 \\ 0 & -1 & -2 & -1 & 0 \\ -1 & -2 & 16 & -2 & -1 \\ 0 & -1 & -2 & -1 & 0 \\ 0 & 0 & -1 & 0 & 0 \end{pmatrix} \qquad (7.27)$$

dient als Beispiel für einen 5x5 LoG-Filter [22].

7.4 Aufgaben

Aufgabe 7.1. Entwickeln Sie einen Operator $h = h1 * h2$, bei dem h1 ein 3x3-Gauß-Operator und h2 ein Sobeloperator s_x Gl. (7.11) ist.

Aufgabe 7.2. Berechnen Sie das dyadische Produkt aus $\vec{a} = (1, 4, 6, 4, 1)$ und $\vec{b} = (1, 7, 21, 35, 21, 7, 1)$.

7.5 Computerprojekt

Projekt Ersetzen Sie in den Arbeitsblättern „Faltung" den Mittelwertoperator durch einen Gauß-, einen Gradient s_x und einen LoG-Operator und beschreiben Sie die Ergebnisse.

7.6 Arbeitsblätter

Faltung
"Faltung"

Eingaben: Bild B, Faltungskern h
Ausgaben: Bild B, Faltungsbild G

$$B := \text{BILDLESEN}("Zahnrad01"\ )$$

Bildgröße:

$$S := \text{spalten}(B) \quad S = 276 \quad Z := \text{zeilen}(B) \quad Z = 291$$

Faltungskern h für Mittelwert- oder Laplace-Operator erstellen:
(im Beispiel: 5x5-Mittelwertoperator)

$$h := \begin{pmatrix} 1 & 1 & 1 & 1 & 1 \\ 1 & 1 & 1 & 1 & 1 \\ 1 & 1 & 1 & 1 & 1 \\ 1 & 1 & 1 & 1 & 1 \\ 1 & 1 & 1 & 1 & 1 \end{pmatrix}$$

Faltungsalgorithmus Faltung(B,h):

Kommentar zum Listing Faltung():
Zeilen 1-7: Ergebnismatrix G mit Nullen vorbelegen und Definition der Konstanten.
Zeilen 8-11: Berechnung der Summe aller Fensterelemente in h.
Zeilen 12-16: Berechnung der Faltung für die Bildpunkte (i,j) nach Gl. (7.3).
Zeile 17: Division des Faltungsergebnisses durch die Summe n der Fensterelemente.

Bedeutung der Argumente in der Funktion Faltung():
  Argument 1: Bild B, das mit h gefaltet werden soll
  Argument 2: Fenster h

$$\text{Faltung}(B, h) := \left| \begin{array}{l} G \leftarrow B \cdot 0 \\ Sh \leftarrow \text{spalten}(h) \\ Zh \leftarrow \text{zeilen}(h) \\ k \leftarrow \dfrac{Sh - 1}{2} \\ m \leftarrow \dfrac{Zh - 1}{2} \\ S \leftarrow \text{spalten}(B) \\ Z \leftarrow \text{zeilen}(B) \\ n \leftarrow 0 \\ \text{for } u \in 0..\, Sh - 1 \\ \quad \text{for } v \in 0..\, Zh - 1 \\ \qquad n \leftarrow n + h_{v,u} \\ \text{for } j \in k..\, S - (k + 1) \\ \quad \text{for } i \in m..\, Z - (m + 1) \\ \qquad \left| \begin{array}{l} \text{for } u \in 0..\, Sh - 1 \\ \quad \text{for } v \in 0..\, Zh - 1 \\ \qquad G_{i,j} \leftarrow G_{i,j} + B_{i-m+v,\, j-k+u} \cdot h_{v,u} \\ G_{i,j} \leftarrow \text{rund}\left(\dfrac{G_{i,j}}{n} \right) \end{array} \right. \\ G \end{array} \right.$$

Bem.: Die mit einem Laplace-Operator berechneten Bilder sind meist sehr kontrastarm, so dass sich eine Kontrastanhebung z.B. mit der Funktion Histogrammebnen (Abschn. 5.2.1) empfiehlt.

$$GN := \text{Faltung}(B, h)$$

a **b**

Abb. 7.13a. Urbild B, **b** Faltungsbild GN von B

8. Hervorhebung relevanter Bildinhalte – Segmentierung

Die Aufteilung eines Bildes in Bereiche, die sich aufgrund einheitlicher Merkmale vom Bildhintergrund abheben, wird in der Fachsprache der BV Segmentierung genannt. Dabei handelt es sich meist um Teilchen, Kanten, Konturen oder Linien, die durch einen einheitlichen Grauwert, eine sich von der Umgebung abhebende Farbe, ein bestimmtes Muster, eine konstante Entfernung, eine Bewegung oder eine besondere Form charakterisiert sind. So ist ein kariertes Hemd durch sein Muster von anderen Bereichen gut zu unterscheiden. Für eine sich anschließende Analyse müssen die Objekte mit individuellen Grauwerten, den Marken, versehen werden, damit sie individuell angesprochen werden können (Kap. 13). Wir wollen uns zunächst mit wichtigen Segmentierungsverfahren beschäftigen (Kap. 8 und 9), dann auf Möglichkeiten zur Verbesserung der Segmentierungsergebnisse eingehen (Kap. 10 und 11) und schließlich Verfahren für eine Beschreibung der segmentierten Objekte in Hinblick auf eine Mustererkennung angeben (Kap. 14).

8.1 Bereichsegmentierung

In Abschn. 6.1.3 wird die Binarisierung eines Bildes durch Grauwertschwellen beschrieben. Ihre Werte entscheiden darüber, ob Bildinhalte mit einem Label (z.B. Grauwert 255) zur anschließenden Weiterverarbeitung hervorgehoben werden. In vielen Bildern befinden sich Inselbereiche mit abwechselnden Grauwerten. So können z.B. verschiedene Grauwertbereiche auf Schliffbildern von Legierungen durch geänderte Mischungsverhältnisse der Komponenten (z.B. Eisen oder Kohlenstoff) entstehen. Zu ihrer Trennung müssen geeignete Schwellen gesetzt werden. Hierzu lernen wir ein Verfahren in Abschn. 8.1.1 kennen. Die auf diese Weise vereinzelten Inseln werden je nach Intervallzugehörigkeit mit unterschiedlichen Grauwerten (Labels) gekennzeichnet. Das Resultat sind sog. Label-Bilder, die zur Komponentenmarkierung (Abschn. 13.1 und 13.2) und anschließenden Teilchenklassifizierung herangezogen werden.

8.1.1 Segmentierung mit Histogrammauswertung

Schwellen lassen sich unter bestimmten Voraussetzungen aus Grauwerthistogrammen automatisch berechnen.

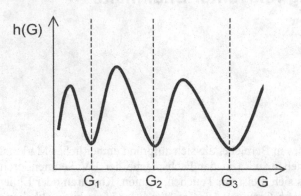

Abb. 8.1. Die Positionen der relativen Minima eines Histogramms eignen sich häufig für Schwellwerte. Hier sind z.B. die Grauwerte G_1 bis G_3 für Schwellwerte vorzusehen

Zeichnen sich Bereiche in einem Bild durch unterschiedliche Grauwerte aus, so weisen die Histogramme oft stark ausgeprägte Minima auf (Abb. 8.1). Die Erfahrung zeigt, dass sich die Positionen der relativen Minima für Schwellwerte gut eignen. Ein Verfahren zur automatischen Berechnung von Schwellen ist auf den Arbeitsblättern „Segmentierung" beschrieben.

8.1.2 Arbeitsblätter „Segmentierung"

Auf Seite I sind das Graubild B und das dazugehörende Histogramm dargestellt. Die Seiten II und III enthalten das Programm Schwellen(), mit dem die Schwellwertliste für Bild B berechnet wird. Sie beinhaltet alle relativen Minima des geglätteten Histogramms „hglatt". Hierzu werden in Intervallen der Breite b links und rechts von jedem Grauwert G die Mittelwerte mittelL und mittelR berechnet und mit $hglatt_G$ verglichen (Abb. 8.2).

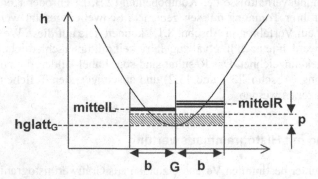

Abb. 8.2. Einfluss der Parameter b und p auf die Minimumsuche

Ist hglatt$_G$ um p niedriger als die beiden Mittelwerte (p ist einstellbar), dann liegt in G ein relatives Minimum vor. Die Empfindlichkeit der Minimumsuche wird bei diesem Verfahren entscheidend durch die Parameter b und p bestimmt. b hat glättende Wirkung, d.h. schlanke Minima werden mit großen b-Werten nicht erfasst. Bei der Wahl zu großer p-Werte gehen flache Minima verloren. Das Aufsuchen der relativen Minima mit klassischen Sortierverfahren schlägt aufgrund des relativ starken Rauschanteils meistens fehl. Auf Seite III ist die Liste T=Schwellen(h,4,3) für Bild B (Abb. 8.20b) als Punktgrafik dargestellt. Listenindex ist die Labelnummer. Seite IV enthält das Programm für die Funktion Labelnummer(T) sowie die grafische Darstellung dieser Funktion ebenfalls für Bild B.

Schließlich ist auf Seite V das Listing für die Berechnung des Labelbildes aufgeführt. Mit der Funktion Labelbild(B, G, Label) können das Labelbild von B mit sämtlichen Labels berechnet werden, hierfür muss Label = –1 gesetzt werden (Abb. 8.23a), oder es können mit Label = n die Bildbereiche mit dem entsprechenden Label zur Darstellung gebracht werden (Abb. 8.23b).

8.1.3 Segmentierung bei inhomogener Beleuchtung

Die Segmentierung mit Histogrammauswertung (Abschn. 8.1.1) ist bei einer inhomogenen Bildausleuchtung nicht möglich, weil das Histogramm dann keine ausgeprägten Minima besitzt. In diesem Fall muss das Bild in viele Teilbilder untergliedert werden, in denen die Beleuchtung als nahezu gleichmäßig angesehen werden kann. Die Schwellwertbildung erfolgt in den Teilbildern (Abschn. 8.1.1). Näheres hierzu finden wir in Abschn. 10.2.

8.1.4 Segmentierung nach Farbe

Das Merkmal Farbe kann für eine Segmentierung sehr vorteilhaft genutzt werden. Der HIS-Farbraum ist hierfür besonderst geeignet, weil bei diesem Modell nach Farbton (Hue), Intensität und Sättigung unterschieden wird (Abschn. 16.2). Jedes der drei Merkmale ist durch Grauwerte in einem eigenen Bild kodiert. Aus diesem Grund lässt sich die Segmentierung nach Farbe mit einer Schwellwertbildung erreichen. Da das Thema Farbe in der Bildverarbeitung wichtig ist, wollen wir uns in Kap. 16 näher damit beschäftigen.

8.1.5 Segmentierung nach Muster

Mit Hilfe von Mustern können sich Objekte ebenfalls vom Hintergrund hervorheben. Daher werden in Kap. 9 spezielle Verfahren zur Erkennung von Mustern besprochen. Bei allen Ansätzen wird die Tatsache ausgenutzt, dass Muster durch schnelle Grauwertschwankungen oder durch Wiederholung gleicher oder ähnlicher Strukturen charakterisiert sind. Eine Möglichkeit zur quantitativen Erfassung bietet daher die aus der mathematischen Statistik bekannte lokale Varianz (Abschn. 9.1). Die Regelmäßigkeiten eines Musters lassen sich jedoch besser mit der sog. Cooccurrencematrix erfassen, mit der wir uns in Abschn. 9.2 näher beschäftigen.

8.1.6 Weitere Segmentierungsmöglichkeiten

Objekte können sich auch durch unterschiedliche Entfernungen oder durch Bewegung hervorheben. Hierfür müssen natürlich geeignete Sensoren vorhanden sein. Für die Registrierung von Objektbewegungen eignen sich Zeitreihenbilder [6, 21, 22,]. Die Segmentierung aufgrund bestimmter Entfernungen basiert auf dem dreidimensionale Computersehen [24].

8.2 Kontursegmentierung ohne Richtungserkennung

Unter Kontursegmentierung verstehen wir die Hervorhebung von Kanten und Linien in Grau- und Binärbildern. In manchen Fällen kann es nützlich sein, neben der eigentlichen Kontur auch deren Richtung zu erfassen. In diesem Fall sprechen wir von Kontursegmentierung mit Richtungserkennung (Abschn. 8.3). Doch zunächst soll die Richtung außer Acht gelassen werden.

8.2.1 Kontursegmentierung mit Laplace-Operator

Der Laplace-Operator wurde in Zusammenhang mit den Differnzoperatoren in Abschn. 7.3 beschrieben. Er stellt näherungsweise die Summe der zweifachen partiellen Richtungsableitungen

$$\Delta G(x,y) = \frac{\partial^2 G(x,y)}{\partial x^2} + \frac{\partial^2 G(x,y)}{\partial y^2} \qquad (8.1)$$

dar. Im Gegensatz zum Gradienten gehen beim Laplace-Operator die Richtungsinformationen verloren. Dieser Operator ist aufgrund seiner zweiten Ableitungen sehr rauschempfindlich, so dass akzeptable Kantenergebnisse erst nach Glättung des Urbildes erreicht werden. Wie in Abschn. 7.3 näher ausgeführt ist, können lineare Operatoren zu einem einzigen zusammengefasst werden. Als vorteilhafter hat sich hier die Kombination aus Gauß- und Laplace-Operator erwiesen, die LoG-Operator genannt wird. Eine Zusammenstellung von Operatorfenstern unterschiedlicher Größen findet man in Abschn. 7.3. Der Algorithmus zum Laplace-Operator ist mit dem des Mittelwertoperators bis auf den Fensterinhalt identisch (Arbeitsblätter „Faltungen", Kap.7). In Abb. 8.3 sind ein Graubild, das durch Laplace-Operation mit dem Fenster Gl. (7.21) erhaltene Bild, sowie das Schwellwertbild dargestellt. Für eine Visualisierung müssen die möglichen negativen Werte, die durch die Laplace-Operation entstehen können, berücksichtigt werden.

Abb. 8.3. Ergebnis nach Laplace-Operation: **a** Graubild; **b** Graubild nach Laplace-Operation; **c** Schwellwertbild von (**b**). Die Konturqualität ist aufgrund des starken Rauschens unbefriedigend

Dieses Problem lässt sich leicht durch Addition des Resultats mit 127 und anschließende Normierung (Division durch einen geeigneten Wert N) lösen, so dass die positiven bzw. negativen Werte der Operation innerhalb des Wertebereichs zwischen 0 und 255 liegen. Leider ist die Konturqualität in Abb. 8.3c als schlecht zu bezeichnen, obwohl das Ausgangsbild für eine Kontursegmentierung aufgrund des starken Kontrastes sehr gut sein sollte. Aus diesem Grund ist in solchen Fällen von einer Kontursegmentierung mit Laplace- oder LoG-Operator abzuraten. Viel bessere Resultate werden mit einer Binarisierung des Graubildes Abb.8.3a und anschließender Operation „Gradient in" oder „Gradient out" erzielt. Diese Operatoren sind in Abschn. 8.2.4 näher beschrieben.

8.2.2 Gradientenbetrag zur Kontursegmentierung

Aus den partiellen Ableitungsbildern

$$G_x(x,y) = \frac{\partial G(x,y)}{\partial x} \quad \text{und} \quad G_y(x,y) = \frac{\partial G(x,y)}{\partial y}$$

lässt sich mit

$$BE(x,y) = |\vec{\nabla}G(x,y)| = \sqrt{G_x^{\,2} + G_y^{\,2}} \tag{8.2}$$

das Gradientenbetrags-Bild BE berechnen, das die Grauwertsprünge als helle Linien enthält. Durch Setzen einer geeigneten Grauwertschwelle erhalten wir daraus das Konturbild (Abschn. 8.3.1).

8.2.3 Kontursegmentierung mit lokaler Varianz LV

Die Varianz ist aus der Statistik bekannt. Sie ist ein Maß für die mittlere Abweichungen der Einzelmesswerte $G_{i,j}$ vom Mittelwert im Operatorfenster am Ort (i, j) $(m_G)_{i,j}$ (die Laufindizes i und j entsprechen wie üblich den x- und y-Koordinaten). In der Bildverarbeitung lässt sich diese Größe ebenfalls sehr sinnvoll einsetzen, da die Grauwerte eines Bildes als Messwerte aufgefasst werden können und demzufolge Schwankungen unterliegen.

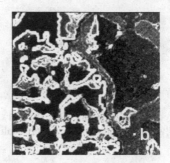

Abb. 8.4a. Schliffbild einer mineralogischen Probe, **b** Lokale Varianz von Bild (**a**). Die Korngrenzen zeichnen sich als helle Konturen gut ab. Kontrastverstärkung von (**b**) durch Histogramm ebnen (Abschn. 5.2.1 und Arbeitsblätter „Kumuliertes Histogramm")

Von lokaler Varianz (LV) sprechen wir, wenn sich ihre Berechnung auf ein Operatorfenster aus Sh Spalten und Zh Zeilen beschränkt, wobei geschickterweise Zeilen- und Spaltenzahl ungrade zu wählen sind, damit ein mittleres Fensterelement existiert. Die Bildpunkte $Q_{i,j}$, welche die Bedeutung der LV des Urbildes G haben, lassen sich aus

$$Q_{i,j} = \frac{1}{Sh \cdot Zh} \cdot \sum_{u=-k}^{k} \sum_{v=-m}^{m} (G_{i+v,j+u} - (m_G)_{i,j})^2 , \qquad (8.3)$$

mit $k = (Sh-1)/2$, $m = (Zh-1)/2$ und

$$(m_G)_{i,j} = \frac{1}{Sh \cdot Zh} \cdot \sum_{u=-k}^{k} \sum_{v=-m}^{m} G_{i+v,j+u} \qquad (8.4)$$

berechnen. Der Wertebereich der $Q_{i,j}$ überschreitet gewöhnlich das üblich Grauwertintervall von 0 bis 255, so dass für die Bilddarstellung eine geeignete Normierung vorgenommen werden muss. Die LV eignet sich zur Hervorhebung von Grauwertsprüngen, etwa durch Kanten, recht gut. In Abb. 8.4a ist das Bild einer mineralogischen Schliffprobe zu sehen, die sich aus mehreren Komponenten (d.h. chemischen Elementen) zusammensetzt. Ihre Begrenzungslinien lassen sich mit der LV (Abb. 8.4b) hervorheben. Alternativ hierzu kann auch eine Segmentierung mit „Histogrammauswertung" nach Abschn. 8.1.1 durchgeführt werden, der sich eine Kontursegmentierung der einzelnen Labelbereiche mit „Gradient in" bzw. „Gradient out" anschließt. Dieses zuletzt genannte Verfahren soll in Abschn. 8.2.4 genauer betrachtet werden.

8.2.4 Kontursegmentierung mit „Gradient in" und „Gradient out"

Eine Kontursegmentierung lässt sich an Binärbildern (z.B. weiße Teilchen vor schwarzem Hintergrund wie in Abb. 8.5a) mit den morphologischen Operatoren (Kap. 11) „Gradient in" bzw. „Gradient out" erzielen.

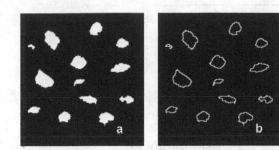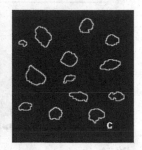

Abb. 8.5a. Binarisiertes Teilchenbild, **b** „Gradient in" von (**a**), **c** „Gradient out" von (**a**)

Beim ersteren wird zunächst eine Erosion (Abschn. 11.3) mit einem 3x3-Fenster durchgeführt und dann das Ergebnis vom ursprünglichen Bild subtrahiert. Dabei lässt die Erosion das Teilchen um ein Pixel schrumpfen. Beim „Gradient out" wird das Teilchen zunächst um ein Pixel dilatiert (Abschn. 11.2) und das Resultat vom Bild subtrahiert. Hierdurch umschließen die Konturen mit „Gradient out" größere Flächen als die mit „Gradient in".

Das uns bereits vom Laplace-Operator her bekannte Graubild Abb.8.6a wurde in Abb. 8.6b einer Gradient-out-Operation unterzogen. Die Kontur ist im Gegensatz zur Abb. 8.3c an keiner Stelle unterbrochen und hat die Breite eines Pixels. Genau das verlangen wir von einer idealen Kontur, mit der dann leicht weitere Berechnungen durchgeführt werden können (Abschn. 8.5 bis 8.7).

8.3 Kontursegmentierung mit Richtungserkennung

Für die folgenden Betrachtungen ist die Vorstellung nützlich, dass die Kontur eines z.B. schwarzen Teilchens in kleine Gradenstücke zerlegt ist (Abb. 8.7). Wenn wir diese kurzen Strecken beidseitig zur Tangente verlängern, wie beispielsweise an der Stelle P, so bildet der Abstandsvektor $\bar{r}$ vom Ursprung zur Tangente den Winkel φ mit der x-Achse. Aus Gründen, die wir später noch sehen werden, ordnen wir den Konturpunkten auf dem Gradenstück diesen Winkel φ zu.

tbildern   tbildern

a   b

Abb. 8.6. (a) Graubild. **(b)** Nach Kontursegmentierung mit „Gradient out". Bild (**b**) ist zur besseren Darstellung invertiert

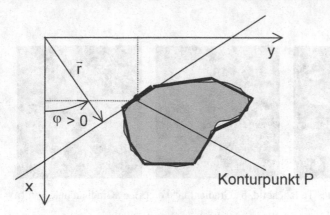

Abb. 8.7. Konturrichtung φ im Punkt P

Er hat in der Abbildung einen positiven Wert. Es ist für spätere Anwendungen nützlich, sich an Kreisdiagrammen die Richtungen der Konturen zu verdeutlichen. In Abb. 8.8 sind zwei „Richtungskreise" mit den Winkeln im Bogenmaß dargestellt. Dabei macht es keinen Unterschied, ob ein weißer Kreis auf schwarzem oder ein schwarzer Kreis auf weißem Untergrund liegt. Wie können wir nun diese Konturwinkel φ bestimmen? Hierzu bilden wir die partiellen Ableitungen

$$G_x(x,y) = \frac{\partial G(x,y)}{\partial x} \quad \text{und} \quad G_y(x,y) = \frac{\partial G(x,y)}{\partial y}$$

aus Urbild G (Abschn. 7.3) und berechnen daraus

$$\varphi(x,y) = \arctan\left(\frac{G_y(x,y)}{G_x(x,y)}\right). \tag{8.5}$$

Die so erhaltenen ortsabhängigen Winkel lassen sich in Grauwerte umrechnen und dann als Bild darstellen. Die genaue Vorgehensweise geht aus den Arbeitsblättern „Kantenrichtung und Kantensteilheit" (Abschn. 8.3.1) hervor. Wird von hell nach dunkel abgeleitet, so werden G_x bzw. G_y negativ, andernfalls positiv. An den oberen und unteren Kreisenden wird $G_y = 0$, während G_x von null verschieden ist. Die Arkustangensfunktion hat dort den Wert null. An den Schnittpunkten mit der y-Achse springt der Winkel von $+\pi/2$ nach $-\pi/2$. Diese Stellen sind naturgemäß sehr rauschempfindlich. Aus derartigen Überlegungen lassen sich die Richtungskreise der Abb. 8.8 konstruieren. Die für die Konturrichtungen in Frage kommenden Winkel liegen im Intervall $[-\pi/2, \pi/2]$ und müssen für eine Umsetzung in Grauwerte mit

$$P(x,y) = \frac{\varphi(x,y)}{\pi} \cdot 255 + 127 \approx 81 \cdot \varphi(x,y) + 127 \tag{8.6}$$

auf das Intervall [0, 255] abgebildet werden.

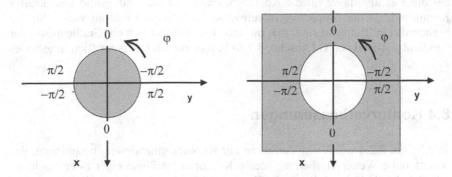

Abb. 8.8. Graue und weiße Kreise zur Verdeutlichung der Konturrichtungen. Dort wo die Kreise die y-Achse schneiden, liegen Unstetigkeitsstellen vor.

Was haben nun diese Vorüberlegungen mit dem Titel dieses Abschnitts zu tun? Wie wir bereits in Abschn. 7.3 gesehen haben, sind die Ableitungen G_x bzw. G_y an Grauwertübergängen von Null verschieden und stellen somit ein Werkzeug für die Kontursegmentierung dar. Aus Gl. (8.5) bzw. Gl. (8.6) erhalten wir die Richtung für jeden Konturpunkt und aus dem Betrag

$$BE(x,y) := |\vec{\nabla}G(x,y)| = \sqrt{G_x^2 + G_y^2} \qquad (8.7)$$

den Wert für die Höhe des Grauwertsprungs. In den Arbeitsblättern „Kantenrichtung und Kantensteilheit" dient der Betrag zur Konturbeschreibung ohne Richtungserkennung. Die Richtungsinformationen sind durch die logische UND-Verknüpfung aus dem binarisierten Betragsbild, das hier als Maske dient, und dem Richtungsbild auf die Konturen beschränkt. Die hierzu notwendigen einzelnen Rechenschritte sind auf den bereits erwähnten Arbeitsblättern (Abschn. 8.3.1) dargestellt. Über Möglichkeiten der Konturverbesserung wird in Abschn. 8.7 eingegangen.

8.3.1 Arbeitsblätter „Kantenrichtung und Kantensteilheit"

Auf Seite I werden die Fensteroperatoren h_x und h_y nach Gl. (7.9) für die Ableitungen nach x und y definiert. Mit der Funktion Faltung() werden die Richtungsableitungen G_x und G_y berechnet. Auf Abb. 8.24 sind neben dem Urbild G die Ableitungen G_x und G_y zu sehen. Seite II beinhaltet das Listing zur Berechnung des Richtungsbildes WinkelKontur() (Abb. 8.25a). Die Schwelle SchwR verhindert, dass der Nenner im Argument der Arkustangensfunktion null wird. Zur Vermeidung negativer Werte wird der Grauwert 127 zu P addiert. Auf Seite III befindet sich das Listung zur Funktion BetragGradient(). Mit ihr wird über die Berechnung des Gradientenbetrags und anschließender Schwellwertbildung mit der Schwelle Schw die Objektkontur ermittelt (Abb. 8.25b). Das gedünnte Richtungsbild PO = GedünntWinkel(P, BE, h) wird schließlich mit Bild BE berechnet. Dabei dient es als Maske für die Konturen. Leider ist das Betragsbild kein ideales Konturbild, da die Umrandungen teilweise unterbrochen und an vielen Stellen breiter als ein Bildpunkt sind. Aus diesem Grund eignet sich ein Gradient-in- oder Gradient-out-Bild von G (Abschn. 8.2.4) besser zur Dünnung des Richtungsbildes P.

8.4 Konturverbesserungen

In Abschn. 8.2.4 wurde ein Verfahren zur Kontursegmentierung besprochen, das bereits ohne Weiterverarbeitung ideale Konturen im Sinne einer 8-ter Nachbarschaft (d.h. direkte und diagonale Pixel sind Nachbarn) erzielt. Bei anderen Verfahren treten oft Fehler in Form von Konturunterbrechungen oder Konturverdickungen auf.

Unterbrechungen werden mit Algorithmen zur Konturverkettung (siehe Hough-Transformation in Abschn. 8.7) beseitigt. Es sind noch weiter Methoden zur Fehlerbeseitigung bekannt. Eine Lösung besteht darin, dass mit einem Algorithmus nach Konturen gesucht und dann mit einem Konturverfolgung-Algorithmus die Lücken erkannt und geschlossen werden [5, 6, 41]. Verfahren zur Konturfindung und -verfolgung sind in den Abschn. 8.5.1 und 8.5.2 beschrieben.

Für eine Konturverbesserung können auch morphologische Verfahren zum Einsatz kommen: Dilatationen (Abschn. 11.4) sorgen für ein Zusammenwachsen der Konturpunkte. Die mit diesem Prozess einhergehende Konturverdickung wird mit einer Skelettierung (siehe Abschn. 11.10) beseitigt. Schwachpunkte des Verfahrens liegen darin, dass durch die Dilatation sehr dicht beieinanderliegende Konturen verschmelzen können, die durch die Skelettierung nicht wieder zu trennen sind und dass der Rechenaufwand recht groß ist. Alternative Verfahren finden sich in [5]. Stark verrauschte Konturen lassen sich mit Hilfe des im nächsten Abschnitt beschriebenen Kettencodes nach bestimmten Kriterien glätten.

Mit einem modifizierten Konturverfolgungsalgorithmus (Abschn. 8.5.1 und 8.5.2) können die Stellen ausfindig gemacht werden, an denen Konturen miteinander verschmolzen sind. Leider sind Konturkreuzungen von Konturverschmelzungen nicht leicht zu unterscheiden.

8.5 Konturbeschreibung

Der Kontursegmentierung und -verbesserung schließt sich vielfach eine Beschreibung an. Im einfachsten Fall wird hierzu der Kettencode herangezogen, der angibt, wie die einzelnen Konturpixel bezüglich ihrer Richtung zueinander angeordnet sind. Andere Beschreibungen, die zusätzlich auch zur Datenreduktion führen, werden mit Geraden- oder Kurvenstücken durchgeführt. Auf derartige Verfahren werden wir noch eingehen. Doch zunächst wollen wir uns mit dem Kettencode beschäftigen.

8.5.1 Kettencode

Unter dem Kettencode verstehen wir eine Sequenz von Richtungsangaben in Form von natürlichen Zahlen, die sich aus der punktweisen Verfolgung einer Kontur ergeben. Aufgrund der Rasterung sind 8 unterschiedliche Richtungen möglich, die mit den Zahlen 0 bis 7 beschrieben werden (Abb. 8.9). Dabei gibt 0 die Richtung nach Osten, 1 die nach Nord-Osten, 2 die nach Norden, 3 die nach Nord-Westen und so in mathematisch positiver Richtung fortfahrend an. Eine derart codierte Kette könnte also folgendermaßen aussehen:

$$Kette = (0,1,1,3,3,4,6,6,...).$$

Sie bedeutet, dass der benachbarte Konturpunkt von einem Anfangspunkt aus im Osten liegt, der davon benachbarte Punkt im Nord-Osten, der nächste wieder im Nord-Osten usw. In unseren weiteren Betrachtungen gehen wir davon aus, dass bereits ein Konturbild vorliegt. Mit einem Konturfindungsalgorithmus werden dann die einzelnen Umrandungen aufgesucht. Hierzu wird aus dem Konturbild mit der Bereichssegmentierung (Kap. 13) ein Markenbild berechnet, so dass jede Kontur einen ihrer Konturnummer entsprechenden Grauwert besitzt. Durch Schwellwertbildung ist jede Umrandung nun einzeln adressierbar und kann getrennt von den anderen weiter verarbeitet werden. Ein einfacher Algorithmus sucht zunächst das oberste linke Pixel als Anfangspixel heraus. Dann setzt ein Algorithmus zur Konturverfolgung und Generierung einer Tabelle „Kette" für den Kettencode ein (s. Arbeitsblätter „Konturverfolgung" in Abschn. 8.5.2).

Mit dem Kettencode haben wir den Schritt von der Pixel- zur Vektorgrafik vollzogen. Die Arbeitsblätter „Konturverfolgung" enthalten aus diesem Grund zusätzlich einen Algorithmus zur Objektdrehung, um die Vorzüge der Vektorgrafik zu verdeutlichen.

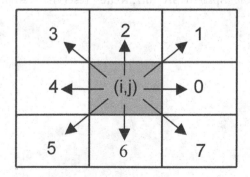

Abb. 8.9. Richtungen und die zugeordneten Zahlen für den Kettencode

8.5.2 Arbeitsblätter „Konturverfolgung"

Diese Arbeitsblätter bestehen aus einer Reihe von Algorithmen zur Konturverfolgung und zur Generierung eines Kettencodes. Daneben wird ein Algorithmus für die Drehung angegeben. Das Eingabebild A (Abb. 8.27) ist ein mit Marken versehenes Konturbild (also ein Markenbild), das nach Schwellwertbildung mit Gradient out (Abschn. 8.2.4) erhalten wird. Die hierzu benötigten Algorithmen werden in Abschn. 13.1.1 ff., sowie auf den Arbeitsblättern „Bereichsegmentierung" behandelt. Im Markenbild sind also die einzelnen Konturen durch ihre Grauwerte (den Marken) durchnummeriert. Auf Seite II der Arbeitsblätter befindet sich das Listing zur Funktion Markenbild(A, Marke), mit der die Kontur mit Nummer Marke ausgewählt werden kann. In Abb. 8.28 ist nur noch diese Kontur vorhanden.

Mit der Funktion Konturpunktanfang(B) wird, wie der Funktionsname andeutet, der Anfangspunkt der Kontur in Bild B übergeben. Für die Funktion Konturverfolgung(B, K, di, dj, Weg, Grau) werden auf Seite III Listen di, dj definiert, mit deren Hilfe die Indizes der Nachbarbildpunkte eines jeden Konturpunktes berechnet werden. Mit der weiteren Liste Weg, ebenfalls auf Seite III, wird die Suchreihenfolge zum Aufspüren des folgenden Konturpunktes festgelegt. Dabei wird so vorgegangen, dass im ersten Suchschritt in der Richtung weiter gesucht wird, in der der letzte Konturpunkt gefunden wurde. Die nächsten Suchrichtungen weichen um ±45°, dann um ±90°, die darauf folgenden um ±135° und die letzte schließlich um 180° von der ursprünglichen Richtung ab. Weil die Indizierung der Nachbarbildpunkte von allgemeiner Bedeutung für die Bildverarbeitung ist, müssen wir uns damit etwas intensiver beschäftigen. Die Nachbarpixel eines Bildpunktes (i, j) können von 0 bis 7 in der in Abb. 8.10 angegebenen Weise durchnummeriert werden. Dabei bilden die Zahlen 0 bis 7 die Listenindizes RL. Alle Koordinatenpaare der Nachbarpunkte von (i, j) werden erreicht, wenn der Listenindex RL die Zahlen 0 bis 7 durchläuft und die Bildpunktindexpaare die Form $(i+di_{RL}, j+dj_{RL})$ aufweisen. Die Listen di und dj sind auf Seite III der Arbeitsblätter in Form von Vektoren aufgeführt. Damit im Algorithmus Konturverfolgung() sowohl Bild C mit den erkannten Konturpunkten als auch Liste „Kette" mit dem Kettencode gemeinsam ausgegeben werden können, wird die Spalten SA für „Kette" reserviert (Abb. 8.11).

i \ j	j-1	j	j+1
i-1	3	2	1
i	4	(i ,j)	0
i+1	5	6	7

Abb. 8.10. Bildpunkt (i, j) mit durchnummerierten Nachbarpunkten

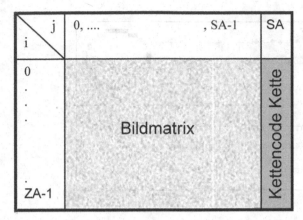

Abb. 8.11. Aufteilung der Matrix C in Bild und Liste „Kette"

Die Seiten IV und V enthalten das Listing zur Funktion Konturverfolgung(), das ausführlich auf den Seiten III und IV kommentiert ist.

Auf Seite V wird aus C der Kettencode mit der Mathcad-Funktion submatrix() ausgelesen und als Grafik (Abb. 8.29) dargestellt. In unserem Fall besteht die Matrix aus nur einer Spalte $C^{<spalten(B)>}$. Die den Kettencode und einige Zusatzinformationen enthaltene Submatrix beginnt mit Index 0 und endet mit Index $(C^{<spalten(B)>})_0$. In Abb. 8.30 ist zu erkennen, dass einige Konturpunkte (Punkte mit Grauwert 255) ausgespart sind. Meist sind dies die Vierernachbarn der Konturpunkte. Auf den Seiten VI und VII ist das Listing zur Funktion Drehung(A, Kette) enthalten. Die Änderung der Objektorientierung beträgt jeweils 45°. Realisiert werden die Drehungen durch Addition einer ganzen Zahl R zu den Richtungswerten RL. In Abb. 8.31 ist zur besseren Unterscheidung der Grauwert jeder gedrehten Kontur um $R \cdot 25$ verringert.

Durch die Drehung ist eine gewisse Formänderung aufgrund der relativ groben Rasterung zu beobachten (Aliasing).

8.5.3 Mustererkennung mit Kettencode

Da sich die unterschiedlichen Konturen in der Form des Kettencode widerspiegeln, sollte auch umgekehrt aus der Analyse des Codes eine Aussage über die Objektform möglich sein. Insofern kann also diese Art der Konturbeschreibung für eine Mustererkennung eingesetzt werden. Um einen Eindruck von den Möglichkeiten zu erhalten, werden in den Abb. 8.12 bis 8.14 die Kettencodes einfacher Formen gezeigt und ihre Besonderheiten erwähnt. Zunächst betrachten wir einen Kreis (Abb. 8.12). Seine Kontur ist durch eine konstante Richtungsänderung charakterisiert. Der sich daraus ergebende Kettencode hat die Form einer linear anwachsenden Funktion (Abb. 8.12).

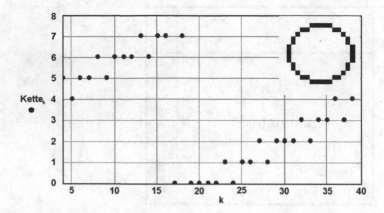

Abb. 8.12. Kettencode eines Kreises

Durch die Rasterung trifft dies natürlich nur näherungsweise zu. Die Anglei-
chung an einen linearen Verlauf wird jedoch durch eine stetig feiner werdende
Rasterung immer besser.

Einen sehr einfachen und leicht zu interpretierenden Kettencode besitzen parallel
zu den Zeilen ausgerichtete Recht- und Vielecke. Dies ist in den Abb. 8.13 und
8.14 zu beobachten. Das Rechteck bildet hierbei vier Treppenstufen. Es haben immer die übernächsten horizontalen Linien die gleiche Anzahl Konturpunkte. Dies
lässt darauf schließen, dass die gegenüberliegenden Seiten gleich lang sein müssen. Was natürlich von einem Rechteck erwartet wird. Die Form des Kettencodes
bleibt bei Drehung des Rechtecks erhalten. Aufgrund der Rasterung wird es dann
aber Abweichungen von der idealen Treppenfunktion geben.

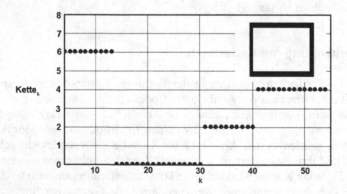

Abb. 8.13. Kettencode eines Rechtecks

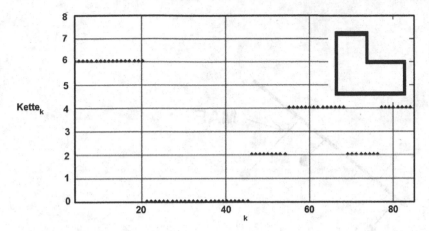

Abb. 8.14. Kettencode eines Vielecks

Der Kettencode eines Vielecks unterscheidet sich nicht grundsätzlich von dem eines Rechtecks (Abb. 8.14). Lediglich die Anzahl horizontaler Linien hat sich um die Zahl der Seiten erhöht. Die Menge der Konturpunkte, die zu konstanten Listenwerten gehören, sind ein Maß für die Kantenlängen. Die Listenwerte selbst geben die Kantenrichtungen an.

8.6 Konturapproximation mit Graden- und Kurvenstücken

In Abschn. 8.5.3 haben wir eine detailgetreue Konturbeschreibung mit Hilfe des Kettencodes kennen gelernt. Da die Konturen aus Bildverarbeitungsoperationen hervorgeht, die Rauscheinflüssen und anderen Störungen unterliegen, weisen sie Unregelmäßigkeiten auf, die im Originalbild nicht vorhanden sind. Diese als Artefakte bezeichneten Unzulänglichkeiten können teilweise mit einer Konturapproximation mit Gradenstücken beseitigt werden. In der Literatur sind mehrere Verfahren zur Konturapproximation mit Gradenstücken bekannt [5, 22]. Wir wollen uns mit zwei derartigen Verfahren beschäftigen, mit dem in Abschn. 8.6.1 beschriebenen Polyline-Splitting und mit der Hough-Transformation (sprich Haff) in Abschn. 8.7. Schließlich gehen wir in Abschn. 8.6.2 auf die Konturapproximation mit gebogenen Kurvenstücken, den sog. Bezierkurven, ein.

8.6.1 Konturapproximation mit Gradenstücken (Polyline-Splitting)

Wie bei jedem Näherungsverfahren müssen Prüfparameter eingeführt werden, welche die Güte der Approximation quantitativ erfassen. Für die Konturapproximation ist diese Größe zweckmäßigerweise der maximale Abstand zwischen der Kontur und dem Polygonzug. Bei dem nun zu besprechenden Verfahren ist die Bestimmung dieses Fehlerparameters sogar ein Bestandteil des Algorithmus.

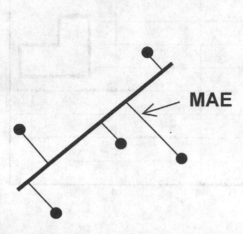

Abb. 8.15. Definition des maximalen absoluten Fehlers

Daher müssen wir zum Verständnis den maximalen absoluten Fehler MAE und den normierten maximalen Fehler ε einführen. Gibt d_i jeweils den Abstand des Gradenstücks zum Konturpunkt Nummer i an und sollen n Punkte durch das Gradenstück ersetzt werden (Abb. 8.15), so berechnet sich MAE nach

$$MAE = \max\left\{|d_1|, |d_2|, |d_3|, ..., |d_n|\right\} . \tag{8.8}$$

Es kann nützlich sein, MAE auf die Länge D des Gradenstücks zu beziehen, denn je länger das Gradenstück ist, desto größer darf der Abstand bei noch guter Approximation sein. Aus diesem Grund geben wir den normierten maximalen Fehler

$$\varepsilon = \frac{MAE}{D} \tag{8.9}$$

an. Wenn sich das Gradenstück zwischen den beiden Konturpunkte (x_i, y_i) und (x_{i+n}, y_{i+n}) mit $n \geq 1$ befindet, berechnet sich der Abstand D zu

$$D = \sqrt{\left(y_{i+n} - y_i\right)^2 + \left(x_{i+n} - x_i\right)^2} . \tag{8.10}$$

Wie läuft nun der „Algorithmus mit Gradenstücken" ab? Hierfür muss zunächst eine Liste mit sämtlichen Konturpunkten vorliegen. Diese berechnet sich aus den Koordinaten des Anfangspunktes und dem Kettencode (Abschn. 8.5.1). Nun werden nach bestimmten Kriterien Punkte ausgewählt, welche die Eckpunkte des Polygonzugs darstellen sollen und als Vertices bezeichnet werden (Abb. 8.16). Zusammen bilden sie die Liste der Vertices in einer ersten, vorläufigen Näherung. Sie ist nun mit einem noch zu besprechenden Algorithmus so zu verfeinern, dass für alle Gradenstücke der normierte maximale Absolutfehler ε einen vorgegebenen Schwellwert S nicht überschreitet. Zur Berechnung von ε sowie dem Polygonzug dienen die Gln. (8.11)-(8.14).

Polygonzug aus Gradenstücken

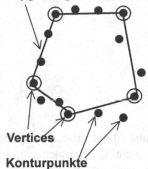

Vertices

Konturpunkte

Abb. 8.16. Konturapproximation mit Polygonzug. Die Vertices sind durch konzentrische Kreise hervorgehoben

Seien (x_i, y_i) und (x_{i+n}, y_{i+n}) zwei benachbarte Vertices, so kann die Gerade durch diese Punkte über die Steigungen

$$\frac{y_{i+n} - y_i}{x_{i+n} - x_i} = \frac{y - y_i}{x - x_i} \qquad (8.11)$$

beschrieben werden, wobei alle Punkte (x, y) auf der Graden liegen. Der Abstand d zwischen der Geraden und einem beliebigen Punkt (u, v) (Abb. 8.17) berechnet sich nach der Formel

$$d = \frac{r}{D}, \qquad (8.12)$$

wobei

$$r = u \cdot (y_i - y_{i+n}) - v \cdot (x_i - x_{i+n}) + \\ y_{i+n} \cdot x_i - y_i \cdot x_{i+n} \qquad (8.13)$$

ist. Für eine spätere Visualisierung der Gradenstücke ist es nützlich, die Graden-gleichung (8.11) in Parameterdarstellung anzugeben

$$\vec{g}(t) = \begin{pmatrix} x_{i+n} - x_i \\ y_{i+n} - y_i \end{pmatrix} \cdot t + \begin{pmatrix} x_i \\ y_i \end{pmatrix} \quad \text{mit} \quad t \in [0,1]. \qquad (8.14)$$

In der Darstellung Gl. 8.14 kommen also nur die Koordinaten der beiden, die Stre-cke begrenzenden, Vertices vor. Die Berechnung der Vertices in der angestrebten Näherung, die mit dem Schwellwert S ausgewählt wird, läuft nun folgendermaßen ab:

☐ Aus dem Kettencode die Liste aller Konturpunkte (x_1, y_1), (x_2, y_2), ..., (x_i, y_i), ... berechnen.

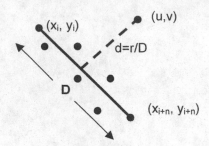

Abb. 8.17. Abstand d vom Gradenstück

☐ Auswahl jedes n-ten Punktes als Vertex. Dabei entsteht die Liste aller Vertices $L = \{(x'_1, y'_1), (x'_2, y'_2), ..., (x'_i, y'_i),...\}$ der Kontur, die eine Untermenge aus der Menge der Konturpunkte ist und die erste, grobe Näherung des Polygonzuges beschreibt.

☐ Berechnung aller Abstände d_i, mit $i = 1, 2, 3,...$ der Konturpunkte zum Polygonzug.

☐ Ermittlung der normierten Maximalfehler ε_k (Index k gibt die Nummer des Gradenstücks an) aller Gradenstücke und Test auf $\varepsilon_k < S$? Falls wahr, ist die Approximation für das Gradenstück k beendet. Falls unwahr, wird der zu ε_k gehörende Konturpunkt zum zusätzlichen Vertex und in L aufgenommen. Nach Durchlauf der Kontur wird mit Punkt 3. fortgefahren.

Der Algorithmus wird für den Fall beendet, dass alle ε_k der Gradenstücke kleiner als S sind.

Der schrittweise Verfeinerungsprozess des Polygonzuges ist in der Abb. 8.18 dargestellt.

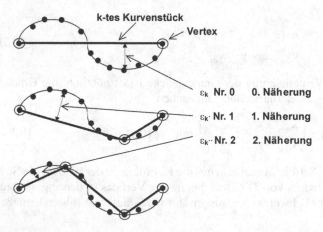

Abb. 8.18. Fortschreitende Approximation eines Polygonzuges nach der Methode des Polyline-Splittings [22]

8.6.2 Einfache Konturapproximation mit Bezierkurven

Eine verbesserte Konturbeschreibung als mit Gradenstücken erhalten wir mit sog. kubischen Bezierkurven $\vec{b}$ (t) [16]. Zu ihrer Beschreibung werden jeweils vier benachbarte Vertices $\vec{b}_0$, $\vec{b}_1$, $\vec{b}_1$ und $\vec{b}_3$ benötigt:

$$\vec{b}(t) = (1-t)^3 \cdot \vec{b}_0 + 3 \cdot (1-t)^2 \cdot t \cdot \vec{b}_1 + 3 \cdot (1-t) \cdot t^2 \cdot \vec{b}_2 + t^3 \cdot \vec{b}_3 . \qquad (8.15)$$

Die unabhängig Variable t stellt den Kurvenparameter dar, der im Intervall von 0 bis 1 variiert. Zum Verständnis der Konturapproximation mit mehreren zusammengesetzten Bezierkurven müssen wir die Ableitung von $\vec{b}$ (t) nach dem Kurvenparameter t bilden. Über einige Umformungen gelangen wir zu

$$\dot{\vec{b}}(t) = 3 \cdot (1-t)^2 \cdot [\vec{b}_1 - \vec{b}_0] + 6 \cdot (1-t) \cdot t \cdot [\vec{b}_2 - \vec{b}_1] + 3 \cdot t^2 \cdot [\vec{b}_3 - \vec{b}_2] . \qquad (8.16)$$

Ein glatter Übergang zwischen benachbarten Bezierkurven $\vec{b}$ (t) und $\vec{c}$ (t) wird durch die Bedingung

$$\dot{\vec{b}}(t=1) = \dot{\vec{c}}(t=0) \qquad (8.17)$$

hergestellt, aus der die Kollinearität der Punkte

$$\vec{b}_2, \ \vec{b}_3 = \vec{c}_0 \ \text{und} \ \vec{c}_1$$

folgt, die also auf einer Geraden liegen. Dabei müssen der letzte Vertex von $\vec{b}$ (t) und der erste von $\vec{c}$ (t) identisch sein (Abb. 8.32).
  Auf dem Arbeitsblatt „Bezier" wird ein Kreis mit drei Bezierkurven approximiert. Wir erkennen, dass die äußeren Punkte nur mangelhaft berücksichtigt werden. Der Grund liegt darin, dass mit den Festlegungen b3 = c0, c3 = d0 und d3 = b0 die Bedingung Gl. (8.17) erzwungen wird. Das Resultat ist aber trotz des geringen Aufwands bereits zufriedenstellend. Es wird natürlich immer besser, je geringer die Streuung der Konturpunkte ist. Der große Vorteil dieser Konturapproximation liegt in dem verhältnismäßig geringen Rechenaufwand und der damit verbundenen kürzeren Rechenzeit.

8.6.3 Hough-Transformation

Die Hough-Transformation stellt ein Verfahren zur Kontursegmentierung bei gleichzeitiger Konturpunktverkettung und Konturbeschreibung mit Geradenstücken dar [5, 6]. In Abschn. 8.3 lernten wir bereits wichtige Voraussetzungen für diesen Algorithmus kennen. Dort wurde beschrieben, wie Paare von Bildpunkten aus einem Graubild berechnen werden, die den Betrag der Grauwertsprünge sowie die Orientierung der Kanten angeben. Diese Informationen werden in den Bildern BE(x,y) und P(x,y) in Form von Grauwerten gespeichert. Der Algorithmus zur Hough-Transformation greift auf diese Bilder zurück.

Die Idee des bereits von P.V.C. Hough in 1962 patentierten Verfahrens [6] beruht darauf, dass einfache geometrische Objekte wie Geraden und Kreise durch wenige Parameter vollständig beschrieben sind und dass sich diese Parameter bereits aus jedem einzelnen Konturpunkt berechnen lassen.

Wir erinnern uns, dass eine Grade $y = m \cdot x + n$ durch die Steigung m und den Achsenabschnitt n festgelegt ist. Für die Beschreibung des Kreises $R^2 = (x - x_0)^2 + (y - y_0)^2$ werden die drei Parameter Radius R sowie die Koordinaten x_0 und y_0 des Kreismittelpunktes benötigt.

Liegen umgekehrt mehrere Konturpunkte auf einer Geraden (oder auf einem Kreis), so werden die Parametern zu dieser Geraden (zu diesem Kreis) mehrfach berechnet. Dieses vermehrte Auftreten immer gleicher Parameter wird als Kriterium dafür herangezogen, dass diese Gerade (dieser Kreis) für eine Konturbeschreibung geeignet ist.

Im folgenden Abschnitt beschäftigen wir uns ausschließlich mit Geraden, weil sie für die Beschreibung allgemeiner Konturen besser geeignet sind. Auf Kreise ist die Hough-Transformation nur sinnvoll anwendbar, wenn bekannt ist, dass im Bild ein kontrastreiches kreisförmiges Objekt existiert und Radius sowie Kreismittelpunkt bestimmt werden sollen. Als Beispiel hierfür ist in der Literatur die Iris des menschlichen Auges in Verbindung mit einer Schielwinkelbestimmung angeführt [29].

Die Hough-Transformation für Geraden

Eine Gerade wird durch die Steigung m und den Achsenabschnitt n eindeutig beschrieben. Für die Hough-Transformation eignet sich eine Geradendarstellung in der Hesseschen Normalform. Hierfür werden als Parameter der Steigungswinkel φ und der Abstand r benötigt. Der Zusammenhang zwischen beiden Beschreibungsformen lässt sich wie folgt erkennen (Abb. 8.19).

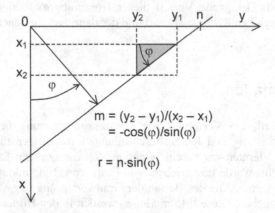

Abb. 8.19. Zusammenhang zwischen m und n sowie r und φ einer Geraden

Aus der Gradengleichung

$$y = m \cdot x + n \tag{8.18}$$

erhalten wir mit $m = -\cos(\varphi)/\sin(\varphi)$ durch Multiplikation mit $\sin(\varphi)$ und nach Umstellung

$$r = n \cdot \sin(\varphi) = y \cdot \sin(\varphi) + x \cdot \cos(\varphi). \tag{8.19}$$

Die Winkel φ können für alle Konturpunkte aus dem Richtungsbild P entnommen werden (siehe Arbeitsblätter „Kantenrichtung und Kantensteilheit"). Da die Konturpunktorte (x, y) ebenfalls bekannt sind, können mit Gl. (8.19) die Abstände r zwischen dem Nullpunkt und den Geraden berechnet werden (Abb. 8.19). Auf diese Weise ergeben sich für jeden Konturabschnitt aufgrund von Konturpunktstreuung um eine hypothetische Ausgleichsgerade eine Vielzahl von Wertepaaren (r, φ). Nun werden aus dieser Menge jene identischen Wertepaare ausgewählt, die häufiger als S-mal vertreten sind (S ist ein vorzugebender Schwellwert). Hiernach bleiben nur wenige Paare (r, φ) übrig, deren Geraden über möglichst große Strecken die Kontur gut repräsentieren (siehe als Beispiel die Gerade in Abb. 8.7). Für eine realitätsnahe Konturbeschreibung müssen die überstehenden Streckenabschnitte abgeschnitten werden.

Im konkreten Fall geschieht dies z.B. mit dem binarisierten Konturbild BE (siehe z.B. Abb. 8.25b), das aus Gl. (8.7) berechnet wird. Mit einer logischen UND-Operation zwischen Hough-Geraden-Bild und Konturbild BE erhalten wir schließlich die gewünschten Geradenabschnitte.

Der Einsatz der Hough-Transformation zur Konturbeschreibung ist nur dort sinnvoll, wo aufgrund kontrastreicher Kanten das Rauschen des Richtungsbildes $P(x,y)$ nicht zu groß wird. Dies muss von Fall zu Fall mit einer Prototypensoftware entschieden werden.

8.8 Aufgaben

Aufgabe 8.1 Gebe Sie Anwendungen für das Richtungsbild $P(x,y)$ aus Abschn. 8.3 an.

Aufgabe 8.2 Auf einem Bild mit quadratischem Raster befindet sich eine horizontale Linie. Sie soll nun um den Winkel α gedreht werden.
Wie ist mit dem Kettencode der Linie zu verfahren, damit die Linienform möglichst gut erhalten bleibt?
Wie müssen Sie den Kettencode der Linie verändern, damit ihre Länge bei der Drehung um α erhalten bleibt?

8.9 Computerprojekte

Projekt 8.1 Skizzieren Sie ein Programm, das aus dem Kettencode erkennt, ob die Kontur geschlossen ist.

Projekt 8.2 Skizzieren Sie ein Programm, das aus dem Kettencode zwischen Kreisen, Dreiecken und Rechtecken unterscheiden kann.

Projekt 8.3 Zur Beschreibung einer Kontur sind neun Koordinatenpaare in tabellarischer Form gegeben (Tabelle 8.1). Approximieren Sie diese Kontur mit Hilfe dreier kubischer Bezierkurven.
Vorgehen: Verschieben Sie die Punkte 0, 3 und 6 mit Hilfe der Gl. (8.11), so dass sie mit ihren Nachbarpunkten kollinear sind. Stellen Sie mit den so gewonnenen Punkten die Bezierkurven auf und zeichnen Sie z.B. mit Mathcad die Kontur.

Projekt 8.4 Gegeben sei der Kettencode einer geschlossenen Kontur. Schreiben Sie je ein Programm, mit dem die Kontur um den Vektor (x, y) verschoben, bzw. um den Faktor V vergrößert werden kann.

Tabelle 8.1. Angaben zu Projekt 8.3

Nr.	x	y
0	4	8
1	6	7
2	7,8	4,5
3	7	2
4	5	0,2
5	2,5	0,2
6	1	1,8
7	0	4,5
8	1,8	7

8.10 Arbeitsblätter

Segmentierung
"Segmentierung"

Eingabe: Bild B
Ausgaben: Histogramm h, Bild B, Schwellwerte-Tabelle T(G), inverse
                Schwellwerte-Tabelle G(T), Labelbild, Segmentierungsergebnis
                für Label = 6

File := "E:\Mathcad8\Samples\Bildverarbeitung\Histogramm001.bmp"
B := BMPLESEN(File)

Histogrammberechnung:
Siehe Arbeitsblatt "Kumuliertes Histogramm" (Abschn. 5.2.2 und 5.7)

h := Histogramm(B)

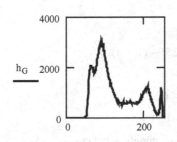 

a   b

Abb. 8.20a. Histogramm von Bild B, **b** Graubild B

Berechnung der Schwellwertlist Schwellen(h, b, p) aus dem Histogramm h:

Kommentar zum Listing Schwellen(h, b, p):
Zeilen 1-3: Listen hglatt (geglättete Histogramm) und T (Liste für die Schwellwerte) mit Nullen vorbelegen.
Zeilen 4-7: Glätten des Histogramms h durch Mittelwertberechnung in den Intervallen [G-b,G+b], mit G = b, b+1, b+2, ..., 255-(b+1). Dieses Verfahren wird Glättung durch gleitenden Mittelwert genannt.
Zeile 8: Schwellwertzähler i mit null initialisieren.
Zeilen 9-24: Berechnung der Schwellwertliste T aus dem geglätteten Histogramm
hglatt. Die Parameter für die Berechnung der Schwellwertliste haben die Bedeutungen:

2b+1:   Intervallbreite für die Mittelwertbildung

Seite II

b+1:   Intervallbreite für die Bestimmungen von mittelR und mittelL
p: Parameter für die Empfindlichkeit der Minimumdetektion.

Zu jedem Wert $hglatt_G$ werden die Mittelwerte mittelL und mittelR der Grauwerte links und rechts von $hglatt_G$ berechnet und mit $hglatt_G$ verglichen (Abschn. 8.1.2). Ein lokales Minimum liegt dann bei G vor, wenn gilt:

$$(\text{mittelL} \geq hglatt_G + p) \wedge (\text{mittelR} \geq hglatt_G + p).$$

Zeilen 25: Listenelement T_0 wird mit Anzahl Schwellen belegt.

$$\text{Schwellen}(h, b, p) :=$$

```
for  G ∈ 0.. 255
    hglatt_G ← 0
    T_G ← 255
for  G ∈ b.. 255 – ( b + 1)
    for  u ∈ –b.. b
        hglatt_G ← hglatt_G + h_{G+u}
    hglatt ← hglatt / (2·b + 1)
i ← 0
for  G ∈ b.. 255 – ( b + 1)
    mittelR ← 0
    mittelL ← 0
    for  u ∈ –b.. 0
        mittelL ← mittelL + hglatt_{G+u}
    mittelL ← mittelL / (b + 1)
    for  v ∈ 0.. b
        mittelR ← mittelR + hglatt_{G+v}
    mittelR ← mittelR / (b + 1)
    A ← mittelL ≥ hglatt_G + p
    B ← mittelR ≥ hglatt_G + p
    if  A ∧ B
        i ← i + 1
```

Listing Schwellen(h,b,p) (Fortsetzung)

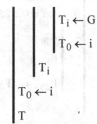

$$T := \text{Schwellen}(h, 4, 3)$$

Anzahl Schwellen n = 8.

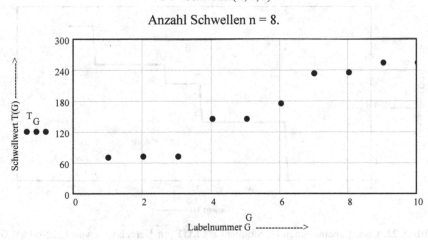

Abb. 8.21. Schwellwertlist T. Die Parameterwerte sind b = 4 und p = 3

Berechnung der inversen Schwellwertlist Labelnummer(T):

Für die Berechnung des Labelbildes aus Bild B wird die LUT Labelnummer(T) benötigt, die den Grauwerten von B Labelwerte zuweist.

Kommentar zum Listing Labelnummer(T):
Zeile 1: Schwellwertindex t mit eins initialisieren.
Zeilen 2-6: Grauwerte m mit der FOR-Schleife von 0 bis 255 in Einerschritten erhöhen. Ist Grauwert m kleiner als die Schwelle T_t, so soll dem Listenwert L_m der Labelwert t−1 zugewiesen werden. Der Labelwert t erhöht sich um eins, sobald Grauwert m den Schwellwert T_t erreicht hat.

Argument der Funktion Labelnummer(T):
  Argument: T ist die Liste mit den Schwellwerten. Sie wird mit der Funktion Schwellen() berechnet.

Seite IV

$$\text{Labelnummer (T)} := \begin{array}{|l} t \leftarrow 1 \\[4pt] \text{for}\quad m \in 0\,..\,255 \\[4pt] \quad\begin{array}{|l} L_m \leftarrow t - 1 \quad \text{if}\quad m < T_t \\[4pt] t \leftarrow t + 1 \quad \text{if}\quad m = T_t - 1 \\[4pt] L_{255} \leftarrow T_0 \end{array} \\[4pt] L \end{array}$$

$$G := \text{Labelnummer(T)}$$

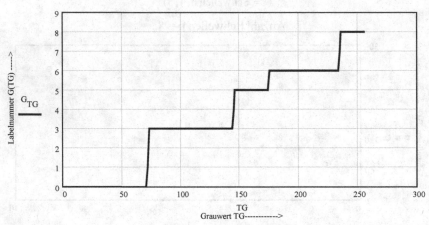

Abb. 8.22. Liste Labelnummer(T). Sie dient als LUT zur Berechnung von Labelbild(B,G, Label)

Berechnung des Labelbilds aus B mit der Liste G := Labelnummer(T):
G (Abb. 8.22) übernimmt hierbei die Funktion der LUT:

Kommentar zum Listing Labelbild(B,G, Label):
Zeile 6-10: In den FOR-Schleifen wird eine Fallunterscheidung durchgeführt.
Ist der Parameter Label ≥ 0, so wird im Fall $G_{(Bi,j)}$ = Label der Grauwert von Labelbild an der Stelle (i, j) auf Grauwert 255 gesetzt, andernfalls auf 0.
Hat der Parameter Label den Wert –1, so wird das gesamte Labelbild mit der LUT G berechnet.
Zeile 10: Normierung des Labelbildes mit dem Faktor $255/T_0$ für die Visualisierung.

Bedeutung der Argumente in der Funktion Labelbild():
  Argument 1: Urbild B
  Argument 2: LUT G, die mit der Funktion Labelnummer(T) berechnet wird.
  Argument 3: Parameter Label.
          Label = –1: Labelbild soll alle Labels enthalten (Abb. 8.23a)

Label = n ≥ 0: In Labelbild werden nur die Bereiche mit Label = n dargestellt (die Bereiche haben den Garwert 255), der Rest wird auf null gesetzt.

$$\text{Labelbild}\,(B\,,G\,,\text{Label}) := \left| \begin{array}{l} \text{Labelbild} \leftarrow B \\[4pt] Z \leftarrow \text{zeilen}\,(B) \\[4pt] S \leftarrow \text{spalten}\,(B) \\[4pt] \text{for}\quad i \in 0\,..\,Z-1 \\[4pt] \quad \text{for}\quad j \in 0\,..\,S-1 \\[4pt] \qquad \left| \begin{array}{l} \text{Labelbild}_{\,i,\,j} \leftarrow 255 \quad \text{if}\;\; G_{\left(B_{i,\,j}\right)} = \text{Label} \\[8pt] \text{Labelbild}_{\,i,\,j} \leftarrow 0 \quad \text{otherwise} \\[8pt] \text{if}\;\; \text{Label} = -1 \\[6pt] \qquad \left| \begin{array}{l} \text{Labelbild}_{\,i,\,j} \leftarrow G_{\left(B_{i,\,j}\right)} \\[10pt] \text{Labelbild}_{\,i,\,j} \leftarrow \dfrac{\text{Labelbild}_{\,i,\,j}}{T_0}\cdot 255 \end{array}\right. \end{array}\right. \\[10pt] \text{Labelbild} \end{array}\right.$$

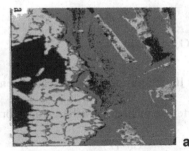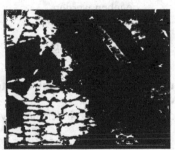

Abb. 8.23a. Labelbild(B,G,–1), **b** Labelbild(B,G, 6), das dem Segmentierungsergebnis für Label = 6 entspricht

Kantenrichtung und Kantensteilheit
"Kantenrichtung"

Eingaben: Bild G, Fensteroperatoren h_x und h_y
Ausgaben: Richtungsableitungen Gx, Gy, Richtungsbilder P, PO, Betrags-
              bild BE

Bild := "E:\Mathcad8\Samples\Bildverarbeitung\HoughGraubildGeglättet.bmp"
$$G := BMPLESEN(Bild)$$

Fenster h_x und h_y für die partiellen Ableitungen $\dfrac{d}{dx}G\,(x, y)$ und $\dfrac{d}{dy}G\,(x, y)$ festlegen:

$$h_x := \begin{pmatrix} -1 & -1 & -1 \\ 0 & 0 & 0 \\ 1 & 1 & 1 \end{pmatrix} \qquad h_y := \begin{pmatrix} -1 & 0 & 1 \\ -1 & 0 & 1 \\ -1 & 0 & 1 \end{pmatrix}$$

Bedeutung der Argumente in der Funktion Faltung() (s.u.):

Argument 1: Angabe des Bildes, in dem die Richtungsableitung berechnet werden
            soll.
Argument 2: Angabe des Operatorfensters. Hier können wahlweise h_x oder h_y an-
            gegeben werden.

$$G_x := Faltung(G, h_x) \qquad\qquad G_y := Faltung(G, h_y)$$

Berechnung der auf das Grauwertintervall [0, 255] angepassten Gradienten-bilder $VisG_x$ und $VisG_y$:
Die Addition mit 127 verhindert negative Werte, die nicht dargestellt werden kön-
nen.

$$VisG_x := \frac{G_x \cdot 127}{\max(G_x)} + 127 \qquad VisG_y := \frac{G_y \cdot 127}{\max(G_y)} + 127$$

 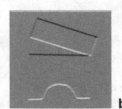 

a   b   c

Abb. 8.24a. Graubild G mit Gradientenbildern $VisG_x$ (**b**) und $VisG_y$ (**c**)

Seite II

**Berechnung des Richtungsbildes P mit der Funktion
WinkelKontur(G_x, G_y, SchwR, h):**

Kommentar zum Listing WinkelKontur():
Zeilen 1-5: Übliche Vorbelegungen

Zeilen 6-7: Mit den äußeren FOR-Schleifen werden die Bildkoordinaten (i, j) abgetastet.
Zeile 8: Zur Rauschunterdrückung wird $P_{i,j}$ null gesetzt, wenn $G_{x\,i,j}$ kleiner oder gleich der Rauschschwelle SchwR ist. Außerdem wird eine Division durch null verhindert, die in Zeile 9 auftreten könnte.
Zeile 9: Winkelberechnung nach Gl.(8.5).
Zeile 10: Addition des Richtungsbildes mit 127 nach Gl.(8.6).

Bedeutung der Argumente in der Funktion WinkelKontur():
Argumente 1 und 2:   Richtungsableitungen
Argument 3:   Rauschschwelle SchwR
Argument 4:   Angabe eines Operatorfensters h_x oder h_y.

$$\text{WinkelKontur}\left(G_x, G_y, \text{SchwR}, h\right) := \left|\begin{array}{l} P \leftarrow G_x \cdot 0 \\[4pt] Shx \leftarrow \text{spalten}(h) \\[4pt] Zhx \leftarrow \text{zeilen}(h) \\[4pt] k \leftarrow \dfrac{(Shx - 1)}{2} \\[10pt] m \leftarrow \dfrac{(Zhx - 1)}{2} \\[10pt] \text{for } j \in m.. \text{spalten}\left(G_x\right) - (m + 1) \\ \quad \text{for } i \in k.. \text{zeilen}\left(G_x\right) - (k + 1) \\ \qquad \left|\begin{array}{l} P_{i,j} \leftarrow 0 \text{ if } \left|G_{x_{i,j}}\right| \leq \text{SchwR} \\[10pt] P_{i,j} \leftarrow 81 \cdot \text{atan}\left(\dfrac{G_{y_{i,j}}}{G_{x_{i,j}}}\right) \text{ otherwise} \end{array}\right. \\[20pt] P + 127 \end{array}\right.$$

Berechnung des Gradientenbetrags und Schwellwertbildung mit der Funktion BetragGradient():

Festlegung des Schwellwertes Schw für den Betrag in der Funktion BetragGradient():

$$\text{Schw} := 20$$

Seite III

Kommentar zum Listing BetragGradient():

Zeilen 8-9: Berechnung des Gradientenbetrages $BE_{i,j}$

Zeilen 10-11: Durchführung der Schwellwertoperation.

Bedeutung der Argumente in der Funktion BetragGradient():

Argumente 1 und 2:   Richtungsableitungen

Argument 3:   Angabe eines Operatorfensters h_x oder h_y.

Argument 4:   Schwellwert Schw für die Binarisierung.

$$\text{BetragGradient}(G_X, G_y, h, \text{Schw}) := \begin{vmatrix} P \leftarrow G_X \cdot 0 \\[4pt] \text{Shx} \leftarrow \text{spalten}(h) \\[4pt] \text{Zhx} \leftarrow \text{zeilen}(h) \\[4pt] k \leftarrow \dfrac{(\text{Shx} - 1)}{2} \\[8pt] m \leftarrow \dfrac{(\text{Zhx} - 1)}{2} \\[8pt] \text{for } j \in m..\,\text{spalten}(G_X) - (m + 1) \\[4pt] \quad \text{for } i \in k..\,\text{zeilen}(G_X) - (k + 1) \\[4pt] \qquad \begin{vmatrix} A \leftarrow \left(G_{X_{i,j}}\right)^2 + \left(G_{y_{i,j}}\right)^2 \\[6pt] BE_{i,j} \leftarrow \sqrt{A} \\[6pt] BE_{i,j} \leftarrow 255 \;\; \text{if } BE_{i,j} > \text{Schw} \\[6pt] BE_{i,j} \leftarrow 0 \;\; \text{otherwise} \end{vmatrix} \\[6pt] BE \end{vmatrix}$$

$P := \text{WinkelKontur}(G_X, G_y, 10, h_X)$ $BE := \text{BetragGradient}(G_X, G_y, h_X, 100)$

a   **b**

Abb. 8.25a. Unbearbeitetes Richtungsbild P, **b** Bild BE

Seite IV

Berechnung des gedünnten Richtungsbildes GedünntWinkel(P,BE,h$_x$) aus P mit BE:
Kommentar zum Listing GedünntWinkel ():
Zeilen 8 und 9: Durchführung der Maskenoperation mit BE als Maske. Es werden nur Bildpunkte von P in PO übertragen, die in BE Grauwerte 255 haben.

Bedeutung der Argumente in der Funktion BetragGradient():
Argument 1:   Bild P (berechnet mit WinkelKontur())
Argument 2:   Bild BE (berechnet mit BetragGradient())
Argument 3:   Fenster h wie in der Funktion WinkelKontur().

$$
\text{GedünntWinkel } (P, BE, h) := \begin{array}{|l}
PO \leftarrow BE \cdot 0 \\
Sh \leftarrow \text{spalten (h)} \\
Zh \leftarrow \text{zeilen (h)} \\
k \leftarrow \dfrac{(Sh - 1)}{2} \\
m \leftarrow \dfrac{(Zh - 1)}{2} \\
\text{for } j \in k..\text{ spalten (BE)} - (k + 1) \\
\quad \text{for } i \in m..\text{ zeilen (BE)} - (m + 1) \\
\qquad \begin{array}{|l} PO_{i,j} \leftarrow P_{i,j} \text{ if } BE_{i,j} = 255 \\ PO_{i,j} \leftarrow 0 \text{ otherwise} \end{array} \\
PO
\end{array}
$$

$$PO := \text{GedünntWinkel}\big(P, BE, h_x\big)$$

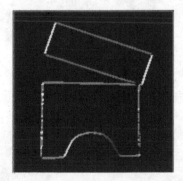

Abb. 8.26. Gedünntes Richtungsbild PO von P

Konturverfolgung
"Konturverfolgung"

Eingaben: Markenbild A
Ausgaben: Grafische Darstellung des Kettencodes Kette, Resultat der Kon-
               turverfolgung Bild C und der Konturdrehung Bild D

Der Algorithmus zur Konturverfolgung wird der Übersichtlichkeit halber in mehrere Teilprogramme untergliedert, die in Tabelle 8.2 zusammengestellt sind.

Tabelle 8.2. Folge von Teilfunktionen für die Konturverfolgung

Funktion	Kommentar
1. B = Markenbild(A, Marke)	Segmentiert aus Markenbild A die Kontur mit der ausgewählten Marke.
2. K = Konturpunktanfang(B)	Berechnet die Koordinaten $K = (K_0, K_1)$ des ersten Konturpunktes. Die Suche erfolgt zeilenweise von oben links nach unten.
3. C = Konturverfolgung(B, K, di, dj, Weg, Grau)	Liefert Bild C, das die gefundene Kontur enthält. In Spalte S := spalten(B) von Bild C ist der Ketten-code abgelegt.
Eine Anwendung des Kettencodes	
4. D = Drehung(A, Kette)	Dreht die Kontur 7-mal um jeweils 45°.

A := ("E:\Mathcad8\Samples\Bildverarbeitung\8_Kontur.bmp")

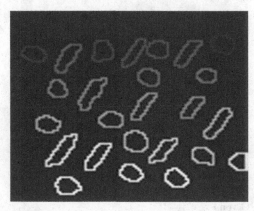

Abb. 8.27. Konturbild A (Markenbild)

Seite II

1. Wahl einer Kontur aus Bild A mit der Funktion Markenbild(A, Marke):

Kommentar zum Listing Markenbild(A, Marke):
Es werden alle Bildpunkte aus Bild A mit Grauwert „Marke" in Bild B übertragen.

Bedeutung der Argumente in der Funktion Markenbild():

Argument 1:   Markenbild A
Argument 2:   Auswahl einer Kontur mit dem Wert „Marke"

$$\text{Markenbild}(A, \text{Marke}) := \left| \begin{array}{l} \text{for } i \in 0 .. \text{zeilen}(A) - 1 \\ \quad \text{for } j \in 0 .. \text{spalten}(A) - 1 \\ \qquad \left| \begin{array}{l} B_{i,j} \leftarrow 255 \text{ if } A_{i,j} = \text{Marke} \\ B_{i,j} \leftarrow 0 \text{ otherwise} \end{array} \right. \\ B \end{array} \right.$$

2. Aufsuchen des ersten Konturpunktes mit der Funktion Konturpunktanfang(B):

Kommentar zum Listing Konturpunktanfang():
Zeilenförmige Bildabtastung bis Bedingung $B_{i,j} = 255$ erfüllt ist (**Zeile 4**) und Übergabe der gefundenen Anfangskoordinaten.

Bedeutung des Arguments in der Funktion Konturpunktanfang():
Argument: Bild B (enthält die aus Bild A ausgewählte Kontur)

$$\text{Konturpunktanfang } (B) := \left| \begin{array}{l} K \leftarrow \begin{pmatrix} 0 \\ 0 \end{pmatrix} \\ \text{for } i \in 0 .. \text{zeilen}(B) - 1 \\ \quad \text{for } j \in 0 .. \text{spalten}(B) - 1 \\ \qquad \text{return } K \leftarrow \begin{pmatrix} i \\ j \end{pmatrix} \text{ if } B_{i,j} = 255 \\ K \end{array} \right.$$

Abb. 8.28. Kontur mit Marke = 10 aus Abb. 8.27

Seite III

3. Konturbeschreibung mit der Funktion Konturverfolgung(B, K, di, dj, Weg, Grau):

Listen di, dj und Weg, mit deren Hilfe die Konturverfolgung durchgeführt wird.

$$di := \begin{pmatrix} 0 \\ -1 \\ -1 \\ -1 \\ 0 \\ 1 \\ 1 \\ 1 \end{pmatrix} \qquad dj := \begin{pmatrix} 1 \\ 1 \\ 0 \\ -1 \\ -1 \\ -1 \\ 0 \\ 1 \end{pmatrix} \qquad Weg := \begin{pmatrix} 0 \\ 1 \\ 7 \\ 2 \\ 6 \\ 3 \\ 5 \\ 4 \end{pmatrix}$$

Kommentar zum Listing Konturverfolgung():

Zeilen 1-11: Initialisierung der Bildmatrix C mit B. Liste Ket mit Nullen vorbelegen. Ket_0 ist für die Konturpunktzählung reserviert. In Ket_1 und Ket_2 werden die Anfangskoordinaten K_0 und K_1 der Kontur eingeschrieben. Der Kettencode wird auf Anfangswert RL = 5 gesetzt (in **Zeile 8**), weil aufgrund des Suchalgorithmus in der Funktion Konturpunktanfang() die Richtungen 1 bis 4 nicht vorkommen können und mit RL = 0 die Kontur in mathematisch negative Richtung durchlaufen würde. Index z mit 4 initialisieren, da Ket_0 bis Ket_3 bereits belegt sind. Initialisierung der Laufvariablen i und j mit den Anfangskoordinaten K_0 und K_1 der Kontur.

Zeile 12: Hilfsvariable ANF mit 1 vorbelegen, um die Abbruchbedingung der WHILE-Schleife am Anfang nicht zu erfüllt.

Zeile 13: Abbruch der WHILE-Schleife, wenn Konturdurchlauf erfolgt ist. Zu Beginn der WHILE-Schleife ANF = 0 (**Zeile 14**) setzen, damit die Abbruchbedingung erfüllt werden kann. Dieser Fall trifft zu, wenn beide Konturkoordinaten i und j gleichzeitig die Werte K_0 und K_1 annehmen.

Zeilen 15-19: Sie stellen den Hauptteil des Algorithmus zur Konturverfolgung dar. In der FOR-Schleife (**Zeile 15-17**) werden die acht Nachbarbildpunkte auf Konturzugehörigkeit hin überprüft (Bedingung: Konturpunkt besitzt Grauwert 255).

Zeile 16: Die alte Richtung RL wird nun der Reihe nach durch Addition mit Weg_k so lange variiert, bis der nächste Konturpunkt (Erfüllung der Bedingung in **Zeile 17**) gefunden ist. Der so erhaltene Richtungswert RR, der zum nächsten Konturpunkt weist, wird in den **Zeilen 18 und 19** der Variablen RL bzw. dem Listenelement Ket_z zugewiesen. Die Liste „Weg" ist so beschaffen, dass zunächst für Listenindex k = 0 kein Richtungswechsel erfolgt.

Seite IV

Hingegen ändert sich für k = 1 bis 7 die Richtung nach dem Schema ±45°, ±90°, ±135° und 180°. Dieses Vorgehen bei der Kontursuche erinnert an einen Blinden, der seinen Stock vor sich hin und her bewegt, um Hindernisse zu ertasten und so auf dem Weg zu bleiben (Blindenstockprinzip).

Zeilen 20 u. 21: Aktualisieung von i und j mit den neuen Konturpunktkoordinaten.

Zeilen 22-24: Der Grauwert des erkannten Konturpunktes $C_{i,j}$ wird zur Vermeidung von Doppelfindungen auf Grauwert „Grau" ($\neq 255$) gesetzt. Außerdem wird in **Zeile 23** der Wert in Ket_0 um 1 erhöht (Konturpunktzähler).

Zeile 25: Listenindex z von Ket inkrementieren.

Zeile 26: Verlassen der WHILE-Schleife, falls Listenindex z den Maximalwert $Z - 1$ überschritten hat.

Zeile 27: Erweiterung der Bildmatrix C um Spalte Ket.

Bedeutung der Argumente in der Funktion Konturverfolgung():

Argument 1:   Bild B (enthält die Kontur mit Grauwert „Marke")

Argument 2:   Koordinaten des Konturanfangs (Berechnet mit der Funktion Konturpunktanfang())

Argumente 3-5: Listen di und dj zur Berechnung der Indizes der 8 Nachbarpunkte, Liste Weg zur Realisierung der Suchstrategie nach dem Blindenstockprinzip (s.o.)

Argument 6:   Wahl des Grauwerts „Grau" zur Markierung gefundener Konturpunkte.

$$
\text{Konturverfolgung } (B, K, di, dj, Weg, Grau) :=
\begin{array}{|l}
C \leftarrow B \\
S \leftarrow \text{spalten} (B) \\
Z \leftarrow \text{zeilen}(B) \\
\text{for } z \in 0 .. Z - 1 \\
\quad Ket_z \leftarrow 0 \\
Ket_1 \leftarrow K_0 \\
Ket_2 \leftarrow K_1 \\
RL \leftarrow 5 \\
z \leftarrow 4 \\
i \leftarrow K_0 \\
j \leftarrow K_1 \\
A \leftarrow 1 \\
\text{while } \neg \left(K_0 = i + A \wedge K_1 = j \right) \\
\quad \begin{array}{|l} A \leftarrow 0 \end{array}
\end{array}
$$

Seite V
  Listing Konturverfolgung() (Fortsetzung)

$$\text{for } k \in 0..7$$

$$\left| \quad RR \leftarrow \text{mod}\left(RL + Weg_k, 8\right)\right.$$

$$\left| \quad (\text{break}) \text{ if } C_{i+di_{RR}, j+dj_{RR}} = 255\right.$$

$$RL \leftarrow RR$$

$$Ket_z \leftarrow RL$$

$$i \leftarrow i + di_{RL}$$

$$j \leftarrow j + dj_{RL}$$

$$\text{if } C_{i,j} \neq \text{Grau}$$

$$\left| \quad Ket_0 \leftarrow Ket_0 + 1\right.$$

$$\left| \quad C_{i,j} \leftarrow \text{Grau}\right.$$

$$z \leftarrow z + 1$$

$$(\text{break}) \text{ if } z = Z$$

$$C \leftarrow \text{erweitern}(C, Ket)$$

Marke := 10   Grau := 200   B := Markenbild(A, Marke)

K := Konturpunkt(B)

Kette := submatrix[$C^{\langle\text{spalten}(B)\rangle}$,0, $(C^{\langle\text{spalten}(B)\rangle})_0$+3,0,0]

C := Konturpunktverfolgung(B, K, di, dj, Weg, Grau)

Die Kontur mit Marke = 10 (Abb. 8.30) besitzt Kette$_0$ = 42 Konturpunkte.

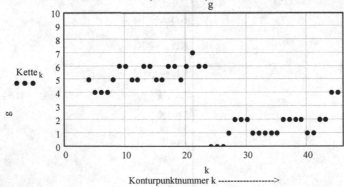

Abb. 8.29. Darstellung des Kettencodes Kette der Kontur aus Abb. 8.30. Zählung beginnt mit k = 4

Seite VI

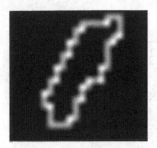

Abb. 8.30. Bild C stellt das Resultat der Konturverfolgung aus Abb. 8.29 dar. Die grau markierten Punkte sind als Konturpunkte identifiziert worden

Eine Anwendung des Kettencodes

4. Drehung einer Kontur mit der Funktion Drehung(A, Kette):

Kommentar zum Listing Drehung(A, Kette):
Zeile 1-2: Festlegung von Spalten- und Zeilenzahl S bzw. Z. Die Werte sind willkürlich halb so groß wie die Bild A gewählt worden.
Zeilen 3-5: Bildmatrix D mit Nullen vorbelegen.
Zeilen 6 u. 7: Indizes i und j der Bildmatrix C mit den Bildmittelpunktkoordinaten initialisieren.
Zeile 8: Richtungswerte R von 0 bis 7 variieren.
Zeilen 9-12: Addition des Richtungswertes R zu den Kettengliedern $Kette_k$. Hierdurch Konturdrehung um jeweils 45° (Abb. 8.31).
Zeilen 13-15: Berechnung der gedrehten Koordinaten i, j und Darstellung der gedrehten Konturen mit den Grauwerten $255-R\cdot25$ zur gegenseitigen Unterscheidung.

Bedeutung der Argumente in der Funktion Drehung():
  Argument 1: Markenbild A
  Argument 2: Liste „Kette"

$$\text{Drehung}(A, \text{Kette}) := \left| \begin{array}{l} S \leftarrow \text{trunc}\left(\dfrac{\text{spalten}(A) - 1}{2} \right) \\[2mm] Z \leftarrow \text{trunc}\left(\dfrac{\text{zeilen}(A) - 1}{2} \right) \\[2mm] \text{for } i \in 0..Z - 1 \\[1mm] \quad \text{for } j \in 0..S - 1 \\[1mm] \qquad D_{i,j} \leftarrow 0 \\[2mm] j \leftarrow \text{trunc}\left(\dfrac{S - 1}{2} \right) \end{array} \right.$$

Seite VII
Listing Drehung() (Fortsetzung)

$$i \leftarrow \text{trunc}\left(\frac{Z-1}{2}\right)$$

for $R \in 0..7$

    for $k \in 4..\text{Kette}_0$

        $RL \leftarrow \text{Kette}_k$

        $RL \leftarrow RL + R$

        $RL \leftarrow \text{mod}(RL, 8)$

        $i \leftarrow i + di_{RL}$

        $j \leftarrow j + dj_{RL}$

        $D_{i,j} \leftarrow 255 - R \cdot 25$

D

$$D := \text{Drehung}(A, \text{Kette})$$

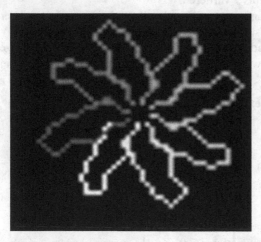

Abb. 8.31. Bild D enthält die um jeweils 45° gedrehte Kontur aus Abb. 8.30. Jede Drehung ist durch Reduzierung der Graustufe um 25 markiert

Bem.: In Abb. 8.31 fällt auf, dass sich die Konturen für Drehwinkel mit ungeraden Vielfachen von 45° stark von denen mit geraden Vielfachen von 45° unterscheiden. Dieser als Aliasing (Verfremdung) bekannte Effekt wird durch eine zu grobe Bildrasterung verursacht.

Bezierapproximation
"Bezier"

Eingaben:	Je vier Vertices b0 bis b3, c0 bis c3 und d0 bis d3
Ausgaben:	Graf der Kreisapproximation mit drei Bezierkurven

Eingabe von je vier Vertices für die Kreisapproximation mit drei Bezierkurven:

$$b0 := \begin{pmatrix} 3.9 \\ 7 \end{pmatrix} \qquad b1 := \begin{pmatrix} 6 \\ 7 \end{pmatrix} \qquad b2 := \begin{pmatrix} 7.8 \\ 4.5 \end{pmatrix} \qquad b3 := \begin{pmatrix} 6.5 \\ 2.35 \end{pmatrix}$$

$$c0 := \begin{pmatrix} 6.5 \\ 2.35 \end{pmatrix} \qquad c1 := \begin{pmatrix} 5 \\ 0.2 \end{pmatrix} \qquad c2 := \begin{pmatrix} 2.5 \\ 0.2 \end{pmatrix} \qquad c3 := \begin{pmatrix} 1.25 \\ 2.35 \end{pmatrix}$$

$$d0 := \begin{pmatrix} 1.25 \\ 2.35 \end{pmatrix} \qquad d1 := \begin{pmatrix} 0 \\ 4.5 \end{pmatrix} \qquad d2 := \begin{pmatrix} 1.8 \\ 7 \end{pmatrix} \qquad d3 := \begin{pmatrix} 3.9 \\ 7 \end{pmatrix}$$

Definition der Bezierkurven mit den oben eingegebenen Vertices:

$$p := \text{erweitern}(b0, b1, b2, b3, c0, c1, c2, c3, d0, d1, d2, d3)$$

$$b(t) := (1 - t)^3 \cdot b0 + 3 \cdot (1 - t)^2 \cdot t \cdot b1 + 3 \cdot (1 - t) \cdot t^2 \cdot b2 + t^3 \cdot b3$$

$$c(t) := (1 - t)^3 \cdot c0 + 3 \cdot (1 - t)^2 \cdot t \cdot c1 + 3 \cdot (1 - t) \cdot t^2 \cdot c2 + t^3 \cdot c3$$

$$d(t) := (1 - t)^3 \cdot d0 + 3 \cdot (1 - t)^2 \cdot t \cdot d1 + 3 \cdot (1 - t) \cdot t^2 \cdot d2 + t^3 \cdot d3$$

$$t := 0, 0.01 .. 1 \qquad i := 0 .. 11$$

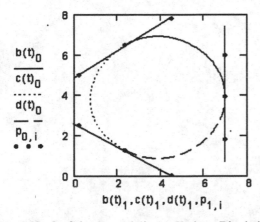

Abb. 8.32. Graf des approximierten Kreises. Die drei Bezierkurven sind unterschiedlich dargestellt. Mit eingetragen sind die Konturpunkte. Jeweils kollineare Punkte (Abschn. 8.6.2) sind durch Gradenstücke miteinander verbunden

9. Texturanalyse

Unter Texturen wollen wir die lokale Verteilung und Variation der Grauwerte in einem Bildbereich verstehen. Im engeren Sinn lassen sich Texturen als zweidimensionale Punktgitter auffassen, deren Gitterpunkte von völlig gleichartigen Grundtexturen (englisch: primitives) besetzt sind (Abb. 9.1). Der Abstand zwischen zwei Grundtexturen wird als Gitterkonstante bezeichnet. Oft gibt es zwei unterschiedliche Abstände a und b für verschiedene Richtungen. In diesem Fall besitzt die Textur zwei Gitterkonstanten. Die Vektoren $\vec{a}$ und $\vec{b}$ werden Gittertranslationen genannt.

Wir sprechen von regelmäßigen Texturen, wenn sie der idealen Gitterstruktur (Abb. 9.1) entsprechen. In der BV sind Abweichungen von der idealen Gitterstruktur und von der völligen Gleichartigkeit der Grundtexturen die Regel (Abb. 9.2).

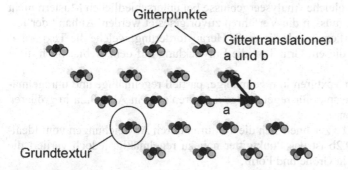

Abb. 9.1. Aufbau einer idealen Gittertextur mit Gitterpunkten und Grundtextur

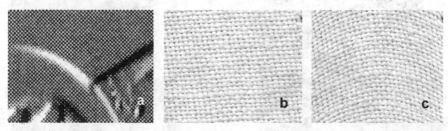

Abb. 9.2. Beispiele für regelmäßige bzw. näherungsweise regelmäßige Texturen. **a** Objekt mit Druckraster, **b** Gewebe, **c** Gewebe auf gewölbten Untergrund

Bereits in Kap. 8 wurde erwähnt, dass Bereichssegmentierungen auch über Texturen vorgenommen werden können. Hier sollen einige Verfahren erläutert werden, die für die Hervorhebung von Bildbereichen mit einheitlichen Mustern geeignet sind.

Bevor wir näher auf die Texturanalyse eingehen, wollen wir die mit ihr in Verbindung gebrachten Ziele näher umreißen. In einem ersten Schritt geht es uns darum, irgendwie geartete Texturbereiche vom Rest des Bildes zu trennen. Dabei soll die Art der Textur keine Rolle spielen. Lösungen hierzu liefern die in Abschn. 9.1 beschriebe lokale Varianz (LV), die in Abschn. 9.2 behandelte lokale Cooccurrencematrix (LCM) sowie die Fouriertransformation (FT) in Abschn. 9.3. In einem weiteren Schritt wollen wir Texturen, die durch gerichtete Strukturen charakterisierte sind, nach ihren Orientierung trennen. In diesem Zusammenhang soll auch geklärt werden, ob wir die Gitterkonstanten regelmäßiger Texturen bestimmen können (s. Abschn. 9.2 und 9.3). Schließlich sollte das Ziel sein, unterschiedliche Texturen zu unterscheiden und zu klassifizieren. Dies müsste unabhängig von Größe, Orientierung und perspektivischer Verzeichnung funktionieren.

In Abschn. 8.2.3 haben wir örtliche Grauwertschwankungen an den Kanten mit Hilfe der lokalen Varianz segmentiert. Dieser Operator eignet sich auch zum Hervorheben von Texturen, allerdings ohne Berücksichtigung des Musters. Ein alternatives Verfahren ist mit der Berechnung der Cooccurrencematrix gegeben. Sie wurde bereits in Abschn. 5.3 erläutert und hat gegenüber der LV den Vorteil, dass wir damit in geeigneten Fällen zwischen unterschiedlichen Texturen unterscheiden können. Da jedoch gleiche Analyseergebnisse bei unterschiedlichen Mustern nicht selten vorkommen, müssen die Verfahren zuvor getestet werden. Anhand der folgenden Beispiele erkennen wir die große Herausforderung, welche die Texturanalyse darstellt. Aus diesem Grund ist die Entwicklung auf dem Gebiet noch nicht abgeschlossen.

Grob lassen sich Texturen in regelmäßige, partiell regelmäßige und unregelmäßige unterteilen. Beispiel für regelmäßige Texturen sind in Abb. 9.2a in größeren Bereichen erkennbar.

In Abb. 9.2b und c zeichnen sich die Texturen durch Abweichungen vom Idealfall aus. In Abb. 9.2b ist das Punktgitter nahezu regelmäßig, jedoch variiert die Grundtextur etwas in Größe und Form.

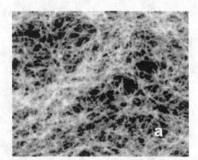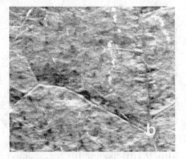

Abb. 9.3. Unregelmäßige Texturen. **a** Wattefasern, **b** Blattstrukturen

In Abb. 9.2c ist schon das Punktgitter verzerrt. Da die Erscheinungsformen der Textur eine derart große Variationsbreite aufweisen, sollten auch immer alternative Verfahren wie z.B. die Segmentierung nach Grauwerten mit in Betracht gezogen werden. Schließlich sehen wir in der Abb. 9.3 unregelmäßige Strukturen. Andere Beispiele hierfür können raue oder polierte Oberflächen sein, wie sie im technischen Bereich in großer Zahl anzutreffen sind. Sie kommen einer statistischen Interpretation noch am nächsten, so dass sich für die Detektion das im folgenden Abschnitt beschriebene Verfahren eignet.

9.1 Texturanalyse mit lokaler Varianz

Der Ablauf einer Texturanalyse mit lokaler Varianz vollzieht sich folgendermaßen: In einem ersten Schritt wird der Mittelwert $(m_G)_{i,j}$ am Ort (i, j) bestimmt. Danach erfolgt die Berechnung der lokalen Varianz $Q_{i,j}$ mit Gln. (8.3) und (8.4). In den Arbeitsblättern „Lokale Varianz" sind die einzelnen Schritte aufgelistet. Eine Anwendung der LV für die Textursegmentierung ist in der Abb. 9.4 dargestellt. Deutlich sind die texturlosen Bereiche zu erkennen (schwarze Stellen in Abb. 9.4b), die im Originalbild homogenen Bereichen entsprechen. Kontrastreiche, feine Strukturen erscheinen im LV-Bild hell. Diese Bereiche lassen sich in einem weiteren Schritt mit einer Schwellwertoperation segmentieren. In Abb. 9.5 zeigt sich der Einfluss der Fenstergröße bei der Berechnung mit LV sehr deutlich. Die mit Texturen versehenen Bereiche erscheinen hell, jedoch tritt die Textur mit kleiner werdendem Fenster immer stärker hervor. Die Abgrenzung zum homogenen Bereich wird jedoch schärfer. Welchen Einfluss hat nun die LV auf eine Faserstruktur unterschiedlicher Dichte? Für zwei verschieden große Operatorfenster können wir die Wirkungen auf das Bild in der Abb. 9.6a erkennen. Sehr deutlich treten die Bereiche niedriger Faserdichte und damit höherer lokaler Grauwertvariationen hervor (Abb. 9.6b und c). Beim 5x5-Operatorfenster (Abb. 9.6c) ist erwartungsgemäß eine stärkere Grauwertmittelung zu erkennen. Mit geeigneten Schwellen lassen sich die Bereiche hoher Faserdichte von denen geringer segmentieren.

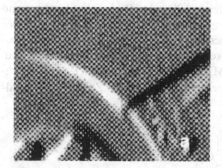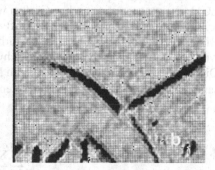

Abb. 9.4a. Originalbild mit Druckraster, **b** LV von Bild (**a**) mit 3x3-Fenster

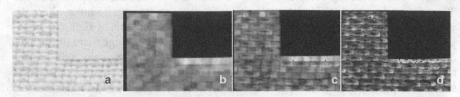

Abb. 9.5a. Urbild, **b** Urbild nach lokaler Varianz mit 7x7-Fenster, **c** mit 5x5-Fenster und **d** mit 3x3-Fenster. Deutlich ist von links nach rechts die steigende Ortsauflösung sichtbar. Der texturfreie Bereich oben rechts in den Bildern ist schwarz

Abb. 9.6a. Anwendung der lokale Varianz auf das Bild mit unterschiedlich dicht angeordneten Wattefasern. **b** LV-Bild von (**a**) mit einem 3x3-Fenster, **c** mit einem 5x5-Fenster. Die Bereiche höherer Faserdichten erscheinen dunkler, sie sind in (**b**) weiß umrandet

In den Arbeitsblättern „Lokale Varianz" wird ein Algorithmus zur Berechnung von LV-Bildern vorgestellt.

9.2 Texturanalyse mit lokaler Cooccurrencematrix

Der Verlauf einer Texturanalyse mit lokalen Cooccurrencematrix (LCM) lässt sich wie folgt beschreiben (siehe Arbeitsblätter „LCM mit Kontrastauswertung"): Innerhalb des Fensters wird die LCM berechnet (Abschn. 5.3), die mit Hilfe geeigneter statistischer Operatoren M_1 bis M_5 ausgewertet werden kann. Die aus den LCM gewonnenen statistischen Größen werden für jeden Bildpunkt berechnet und erzeugen fünf Ergebnisbilder. Die Hoffung ist nun, dass mindestens eines dieser Bilder die zusammenhängenden Texturbereiche als annähernd homogene Grauwertbereiche enthält, die mit einer Schwellwertoperation zu segmentieren sind. Die auf die LCM wirkenden Operatoren M_1 bis M_5 sind in den Gln. (9.1)-(9.5) zusammengestellt. Sind $G_{i,j}$ die Matrixelemente der LCM, die R Zeilen und C Spalten hat, dann gilt (R und C ungerade):

1. Energie

$$M_1 = \sum_{i=0}^{R-1}\sum_{j=0}^{C-1} G_{i,j}^{2} \qquad (9.1)$$

2. Kontrast

$$M_2 = \sum_{i=0}^{R-1} \sum_{j=0}^{C-1} (i-j)^2 \cdot G_{i,j} \qquad (9.2)$$

3. Entropie

$$M_3 = \sum_{i=0}^{R-1} \sum_{j=0}^{C-1} G_{i,j} \cdot \log(G_{i,j}) \qquad (9.3)$$

4. Homogenität

$$M_4 = \sum_{i=0}^{R-1} \sum_{j=0}^{C-1} \frac{G_{i,j}}{1+|i-j|} \qquad (9.4)$$

5. Quadratische Abweichung

$$M_5 = \sum_{i=0}^{R-1} \sum_{j=0}^{C-1} [G_{i,j} - m]^2, \qquad (9.5)$$

wobei $m = \dfrac{1}{R \cdot C} \sum_{i=0}^{R-1} \sum_{j=0}^{C-1} G_{i,j}$ den Mittelwert der LCM darstellt. Die statistischen Auswertungen der LCM liefern Ergebnisse, die folgende Interpretationen zulassen:

Die Energie der LCM ist hoch, wenn die zugrunde liegende Relation iRj (es ist auch die Notation Rij für die Relation R zwischen i und j gebräuchlich) möglichst häufig mit den selben Grauwertpaaren (i, j) erfüllt ist. Weit von der Matrixdiagonale liegende Elemente $G_{i,j}$ werden durch $(i–j)^2$ gewichtet, so dass der Kontrast M_2 entsprechend hoch wird. Dies ist beispielsweise bei Bildern mit starker Grauwertschwankung der Fall, wodurch der Name für diesen Operator gerechtfertigt ist. Die Entropie verhält sich ähnlich wie die Energie. Die Homogenität gewichtet die Matrixeinträge auf der Diagonalen. Eine konstant graue Fläche besitzt einen großen M_4-Wert. Aus diesem Grund verhalten sich Homogenität und Kontrast entgegengesetzt.

Die quadratische Abweichung liefert im Fall stark um den Mittelwerte m schwankender Matrixelemente $G_{i,j}$ annähernd die gleichen Werte wie die Energie. Sind jedoch die Elemente der LCM alle etwa gleichgroß, so wird dies zu kleinen Differenzen ($G_{i,j}$–m) und folglich niedrigen M_5-Werten führen. Ein solcher Fall tritt z.B. ein, wenn das Bild einen von links nach rechts wachsenden Graukeil enthält.

Als Beispiele für Einträge in die Cooccurrencematrix betrachten wir zwei Bilder (Abb. 9.7) mit je N^2 Bildpunkten. Sie weisen jeweils ein sehr feines Schachbrettmuster in der Art auf, dass die Grauwerte von Pixel zu Nachbarpixel der Reihe nach wie 50,100, 50, 100,..(Abb. 9.7a) bzw. für ein weiteres Bild wie 70, 80, 70, 80, ... (Abb. 9.7b) variieren. Dann ergeben sich für die LCM mit der Relation

i R j = "Grauwert i ist linker Nachbar von Grauwert j"   (9.6)

die in der Abb. 9.8 dargestellten Einträge.

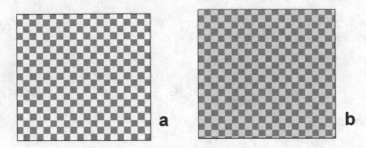

Abb. 9.7. Zwei identische Schachbrettmuster mit unterschiedlichem Kontrast sollen zur Erklärung der LCM herangezogen werden (siehe Abb. 9.8)

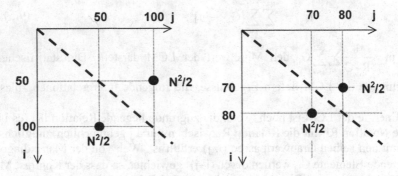

Abb. 9.8. Schematische Darstellung der Cooccurrencematrizen zu der Abb. 9.7. Beide Matrizen haben nur an zwei Stellen (mit Punkten markiert) Einträge der Größe $N^2/2$. Die linke CM gehört zum kontrastreicheren Bild (Abb. 9.7a)

Tabelle 9.1. Ergebnisse der Cooccurrencematrix-Auswertung mit den Funktionen M_1 bis M_5 für die Bilder in Abb. 9.7

Funktionen		linkes Bild	rechtes Bild
Energie	M_1	$N^4/2$	$N^4/2$
Kontrast	M_2	$(50*N)^2$	$(10*N)^2$
Entropie	M_3	$N^2*\log((N/2)^{1/2})$	$N^2*\log((N/2)^{1/2})$
Homogenität	M_4	$N^2/102$	$N^2/22$
Quadr. Abweichung	M_5	$\approx N^4/2$	$\approx N^4/2$

Die zwei Bilder in Abb. 9.7 weisen für die statistischen Operatoren M_1 bis M_5 die in Tabelle 9.1 enthaltenen Werte auf.

Eine erfolgreiche Nutzung für die Texturanalyse setzt nähere Kenntnisse über die Eigenschaften der LCM voraus, die in der folgenden Aufzählung zusammengefasst werden. Dabei wird die einfache Nachbarschaftsrelation Gl. (9.6) zugrunde gelegt. Alle Aussagen werden bezüglich des Bereichs der von null verschiedenen Matrixelemente vorgenommen (Abb. 9.9).

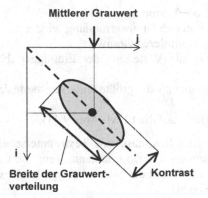

Abb. 9.9. Schematische Darstellung der Cooccurrencematrix. Die Ellipse stellt die Verteilung der von null verschiedenen Elemente dar. Form und Lage geben Auskunft über den mittleren Grauwert, den Kontrast und die Grauwertverteilung im Bildfenster

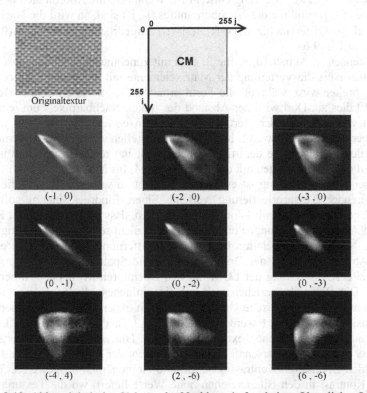

Abb. 9.10. Abhängigkeit der CM von der Nachbarschaftsrelation. Oben links: Originaltextur. Darunter sind die CMs für verschiedene Nachbarschaftsbeziehungen zusammengestellt (Erläuterungen im Text)

1. Die Breite ist proportional zum Kontrast der Textur
2. Die Ausdehnung in Diagonalenrichtung gibt den Grauwertumfang wieder
3. Der Schwerpunkt der Verteilung liegt beim mittleren Grauwert
4. Die Nachbarschaftsrelation iRj bestimmt die Verteilung der Einträge (Abb. 9.10)
5. Das Fenster der LCM muss wesentlich größer als die größte Gitterkonstante der Textur sein
6. Die Texturorientierung hat geringen Einfluss auf die LCM (Abb. 9.11).

Aus den ersten drei Punkten müssen wir schließen, dass eine Texturunterscheidung mit den Operatoren M_1 bis M_5 nur dann erfolgreich sein kann, wenn die Parameter konstant gehalten werden, welche die Gestalt der Matrix bei gleicher Textur beeinflussen (z.B. Beleuchtung, Blendenzahl).

Der Inhalt der CM wird stark von der Nachbarschaftsrelation iRj beeinflusst. In Abb. 9.10 soll dies verdeutlicht werden. Neben der Originaltextur sind die entsprechenden CMs dargestellt, wobei die jeweils gültige Nachbarschaftsrelation mit aufgeführt ist. Die beiden Zahlen in Klammern geben an, wie weit der Nachbarbildpunkt in i- bzw. j-Richtung entfernt ist. Wenn also die Koordinaten des Bezugspunktes (i_1, j_1) und die des Nachbarpunktes (i_2, j_2) sind, so wird die Nachbarschaft durch die Differenz $(dz, ds) = (i_2-i_1, j_2-j_1)$ ausgedrückt. Die Relation $(0, -1)$ steht z.B. für Gl. (9.6).

Wir erkennen in Abb. 9.10, Reihe 2, dass mit zunehmenden Abstand des oberen Nachbarpixels die Verteilung der Matrixelemente mit von null verschiedenen Einträgen breiter wird, während die Form erhalten bleibt. Auch für die nächste Reihe trifft dies zu. Dort wird der Abstand des linken Nachbarpixels um je einen Bildpunkt vergrößert. In der vierten Reihe werden entferntere Nachbarn unterschiedlicher Richtungen gewählt. In diesen Fällen stellen wir größere Änderungen der Verteilungen fest. Eine derartige Abhängigkeit hat natürlich starke Auswirkungen auf die Auswertungen mit den Operatoren M_1 bis M_5.

In diesem Zusammenhang ist es auch interessant zu wissen, wie sich die CM bei variierender Texturorientierung verhält. Einen Eindruck hierzu soll die Abb. 9.11 geben. Als Ergebnis können wir festhalten, dass bei Gültigkeit der Relation Gl. (9.6) die Veränderungen durch Drehungen nicht sehr groß sind. Hingegen zeigt eine Nachbarschaftsrelation über größere Entfernungen hinweg eine etwas stärkere Abhängigkeit von der Orientierung (rechte Spalte in Abb. 9.11). Auch dies ist bei der Auswertung der LCM mit den Operatoren M_1 bis M_5 zu berücksichtigen. Die Beispiele beziehen sich auf ein einfaches Muster. Für generelle Aussagen müssen systematische Untersuchungen in experimenteller wie theoretischer Hinsicht durchgeführt werden. In Abb. 9.12 ist die Wirkung der LCM-Methode auf unterschiedliche Texturen dargestellt. Die verwendete Fenstergröße beträgt 9x9 und die Nachbarschaftsrelation entspricht der aus Gl. (9.6). Die LCM wird mit den Operatoren Kontrast, Energie und Homogenität ausgewertet. Während der Kontrast in den Bildbereichen hohe Werte liefert, wo die Texturen besonderst stark hervortreten, verhält es sich bei Energie und Homogenität umgekehrt.

Tabelle 9.2. Zuordnung der Merkmale d: dunkel, m: mittel und h: hell zu den Texturen in Abb. 9.12

Texturlage	Kontrast	Energie	Homogenität
oben links	m	m	h
oben rechts	h	d	d
unten links	m	d	d
unten rechts	d	m	h

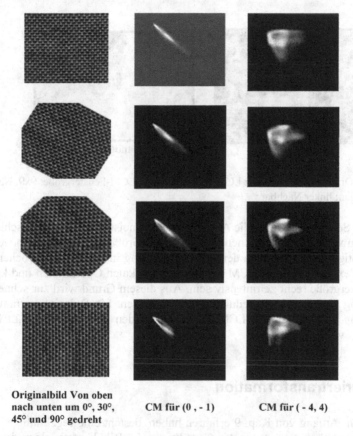

Originalbild Von oben nach unten um 0°, 30°, 45° und 90° gedreht   **CM für (0 , - 1)**   **CM für (- 4, 4)**

Abb. 9.11. Abhängigkeit der CM von der Texturorientierung

Wir nehmen eine Klassifizierung der vier in Abb. 9.12 dargestellten Texturen vor, indem wir drei unterschiedliche relative Helligkeitsmerkmale für die LCM-Auswertungen Kontrast, Energie und Homogenität vergeben. Mit d meinen wir dunkle bis schwarze Bereiche, mit m mittlere Grauwerte und mit h helle Gebiete. In der Tabelle 9.2 ist die Vergabe der Helligkeitsmerkmale durchgeführt, die zu einer eindeutigen Unterscheidung der vier Texturen führt.

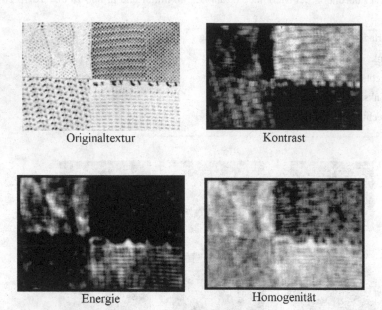

| Originaltextur | Kontrast |
| Energie | Homogenität |

Abb. 9.12. Originaltextur mit drei LCM-Auswertungen. LCM-Fenstergröße: 9x9. Nachbarschaftsrelation: linker Nachbar

Mit der Segmentierung ist die Aufgabe der BV meist noch nicht abgeschlossen. Oft werden weitere Informationen wie Form und Größe der hervorgehobenen Gebiete benötigt, die im Rahmen der Mustererkennung in Kap. 14 besprochen werden. Die Texturanalyse mit LCM gehört zu den lokalen Operationen und kann je nach Fenstergröße recht zeitintensiv sein. Aus diesem Grund wird zur schnelleren Berechnung eine Graustufenreduktion vorgenommen. Ein Beispielprogramm zur Berechnung von Bildern mit LCM finden wir in den Arbeitsblättern „LCM mit Kontrastauswertung".

9.3 Fouriertransformation

Wie wir am Anfang von Kap. 9 erfahren haben, besteht eine regelmäßige Textur aus einer gitterförmig angeordneten Grundtextur. Im Bild liegt sie als periodische, zweidimensionale Grauwertverteilung vor, die sich mit geeigneten periodischen Funktionen approximieren lässt. Ein zweckmäßiges mathematisches Verfahren zur Darstellung periodischer Funktionen liefert die Fouriersynthese [1, 4, 21, 29], welche die Grauwertverteilungen der Texturen mit Sinus- und Kosinusfunktionen annähert. Gl. (9.12) stellt die allg. Formel für die Fouriersynthese dar. Wir wollen diese Methode auch dazu verwenden, gegebene Texturen hinsichtlich ihrer Zusammensetzung aus eben diesen Funktionen zu analysieren.

Abb. 9.13. Aus Fouriersynthese nach Gl.(9.7) entstandene Textur

Eine durch Fouriersynthese entstandene Textur ist in Abb. 9.13 zu sehen. Die Bildpunkte sind mit

$$G_{i,j} = A_{0,0} + A_{u,v} \cdot \cos\left[2 \cdot \pi \cdot \left(\frac{i \cdot u}{Z} + \frac{j \cdot v}{S}\right)\right] + B_{u',v'} \cdot \sin\left[2 \cdot \pi \cdot \left(\frac{i \cdot u'}{Z} + \frac{j \cdot v'}{S}\right)\right] \quad (9.7)$$

berechnet worden. In Gl. (9.7) bedeuten $G_{i,j}$ der Grauwert an der Stelle (i, j), $A_{u,v}$ und $B_{u',v'}$ die Fourierkoeffizienten sowie S und Z die Spalten- und Zeilenzahl des Bildes. Gl. (9.7) stellt einen Spezialfall der allg. Gl. (9.12) dar, bei dem lediglich die Fourierkoeffizienten

$$A_{0,8} = B_{5,0} = 63, \ A_{0,0} = 127$$

von null verschiedene Werte annehmen. Die anderen Größen in Gl. (9.7) haben die Werte u = 0, u' = 5, v = 8, v' = 0 und Z = S = 500.

Aufgrund der doppelten Indizierung der Fourierkoeffizienten $A_{u,v}$ und $B_{u,v}$ können wir sie formal als Elemente von Bildmatrizen A und B auffassen. Die sich auf diese Weise ergebenden Bilder wollen wir **Fourierbilder** nennen. Sie haben dieselbe Größe wie das Urbild G.

In Gl. (9.7) bilden die Fourierkoeffizienten $A_{0,0}$, $A_{u,v}$ zwei Bildpunkte im Fourierbild A sowie $B_{u',v'}$ einen im Fourierbildern B. Alle anderen Bildpunkte in A bzw. B sind in diesem speziellen Fall null. Die Bildpunktkoordinaten u, v bzw. u', v' geben an, wie viele Kosinus- bzw. Sinusperioden im Bild vorkommen. Eine Periodenlänge g_i in i-Richtung z.B. reicht von Maximum zu Nachbarmaximum. Wir wollen in manchen Zusammenhängen g_i (und g_j) auch als **Gitterkonstante** bezeichnen. Es besteht der einfache Zusammenhang

$$g_i = \frac{Z}{u} \quad \text{und} \quad g_j = \frac{S}{v} \quad (9.8)$$

zwischen den Gitterkonstanten, den Koordinaten u und v der Fourierbilder A bzw. B und den Zeilen- und Spaltenzahlen Z bzw. S. Die Kehrwerte

$$\frac{1}{g_i} = \frac{u}{Z} \quad \text{und} \quad \frac{1}{g_j} = \frac{v}{S} \quad (9.9)$$

werden **Ortsfrequenzen** genannt. Sie geben an, wie groß die Zahl der Schwingungsperioden pro Bildpunkt ist (bei Einhaltung des Shannonschen Abtasttheorems (Abschn. 4.1) können sie höchstens den Wert 0,5 annehmen!). In Abb. 9.13 zählen wir z.B. in i-Richtung (also von oben nach unten) fünf und in j-Richtung (von links nach rechts) acht Maxima, entsprechend den Werte u = 5 und v = 8. Da das Bild S = Z = 500 Spalten und Zeilen besitzt, ergeben sich die Ortsfrequenzen u/Z = v/S = 0,001 Schwingungen pro Bildpunkt. Im allgemeinen Fall sind die harmonischen Funktionen (Kosinus- und Sinusfunktion) schräg zu den Koordinatenachsen orientiert, was dadurch zum Ausdruck kommt, dass beide Werte des Koordinatenpaares (u, v) von null verschieden sind. Wenn wir die Werte u und v der harmonischen Funktion aus den Fourierbildern entnehmen können, berechnet sich ihre Gitterkonstante nach dem pythagoreischen Lehrsatz zu

$$\frac{1}{g^2} = \frac{1}{g_i^2} + \frac{1}{g_j^2}, \tag{9.10}$$

und folglich

$$g = \frac{1}{\sqrt{\dfrac{1}{g_i^2} + \dfrac{1}{g_j^2}}} = \frac{1}{\sqrt{\left(\dfrac{u}{Z}\right)^2 + \left(\dfrac{v}{S}\right)^2}}. \tag{9.11}$$

Wir werden weiter unten bei der Bestimmung der Gitterkonstanten eines Goldgitters auf diesen Zusammenhang zurückgreifen.

Für die Beschreibung einer allgemeinen Textur müssen viele der Summanden aus Gl. (9.7) mit unterschiedlichen Werten u und v addiert werden, so dass wir die diskrete Fouriersynthese

$$G_{i,j} = \sum_{u=0}^{Z-1}\sum_{v=0}^{S-1}\left\{A_{u,v} \cdot \cos\left[2\cdot\pi\cdot\left(\frac{i\cdot u}{Z} + \frac{j\cdot v}{S}\right)\right] + B_{u,v}\cdot\sin\left[2\cdot\pi\cdot\left(\frac{i\cdot u}{Z} + \frac{j\cdot v}{S}\right)\right]\right\} \tag{9.12}$$

für Bild G erhalten. Die Fourierkoeffizienten $A_{u,v}$ und $B_{u,v}$ werden den beiden Fourierbildern A und B entnommen, welche die gleichen Zeilen- und Spaltenzahlen wie das Graubild G aufweisen. Anstelle des Begriffs Fouriersynthese wird übrigens oft auch inverse Fouriertransformation (inverse FT) gesetzt.

In vielen Fällen dient das Graubild G als Ausgangspunkt für die Berechnung der Fourierbilder A und B, so dass gewissermaßen eine Umkehrung der inversen FT Gl. (9.12) stattfindet. Nach allgemeiner Gepflogenheit wird dieser Rechenvorgang Fourieranalyse oder schlicht Fouriertransformation (FT) genannt und mit

$$A_{u,v} = \frac{1}{Z\cdot S}\cdot\sum_{i=0}^{Z-1}\sum_{j=0}^{S-1}G_{i,j}\cdot\cos\left(2\cdot\pi\cdot\left(\frac{i\cdot u}{Z} + \frac{j\cdot v}{S}\right)\right) \tag{9.13}$$

und

$$B_{u,v} = \frac{1}{Z\cdot S}\cdot\sum_{i=0}^{Z-1}\sum_{j=0}^{S-1}G_{i,j}\cdot\sin\left(2\cdot\pi\cdot\left(\frac{i\cdot u}{Z} + \frac{j\cdot v}{S}\right)\right) \tag{9.14}$$

berechnet. Häufig ist es bequemer, wenn wir die trigonometrischen Funktionen durch die Exponentialfunktion ausdrücken, so dass unser Endergebnis Gl. (9.12) die kompakte Form

$$G_{i,j} = \text{Re}\left\{\sum_{u=0}^{Z-1}\sum_{v=0}^{S-1}\underline{A}_{u,v}\cdot\exp\left(\underline{i}\cdot 2\cdot\pi\cdot\left(\frac{i\cdot u}{Z}+\frac{j\cdot v}{S}\right)\right)\right\} \qquad (9.15)$$

annimmt, die oft komplexe Fouriertransformation genannt wird. Dabei bedeuten $\underline{A}_{u,v} = A_{u,v} - \underline{i}\cdot B_{u,v}$ (mit $B_{0,0} = 0$) und $\underline{i} = \sqrt{-1}$ die imaginäre Einheit [1, 21, 29]. Hier wird die imaginäre Einheit durch $\underline{i}$ repräsentiert, um eine Verwechslung mit dem Zeilenlaufindex i zu vermeiden. Die zu Gl. (9.15) inverse Transformation, die wir FT nennen, berechnet sich dann aus

$$\underline{A}_{u,v} = \frac{1}{S\cdot Z}\cdot\sum_{i=0}^{Z-1}\sum_{j=0}^{S-1}G_{i,j}\cdot\exp\left\{-\underline{i}\cdot 2\cdot\pi\cdot\left(\frac{i\cdot u}{Z}+\frac{j\cdot v}{S}\right)\right\}. \qquad (9.16)$$

Die komplexen Darstellungsweisen der FT in Gln. (9.15) und (9.16) bilden den Ausgangspunkt für die sog. schnelle Fouriertransformation, die wir in der Literatur unter dem Begriff FFT (englisch: fast fourier tranformation) wiederfinden. In den Arbeitsblättern zur FT wenden wir diesen Algorithmus an, weil er Bestandteil der Funktionen cfft() und icfft() ist. Es ist nicht notwendig, den Algorithmus der FFT im einzelnen zu verstehen, da er in fast allen Programmbibliotheken vorhanden ist. Dennoch interessierte Leser seien z.B. auf [21, 26] verwiesen. Die Visualisierung des komplexen Fourierbildes $\underline{A}$, worauf sich die Abb. 9.15 bezieht, kann z.B. dadurch erfolgen, dass von jedem (komplexen) Bildmatrixelemente der Betrag gebildet und quadriert wird. Das Resultat $|\underline{A}_{u,v}|^2$ stellt den Grauwert des Bildmatrixelements an der Stelle (u, v) dar. Im Folgenden müssen wir uns überlegen, wie und ob wir die Methode und die Eigenschaften der FT für die Texturanalyse anwenden können.

Hilfestellung kann uns dabei die Abb. 9.14 liefern, die Auskunft darüber gibt, in welchen Fällen eine Textursegmentierung zum Erfolg führt.

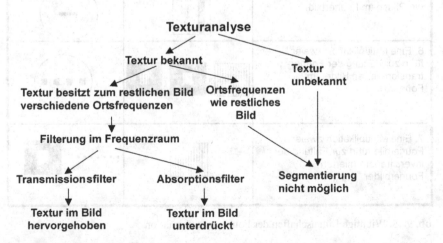

Abb. 9.14. Mögliche Fälle bei der Texturanalyse mit Fouriertransformation

Wir können erst dann Nutzen aus der FT ziehen, wenn wir ihre Eigenschaften kennen. Da die Gesetzmäßigkeiten in der Literatur hinlänglich beschrieben werden, wie z.B. in [1, 21, 29], wollen wir uns in Abb. 9.15 lediglich mit einer Aufzählung begnügen. Sie soll uns beim Design eines passenden Filters für die Textursegmentierung unterstützen.

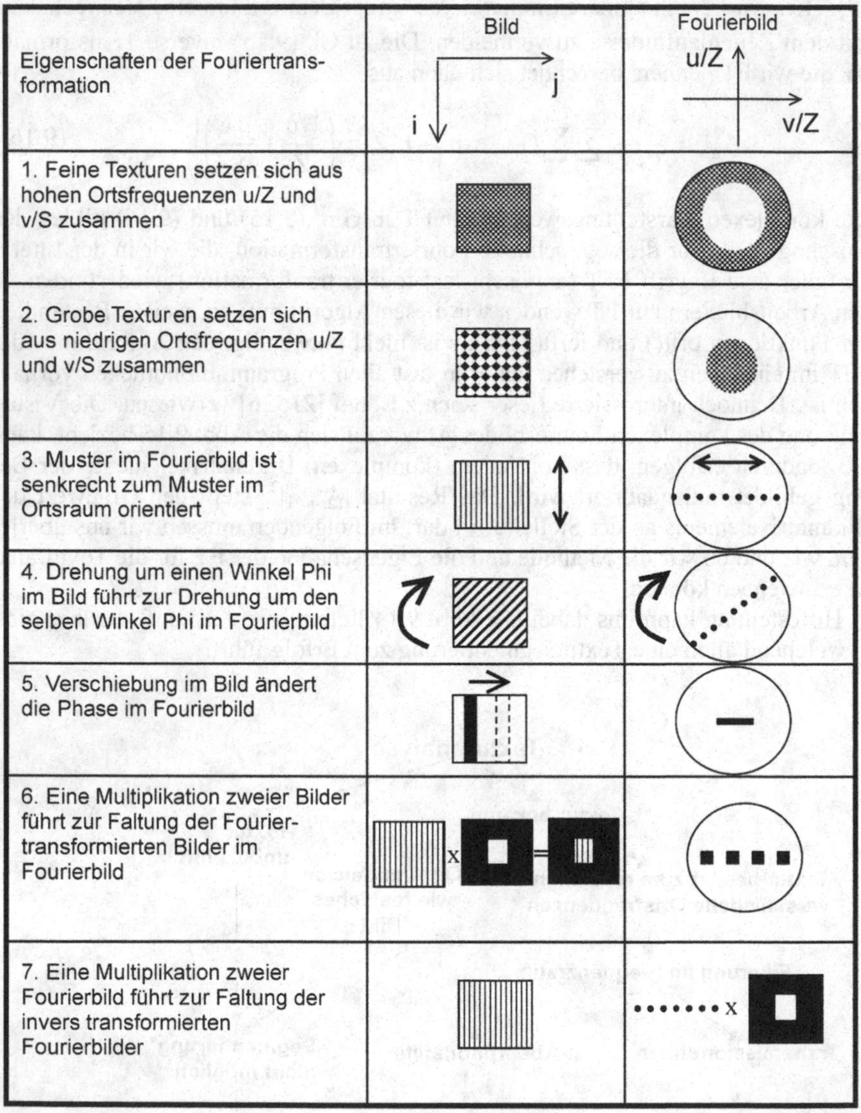

Eigenschaften der Fouriertransformation	Bild	Fourierbild
1. Feine Texturen setzen sich aus hohen Ortsfrequenzen u/Z und v/S zusammen		
2. Grobe Texturen setzen sich aus niedrigen Ortsfrequenzen u/Z und v/S zusammen		
3. Muster im Fourierbild ist senkrecht zum Muster im Ortsraum orientiert		
4. Drehung um einen Winkel Phi im Bild führt zur Drehung um den selben Winkel Phi im Fourierbild		
5. Verschiebung im Bild ändert die Phase im Fourierbild		
6. Eine Multiplikation zweier Bilder führt zur Faltung der Fouriertransformierten Bilder im Fourierbild		
7. Eine Multiplikation zweier Fourierbild führt zur Faltung der invers transformierten Fourierbilder		

Abb. 9.15. Wichtige Eigenschaften der Fouriertransformation

So finden wir die Ortsfrequenzen feiner Strukturen am Bildrand im Fourierbild (Punkt 1 in Abb. 9.15), diejenigen grober Strukturen in der Mitte des Fourierbildes (Punkt 2). Orientierte Texturen im Bild führen zu ebenfalls orientierten, aber um 90° gedrehten Strukturen im Fourierbild (Punkt 3). Die Strukturen im Fourierbild sind starr an die Bilddrehung im Bild gekoppelt (Punkt 4). Eine Einschränkung des Bildes durch eine Blende führt zu einer Verbreiterung der Figuren im Fourierbild, das einer Faltungsoperation (Kap. 7) im Fourierbild (Punkt 6) entspricht. Die dabei beteiligten Operatorfenster sind die Fouriertransformierten von Blende und Bild. Umgekehrt bewirkt eine räumliche Einschränkung des Fourierbildes durch eine Blende eine Bildfilterung (Punkt 7). Die Ausblendung von Strukturen im Bereich kleiner u- und v-Werte unterdrückt räumlich langsam variierende Grauwerte im Bild, so dass Kanten und Linien hervorgehoben werden (Hochpassfilterung). Anders herum bewirkt eine Ausfilterung von Strukturen mit großen u- und v-Werten eine Tiefpassfilterung. Beispiele hierzu finden wir in Abb. 9.16 und 9.17.

In Abb. 9.16a sind vier Texturen und in Abb. 19.16b das zugehörige Fourierbild dargestellt. Da die Textur unten links in Abb. 9.16a grobmaschig ist, setzt sie sich im Wesentlichen aus Sinus- und Kosinusfunktionen mit niedrigen Ortsfrequenzen zusammen. Das gefilterte Bild in Abb. 9.16c bestätigt uns in dieser Auffassung. Dort werden mit einer Ringblende im Fourierbild (Abb. 9.16d) nur die niedrigen Frequenzen für die Rekonstruktion der Texturen durchgelassen, und es bleiben, wie schon vermutet, fast nur Bestandteile der groben Textur übrig.

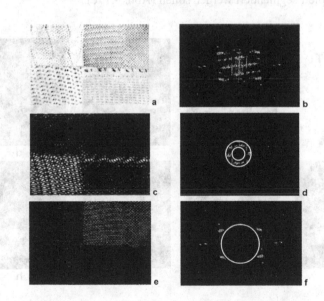

Abb. 9.16. Textursegmentierung durch Filterung im Fourierbild. **a** Originaltexturen, **c** und **e** Fouriergefilterte Bilder. Gute Segmentierungsergebnisse sind bei der unteren linken und oberen rechten Textur zu erkennen, **b** Fourierbild von (**a**), **d** Fourierbild mit Ringblende, **f** Fourierbild mit Kreisblendenstopp in Fourierbildmitte (Blendenränder durch weiße Kreise markiert)

Genau umgekehrt verhält es sich mit der Textur oben rechts in Bild Abb. 9.16a. Sie wird aufgrund ihrer feinen Zusammensetzung überwiegend aus hohen Ortsfrequenzen gebildet.

Also bringen wir zu ihrer Hervorhebung eine Blende in das Fourierbild, die nur diese passieren lässt (Abb. 9.16f). Als Folge bleibt in Abb. 9.16e fast nur der aus hohen Ortsfrequenzen zusammengesetzte Bereich übrig. Die anderen beiden Texturen lassen sich mit dieser Filtermethode leider nicht so einfach segmentieren.

Die Abb. 9.17 soll zur Veranschaulichung der Richtungsfilterung dienen. Hierzu eignen sich sehr gut die gestreiften Hemden der beiden Personen, die wohl gerade an einer Karnevalsveranstaltung teilnehmen. Durch den angewinkelten Arm der linken Person sind sowohl horizontale als auch vertikale Streifen im Bild vorhanden. Die gitterartigen Texturen in Abb. 9.17a bilden das Fourierbild Abb. 9.17b mit vier ausgeprägten Maxima bei höheren Ortsfrequenzen. Die Maxima links und rechts in Abb. 9.17b gehören zu den vertikalen Streifen (Eigenschaften 1 und 3 in Abb. 9.15). Wenn wir im Fourierbild alle Strukturen bis auf die vom angewinkelten Unterarm herrührenden herausfiltern (Abb. 9.17d), bleibt in Abb. 9.17c auch nur dieser Unterarm übrig. Lassen wir hingegen bei der Filterung die beiden Maxima oben und unten übrig, die von den horizontalen Streifen verursacht werden (Abb. 9.17h), erhalten wir die horizontal gestreiften Anteile der beiden Hemden ohne den angewinkelten Unterarm (Abb. 9.17g). Wir müssen alle hohen Ortsfrequenzen bei der Filterung erhalten (Abb. 9.17f), wenn die beiden Hemden komplett segmentiert werden sollen (Abb. 9.17e).

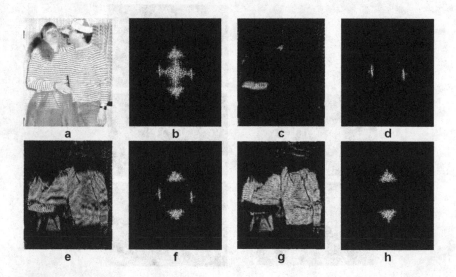

Abb. 9.17. Texturanalyse mit Richtungsfilterung. **a** Originalbild, **b** Fourierbild zu (**a**). **c** Originalbild nach Filterung der Vertikalstrukturen, **d** Fourierbild zu (**c**). **e** Originalbild nach Filterung der Linientexturen, **f** Fourierbild zu (**e**). **g** Originalbild nach Filterung der Horizontalstrukturen (Es fehlt der Unterarm aus (**c**)), **h** Fourierbild zu (**g**)

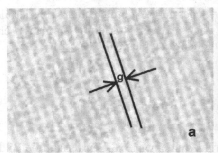

Abb. 9.18. Bestimmung der Gitterkonstanten g von Gold. **a** Netzebenen des Gitters in (100)-Orientierung. **b** Das Fourierbild zum Goldgitter (**a**). Die zwei hellen Punkte an den Spitzen des Doppelpfeils werden ausgewertet

Die FT kann auch erfolgreich für die Bestimmung der Gitterkonstanten g einer kontrastarmen periodischen Struktur eingesetzt werden. In Abb. 9.18a ist das Foto eines Goldgitters zu sehen, das mit einem hochauflösenden Transmissionselektronenmikroskop aufgenommen wurde. Die atomaren Gitterebenen zeichnen sich schwach als dunklere Linien ab, die sich schräg durch das Bild ziehen. Da der Kontrast gering ist, gestaltet sich eine genaue Bestimmung des Gitterebenenabstandes g als schwer. Aus diesem Grund wollen wir das Fourierbild (Abb. 9.18b) auswerten. Die beiden hellen Punkte an den Enden des Doppelpfeils rühren vom Goldgitter her. Ihr Abstand beträgt in v-Richtung $2 \cdot v = 42$ Pixel und in u-Richtung $2 \cdot u = 8$ Pixel. Unter Zuhilfenahme von Gl. (9.10) erhalten wir für die gesuchte Gitterkonstante g = 8,28 Pixel. Dabei hat das für die Berechnung zugrunde liegende Bild (Abb. 9.18) die Zeilen- und Spaltenzahlen Z = 129 bzw. S = 180. Da wir aus einer früheren Kalibrierung bereits wissen, dass 1 Pixel 0,0492 nm entspricht, beträgt also die Gitterkonstante von Gold a = 0,407nm.

9.3.1 Arbeitsblatt „Fouriertransformation"

In der Funktion FFTFilter() wird zunächst eine Fouriertransformation des Bildes B mit der Mathcad-Funktion cfft(B) durchgeführt, so dass das Fourierbild F entsteht. Bei der Funktion cfft() handelt es sich um die komplexe Fast Fouriertransformation (FFT), die von Cooley und Tukey 1965 erstmals angegeben wurde [12, 21, 29]. Sich zeichnet sich durch einen sehr effizienten Algorithmus aus und führt zu einer drastischen Reduktion der Rechenzeit im Vergleich zur herkömmlichen Berechnungsweise der diskreten Fouriertransformation. Entgegen der allgemeinen Gewohnheit befinden sich die Werte für die niedrigen Ortsfrequenzen nach einer FFT an den vier Ecken des Fourierbildes. Die Filterung wird im Fourierbild F vorgenommen. Dazu wird eine Rechteckblende mit den Kantenlängen „Breite" x „Höhe" definiert. Je ein Viertel der Blende wird für die Ausfilterung der niedrigen Frequenzen in den Bildecken verwendet, so dass schließlich das mit der Blende versehene Fourierbild F1 entsteht. Dieses wird direkt mit der inversen Fouriertransformation icfft() in den uns vertrauten Bildraum überführt (Abb. 9.22b).

Optional kann mit dem Schalterwert Sw = 1 das zu F1 komplementäre Fourierbild F2 = F−F1 erzeugt werden, so dass nun nach inverser Fouriertransformation ein gefiltertes Bild entsteht, dem die tiefen Frequenzen fehlen (Abb. 9.22b).

9.4 Aufgaben

Aufgabe 9.1. Wenden Sie die lokale Varianz mit einem 3x3-Fenster auf die Bildmatrix G in Tabelle 9.3 an.

Aufgabe 9.2. Berechnen Sie die Cooccurrencematrix mit der Relation Grauwert m ist oberer rechter Nachbar von Grauwert n anhand der Bildmatrizen aus Tabelle 9.4a und b und tragen Sie die Ergebnisse in die Tabellen 9.5 ein.

Aufgabe 9.3. Überlegen Sie sich eine Nachbarschaftsrelation für die CM, mit der Sie ein Schachbrettmuster von dem eines Rautenmusters unterscheiden können. Rauten und Quadrate sollen gleich große Flächen besitzen (Abb. 9.19).

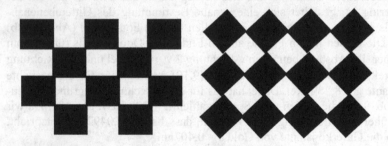

Abb. 9.19. Schachbrett- und Rautenmuster zu Aufgabe 9.3

Aufgabe 9.4. Gegeben sei ein Bild mit den Kantenlängen Z=200 und S=600. Die Grauwertverteilung lasse sich durch $G_{i,j} = 20 \cdot \cos[2\pi \cdot (0,05 \cdot i + 0,04 \cdot j)]$ beschreiben.
a) An welchen Stellen u und v befinden sich im Fourierbild von null verschiedene Werte?
b) Wie groß ist die Gitterkonstante (Abstand zwischen zwei benachbarter Maxima)?

Aufgabe 9.5. Weisen Sie die Identität der Gln. (9.12) und (9.15) nach.

9.5 Computerprojekt

Projekt Verändern Sie in den Arbeitsblättern „Fouriertransformation" die Blendenform und erklären Sie die daraus resultierenden Veränderungen im gefilterten Bild „IFBetrag".

Tabelle 9.3. Bildmatrix zu Aufgabe 9.1

0	0	0	1
0	0	1	1
0	1	1	2
1	1	2	2

Tabelle 9.4. Bildmatrizen zur Berechnung der CM nach Aufgabe 9.2

0	0	0	1	1	2	2
0	0	1	1	2	2	0
0	1	1	2	2	0	1
1	1	2	2	0	1	1
1	2	0	0	1	1	2
2	0	0	1	1	2	0
0	0	1	1	2	0	0

a

0	0	1	2	2	0	0
2	0	1	1	1	2	0
1	2	0	1	1	1	2
0	1	2	0	0	1	1
0	1	1	2	0	0	0
0	0	1	1	2	0	0
2	0	0	1	1	0	0

b

Tabelle 9.5. Tragen Sie links die CM-Werte der Bildmatrix aus Tabelle 9.4a und rechts die aus Tabelle 9.4b ein

m \ n	1	2	3
1			
2			
3			

m \ n	1	2	3
1			
2			
3			

9.6 Arbeitsblätter

Lokale Varianz
"lokale Varianz"

Eingaben: Bild B, Faltungskern h
Ausgaben: Bild B, Bild Q (nach lokaler Varianz)

B := BMPLESEN("E:\Mathcad8\Samples\Bildverarbeitung\Textur011.bmp")

Berechnung der lokalen Varianz Var(G,Zh,Sh):

Kommentar zum Listing Var():
Zeilen 1-8: Matrizen M und Q mit Nullen vorbelegen, s und z zur Vermeidung von Matrixüberschreitungen berechnen, der Variablen Max den Anfangswert null zuordnen und die Zahl der Fensterelemente aus Zeilenzahl Zh und Spaltenzahl Sh berechnen.
Zeilen 9-15: Berechnung der Quadratsummen $Q_{i,j}$ und der Mittelwerte $M_{i,j}$ nach Gl. (5.1) und (5.2)
Zeilen 16-17: Berechnung des Maximus der $Q_{i,j}$ und Normierung des maximalen Wertes auf 255 für die Darstellung.

Bedeutung der Argumente der Funktion Var():

Argument 1:   Bild G, für das die lokale Varianz berechnet werden soll.
Argumente 2 und 3:   Zeilen- und Spaltenzahl des Fensters (**beides müssen ungerade Zahlen sein**), in dem die lokale Varianz berechnet wird.

$$\text{Var}(G, Zh, Sh) := \begin{vmatrix} Q \leftarrow G \cdot 0 \\ M \leftarrow Q \\ Z \leftarrow \text{zeilen}(G) \\ S \leftarrow \text{spalten}(G) \\ z \leftarrow \dfrac{Zh - 1}{2} \\ s \leftarrow \dfrac{Sh - 1}{2} \\ \text{Max} \leftarrow 0 \end{vmatrix}$$

Listing Var(G,Zh,Sh) (Fortsetzung)

$$N \leftarrow Zh \cdot Sh$$

$\text{for } i \in z .. Z - (z + 1)$

$\quad \text{for } j \in s .. S - (s + 1)$

$\qquad \text{for } u \in 0 .. Zh - 1$

$\qquad \quad \text{for } v \in 0 .. Sh - 1$

$$Q_{i,j} \leftarrow Q_{i,j} + \left(G_{i-z+u,\, j-s+v}\right)^2$$

$$M_{i,j} \leftarrow M_{i,j} + G_{i-z+u,\, j-s+v}$$

$$Q_{i,j} \leftarrow \frac{Q_{i,j}}{N-1} - \frac{\left(M_{i,j}\right)^2}{(N-1)\cdot N}$$

$$\text{Max} \leftarrow Q_{i,j} \text{ if } Q_{i,j} > \text{Max}$$

$$Q_{i,j} \leftarrow \text{rund}\left(Q_{i,j} \cdot \frac{255}{\text{Max}}\right)$$

Q

$$V := \text{Var}(B, 5, 5)$$

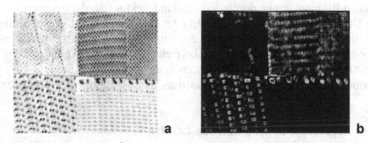

a   b

Abb. 9.20a. Urbild B, **b** mittlere quadratische Abweichung V von B mit einem 5x5-Fenster

LCM mit Kontrastauswertung
"LCM"

Eingaben:	Urbild B, Festlegung der Fenstergröße mit Zh (Zeilenzahl) und Sh (Spaltenzahl), Festlegung der Nachbarschaftsrelation mit ds und dz und Reduktion der Grauwerte um den Faktor N
Ausgaben:	Urbild B, LCM-Bild D von B

B := BILDLESEN("Textur011")

Kommentar zum Listing LCM(B,Zh,Sh,ds,dz,N):

Zeile 1-9: Initialisierung der Variablen Max und der Bildmatrizen BN und D sowie Definition der Konstanten Z, S, CR (Anzahl Zeilen der LCM), CC (Anzahl Spalten der LCM), k und m. Die letzten beiden Konstanten werden wie üblich zur Vermeidung der Bildüberschreitung benötigt.

Zeilen 10-12: Reduktion der Grauwerte des Bildes B um den Faktor N zur Beschleunigung des Algorithmus.

Zeilen 13-15: LCM mit Nullen vorbelegen.

Zeilen 16-27: Berechnung des Bildes mit Hilfe der LCM. Dazu werden im Einzelnen die folgenden Operationen durchgeführt:

Zeile 18: LCM mit Nullen vorbelegen.

Zeilen 19-23: Berechnung der LCM im Bildpunkt (i, j). Hierzu werden im Fenster (Größe ShxZh) die Grauwerte für jedes Punktepaar ((i–k+u, j–m+v)–(dz, ds)), (i–k+u, j–m+v) ermittelt, den Indizes r und c der LCM zugewiesen und das Matrixelement an dieser Stelle um eins erhöht. Die Erfüllung der Nachbarschaftsrelation zwischen den Bildpunkten ist durch den Abstandsvektor (dz, ds) gegeben.

Zeilen 24-26: Berechnung der Energie (Gl. 9.1) der LCM in (i, j). An dieser Stelle können durch einfache Modifikationen statt der Energie der Kontrast, die Entropie, die Homogenität oder die quadratische Abweichung berechnet werden.

Zeile 27: Ermittlung des Grauwertmaximums im Ergebnisbild.

Zeile 28: Normierung des Ergebnisbildes, so dass das Maximum den Grauwert 255 erhält.

Bedeutung der Argumente in der Funktion LCM():

Argument 1:	Name des Urbildes.
Argumente 2 und 3:	Anzahl Zeilen bzw. Spalten des Fensters, in dem die LCM berechnet werden soll.
Argumente 4 und 5:	Angabe der Koordinaten des Abstandsvektors für die Festlegung der Nachbarschaft. Sie werden durch die gültige Nachbarschaftsrelation bestimmt (Abschn. 9.2).
Argument 5:	Faktor N, um den die Anzahl Grauwerte im Bild reduziert werden.

$$LCM(B, Zh, Sh, ds, dz, N) :=$$

$D \leftarrow B \cdot 0$

$Z \leftarrow \text{zeilen}(B)$

$S \leftarrow \text{spalten}(B)$

$Max \leftarrow 0$

$BN \leftarrow B$

$CR \leftarrow \text{trunc}\left(\dfrac{255}{N}\right)$

$CC \leftarrow CR$

$k \leftarrow \dfrac{(Zh - 1)}{2}$

$m \leftarrow \dfrac{(Sh - 1)}{2}$

for $i \in 0..Z - 1$

    for $j \in 0..S - 1$

        $BN_{i,j} \leftarrow \text{trunc}\left(\dfrac{B_{i,j}}{N}\right)$

for $r \in 0..CR$

    for $c \in 0..CC$

        $LCM0_{r,c} \leftarrow 0$

for $i \in k + dz..Z - k - 1$

    for $j \in m + ds..S - m - 1$

        $LCM \leftarrow LCM0$

        for $u \in 0..Zh - 1$

            for $v \in 0..Sh - 1$

                $r \leftarrow BN_{i-k-dz+u, j-m-ds+v}$

                $c \leftarrow BN_{i-k+u, j-m+v}$

                $LCM_{r,c} \leftarrow LCM_{r,c} + 1$

        for $r \in 0..CR$

            for $c \in 0..CC$

                $D_{i,j} \leftarrow D_{i,j} + \left(LCM_{r,c}\right)^2$

        $Max \leftarrow D_{i,j} \text{ if } D_{i,j} > Max$

$D \cdot \dfrac{255}{Max}$

Seite III

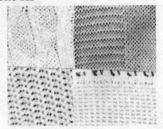 

a   b

Abb.9.21a. Bild B, **b** mit LCM berechnetes Bild D := LCM(B,9,9,1,0,32) aus B (mit Kontrast der LCM)

Fouriertransformation
"FFTFILTER"

Eingaben: Bild B, Blendenparameter Breite und Höhe
Ausgaben: Gefilterte Bilder, Urbild B

B := BILDLESEN("Textur011")

Kommentare zum Listing FFTFilter(B, Breite, Höhe, Schalt), mit dem über Fouriertransformationen eine Filterung durchgeführt wird:

Zeile 1: Berechnung der Fouriertransformation mit der Mathcad-Funktion cfft().
Zeilen 2-6: Initialisierung der Bildmatrix F1 mit F und Definition der Konstanten S, Z, Br2 und Hi2.
Zeilen 7-14: Ausfilterung der hohen Frequenzanteile im Fourierbild. Dabei ist zu beachten, dass sich die hohen Frequenzen in den Bildecken befinden. Mit den Konstanten Hi und Br werden die Filtergröße und die Filterform festgelegt.
Zeilen 15 und 16: Mit Schalt wird bestimmt, ob die Blende oder die komplementäre Blende eingesetzt wird. Für Sw = 1 ist die Blende geschlossen und die Umgebung der Blende offen, für Sw ≠ 1 ist die Blende offen und ihre Umgebung geschlossen. Sw = 1 lässt demnach die tiefen Frequenzen passieren, während im anderen Fall die hohen Frequenzen erhalten bleiben.
Zeile 17: Inverse Fouriertransformation mit der Mathcad-Funktion icfft().
Zeilen 18-22: Normierung des gefilterten Bildes IF, so dass nun das Grauwertmaximum den Wert 255 besitzt. Außerdem wird mit der Mathcad-Funktion rund() dafür Sorge getragen, dass alle Grauwerte ganze Zahlen sind.

Bedeutung der Argumente in der Funktion FFTFilter():

Argument 1:   Zu filterndes Bild B
Argumente 2 und 3:   Breite und Höhe des rechteckigen Filters in Pixel-Einheiten

Argument 4:   Schalter zur Wahl des Filtertyps.
                         Sw = 1: hohe Frequenzen werden ausgefiltert,
                         Sw ≠ 1: hohe Frequenzen bleiben erhalten.

$\text{FFTFilter}(B, Br, Hi, Sw) :=$

$\quad F \leftarrow \text{cfft}(B)$

$\quad F1 \leftarrow F$

$\quad S \leftarrow \text{spalten}(F)$

$\quad Z \leftarrow \text{zeilen}(F)$

$\quad Br2 \leftarrow \text{trunc}\left(\dfrac{Br}{2}\right)$

$\quad Hi2 \leftarrow \text{trunc}\left(\dfrac{Hi}{2}\right)$

$\quad \text{for } i \in 0..\,Z - 1$

$\quad\quad \text{for } j \in 0..\,S - 1$

$\quad\quad\quad A \leftarrow i < Hi2 \wedge j < Br2$

$\quad\quad\quad B \leftarrow i < Hi2 \wedge j > S - 1 - Br2$

$\quad\quad\quad C \leftarrow i > (Z - 1 - Hi2) \wedge j < Br2$

$\quad\quad\quad D \leftarrow i > (Z - 1 - Hi2) \wedge j > S - 1 - Br2$

$\quad\quad\quad F1_{i,j} \leftarrow 0 \text{ if } A \vee B \vee C \vee D$

$\quad\quad\quad F1_{i,j} \text{ otherwise}$

$\quad F2 \leftarrow F - F1 \text{ if } Sw = 1$

$\quad F2 \leftarrow F1 \text{ otherwise}$

$\quad IF \leftarrow \text{icfft}(F2)$

$\quad Max \leftarrow \text{Re}(\max(IF))$

$\quad \text{for } i \in 0..\,Z - 1$

$\quad\quad \text{for } j \in 0..\,S - 1$

$\quad\quad\quad IF_{i,j} \leftarrow \text{rund}\left(\dfrac{\text{Re}\left(IF_{i,j}\right)}{Max} \cdot 255\right)$

$\quad IF$

Seite III

$$Br := 100 \quad Hi := 20$$

$$FTief := FFTFilter(B, Br, Hi, 1)$$

$$FHoch := FFTFilter(B, Br, Hi, 0)$$

 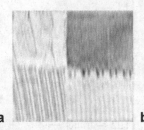 

a   b   c

Abb. 22a. Urbild B mit unterschiedlichen Texturen, **b** gefiltertes Bild FTief von B, in dem die hohen Frequenzen fehlen, **c** gefiltertes Bild FHoch von B, in dem die tiefen Frequenzen fehlen. Das verwendete Filterrechteck besitzt die Breite 100 Pixel und die Höhe 20 Pixel. Durch die ausgeprägte Spaltform des Filters ist Bild (**b**) in Zeilenrichtung (d.h. von oben nach unten) unschärfer als in Spaltenrichtung

10. Korrektur inhomogen beleuchteter Bilder - Shadingkorrektur

Wir haben uns in Kap. 8 mit der Segmentierung verschiedener Objektbereiche beschäftigt. Dabei sind wir von idealen Beleuchtungsverhältnissen ausgegangen, die wir leider nur selten in der BV vorfinden. Wenn sich die Objekte durch ihre Grauwerte vom Untergrund abheben, können sie im einfachsten Fall mit einer Schwellwertoperation segmentiert werden. In Abschn. 8.1.1 wird ein Segmentierungsverfahren beschrieben, das auf einer automatischen Histogrammauswertung basiert. Hierzu muss das Histogramm allerdings über ausgeprägte Maxima und Minima verfügen. Voraussetzung für diese Bedingung sind homogen ausgeleuchtete Bildern.

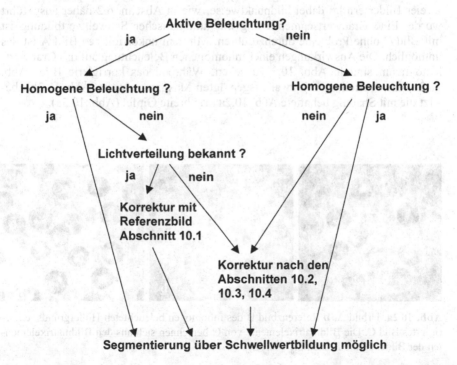

Abb. 10.1. Fallunterscheidung bei der Beleuchtung und Korrekturmöglichkeiten für eine anschließende Segmentierung über Grauwertschwellen

Was ist aber in den Fällen zu tun, wo keine gleichmäßige Bildausleuchtung vorliegt?

Einige Möglichkeiten werden wir nun kennen lernen. In dem Schema Abb. 10.1 können wir uns einen Überblick darüber verschaffen, mit welchen Beleuchtungsverhältnissen wir in der BV rechnen müssen und wie ggf. eine Korrektur vorgenommen werden kann.

10.1 Shadingkorrektur mit Referenzbildern

Die Beleuchtung können wir in vielen Anwendungen aktiv beeinflussen. Dabei werden wir versuchen, die Szene so homogen wie möglich auszuleuchten. In manchen Fällen ist dies aber nicht möglich. Dann sollten wir durch Vorversuche herausfinden, wie die Lichtverteilung beschaffen ist. Hierzu projizieren wir das Licht auf eine von sich aus unstrukturierte Fläche, nehmen die Verteilung auf und speichern sie ab (Abb. 10.2b). Das auszuwertende Bild A (Abb. 10.2a) teilen wir durch das Referenzbild B (Abb. 10.2b) und erhalten so

$$\text{Bild C} = \text{Bild A} / \text{Bild B}$$

(Abb. 10.2c) mit einem homogen ausgeleuchteten Hintergrund [1]. Die Division zweier Bilder erfolgt dabei bildpunktweise, wie in Abschn. 6.2 näher ausgeführt wurde. Eine Grauwertsegmentierung mit automatischer Schwellwertbildung ist mit Bild C ohne Probleme durchzuführen. Mit dem unkorrigierten Bild A ist das unmöglich. Die Auswirkungen einer inhomogenen Beleuchtung auf das Grauwerthistogramm sind in Abb. 10.3 zu sehen. Während das korrigierte Bild (Abb. 10.2c) eine Verteilung mit zwei ausgeprägten Maxima aufweist (Abb. 10.3b), besitzt die mit Shading behaftete Abb. 10.2a drei breite Gipfel (Abb. 10.3a).

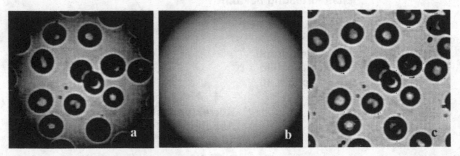

Abb. 10.2a. Urbild A, **b** Referenzbild B des inhomogen beleuchteten Hintergrunds, **c** korrigiertes Bild C. Die Bildmatrixelemente von C berechnen sich aus den Bildmatrixelementen der Bilder A und B nach $C_{i,j} = A_{i,j}/B_{i,j}$

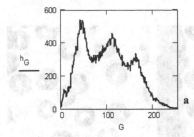 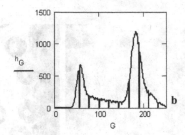

Abb. 10.3. a Histogramm von Abb. 10.2a. **b** Histogramm der korrigierten Abb. 10.2c. Durch das Shading wird aus der ursprünglich zweigipfligen Verteilung eine mit drei Maxima. Im Fall (**a**) ist eine automatische Schwellwertbildung nach Abschn. 8.1.1 nicht möglich

10.2 Shadingkorrektur durch Bildaufteilung

Oft finden wir Situationen vor, bei denen eine aktive Beleuchtung nicht in Frage kommt. Dies trifft beispielsweise auf die automatische Überwachung von Ampelanlagen zu. Je nach Tageszeit und Wetterlage wird die Verkehrsszene sehr unterschiedlich und keinesfalls homogen beleuchtet sein. Aber auch bei Röntgen- oder mikroskopischen Bildern müssen wir uns oft mit einer inhomogenen Beleuchtung abfinden.

Da ähnliche Situationen immer wieder in ganz verschiedenen Anwendungsbereichen auftreten, wollen wir ein Segmentierungsverfahren besprechen, welches unter diesen ungünstigen Bedingungen dennoch brauchbare Resultate liefert. Dabei wird von der Überlegung ausgegangen, dass ein inhomogen beleuchtetes Bild innerhalb kleiner Bereiche näherungsweise einen gleichmäßigen Hintergrund aufweist. Also teilen wir das Bild in mehrere Teilbilder auf und führen die Schwellwertoperationen für jedes Teilbild durch [1, 22]. Wir können uns in den Abb. 10.4-10.6 die Resultate dieser Prozedur anschauen. In Abb. 10.4a ist das Urbild dargestellt, das wir bereits aus Abb. 10.2 kennen.

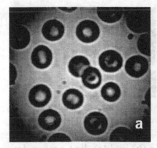 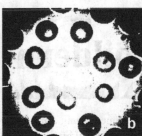 

Abb. 10.4. Segmentierung mit Schwellwertbildung in Teilbildern (Multithreshold). **a** Urbild, **b** einfaches Binärbild von (**a**), **c** separate Binarisierung in 25 quadratischen Teilbildern von (**a**)

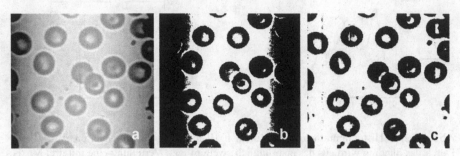

Abb. 10.5. Segmentierung mit Schwellwertbildung in Teilbildern (Multithreshold-Verfahren). **a** Urbild mit zylinderförmigem Shading, **b** Binärbild von (**a**), **c** separate Binarisierung in 10 vertikalen Streifenbildern von (**a**)

Abb. 10.4b ist ein Binärbild von Abb. 10.4a, das nach einfacher Schwellwertbildung erhalten wird. Für eine Segmentierung der roten Blutkörperchen ist dieses Bild nicht zu gebrauchen. Hierfür eignet sich schon eher Abb. 10.4c, die aus einer separaten Binarisierung von 25 quadratischen Teilbildern hervorgegangen ist. Sämtliche 25 Teilbilder wurden dabei mit der Methode der iterativen Schwellwertbildung (Abschn. 10.5) binarisiert. In dem so korrigierten Bild geben sich die 25 Teilbilder an manchen Orten durch ihre Nahtstellen zu erkennen, was in dem Fall aber nicht sehr stört. In manchen Situationen kann die Zahl der Teilbilder reduziert werden. Ein solcher Sachverhalt ist z.B. dann gegeben, wenn sich die Helligkeitsverteilung nur zu den Seiten hin ändert, wie in Abb. 10.5. Die Zylindersymmetrie der Lichtverteilung zeigt sich auch im einfachen Binärbild (Abb. 10.5b). Während der Schwellwert in der Bildmitte zu guten Segmentierungsresultaten führt, sind die beiden äußeren Bereiche schwarz und somit für eine Segmentierung unbrauchbar. Aufgrund der besonderen Symmetrie der Lichtverteilung kann das Bild in schmale, hochgestellte Teilbilder untergliedert werden, in denen die Schwellwertbildung separat vorgenommen wird. Das Ergebnis ist in Abb. 10.5c dargestellt. Es wurde aus zehn Streifenbildern berechnet.

Abb. 10.6. Probleme bei der Segmentierung mit Grauwertschwellen in Teilbildern. **a** Originalbild, **b** separate Binarisierung in 10 Streifenbildern von (**a**), **c** separate Binarisierung in 100 quadratischen Teilbildern von (**a**). Deutlich sind in (**b**) und (**c**) die Grenzen des Verfahrens erkennbar

Das Verfahren funktioniert immer dann gut, wenn in den Teilbildern Strukturen enthalten sind, mit denen eine automatische Schwellwertbildung nach Abschn. 8.1.1 möglich ist. Oft muss ein derartiges Verfahren an Bildern mit geringen Bildinhalten durchgeführt werden. Dann kann es leicht passieren, dass Teilbilder keine Strukturen beinhalten, wie dies in Abb. 10.6a der Fall ist. Bei iterativer Schwellwertbildung (Abschn. 10.5) wird in solchen Fällen die Schwelle automatisch so niedrig gesetzt, dass bereits eine Binarisierung des Hintergrunds einsetzt und zusätzliche, im Bild nicht vorhandene Strukturen erzeugt. Der gleiche Effekt tritt auch ein, wenn die Anzahl der Teilbilder zu groß gewählt wird. In diesem Fall können ebenfalls Teilbilder ohne Bildinhalte entstehen. Beispiele hierfür finden wir in Abb. 10.6b und c.

10.3 Shadingkorrektur mit Mittelwertbildern

In Abschn. 10.1 lernen wir ein Verfahren zur Shadingkorrektur mit Referenzbildern kennen, in welchem der Hintergrund gesondert aufgenommen wird. Das Verfahren, mit dem wir uns nun beschäftigen, funktioniert ähnlich. Als Referenzbild (Abb. 10.7c) verwenden wir das mit einem Mittelwertoperator geglättete Urbild (Abb. 10.7a) [40].

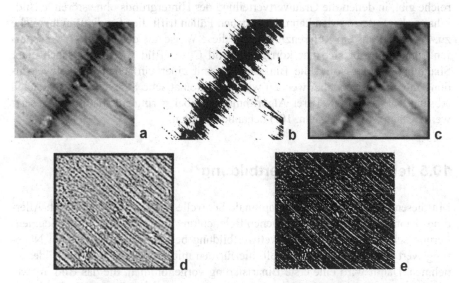

Abb. 10.7. Shadingkorrektur mit Mittelwertbildung. **a** Urbild A, **b** Bild B nach Binarisierung von Urbild A, **c** Bild C nach Mittelung von Urbild A mit einem 7x7-Operatorfenster, **d** Bild D nach Quotientenbildung von Urbild A mit Bild C, d.h. Bild D = Bild A/ Bild C. **e** Bild E nach Binarisierung von Bild D. Ein Vergleich zwischen (**b**) und (**e**) zeigt deutlich, dass sich Bilder mit feinen Strukturen sehr gut mit diesem Verfahren korrigieren lassen. Es wurde eine Kontrastverstärkung von (**a**), (**c**) und (**d**) zur besseren Darstellung durchgeführt

Dieses Verfahren lässt sich immer dann sehr gut einsetzen, wenn feine Strukturen auf einem sonst sehr inhomogenen Hintergrund liegen und nach einer Mittelwert-operation vorzugsweise der Hintergrund erhalten bleibt. Abb. 10.7a kann hierfür als Musterbeispiel dienen.

Abb. 10.7a enthält feine Schleiflinien auf einem inhomogenen Hintergrund. Eine Binarisierung führt aus diesem Grund zu keinem guten Ergebnis (Abb. 10.7b). In Abb. 10.7c ist Bild C dargestellt, das nach Mittelung von Urbild A erhalten wird. Die Fenstergröße des Mittelwertoperator beträgt 7x7. Mit der Operation Bild D = Bild A/Bild C erhalten wir Bild D mit homogenem Hintergrund, so wie wir es für eine Binarisierung mit einem einfachen Schwellwert benötigen. Schließlich sehen wir anhand Abb. 10.7e, dass eine einfache Schwellwertbildung zu einer sehr brauchbaren Binarisierung führt.

10.4 Shadingkorrektur mit Linescans

Ähnlich wie bei dem Verfahren in Abschn. 10.1 wollen wir mit einem Referenz-bild eine Korrektur des Shadings vornehmen. Hier soll das Referenzbild B aus der Grauwertverteilung entlang eines oder mehrerer günstig im Bild angeordneter Li-nescans berechnet werden. Eine Voraussetzung ist natürlich, dass es im Bild Be-reiche gibt, in denen die Grauwertverteilung des Hintergrunds ohne störende Bild-inhalte abgetastet werden kann. In manchen Fällen trifft dies für die Randbereiche zu. Wenn wir uns ein Referenzbild B auf diese Weise aus dem Urbild A verschaf-fen können, ergibt sich das korrigierte Bild C aus Bild A/ Bild B. Nach einer Shagdingkorrektur sollte die Binarisierung mit einer einfachen Schwellwertbil-dung möglich sein. Dabei wenden wir eine automatische Schwellwertsuche nach Abschn. 8.1 an. Ein weiterer Algorithmus, der bei geringem Shading eingesetzt werden kann, soll in Abschn. 10.5 behandelt werden.

10.5 Iterative Schwellwertbildung

Mit diesem Verfahren wird eine optimale Schwelle automatisch eingestellt. Aller-dings kann das bei einer inhomogenen Beleuchtung keine Lösung für die Segmen-tierung sein. Eine iterative Schwellwertbildung beginnt mit einem ersten Nähe-rungswert S_1. Dabei ist es sinnvoll, hierfür den mittleren Grauwert des Bildes zu nehmen. Damit wird eine erste Binarisierung vorgenommen, die das Bild in zwei Bereiche B_1 und B_2 aufteilt (B_1 enthält z.B. alle Grauwerte $\leq S_1$, B_2 alle Grauwerte $> S_1$). In jedem der beiden Bereiche werden die mittleren Grauwerte m_1 und m_2 bestimmt und daraus der Schwellwert in einer zweiten, besseren Näherung nach

$$S_2 = \frac{1}{2} \cdot (m_1 + m_2) \tag{10.1}$$

berechnet [22].

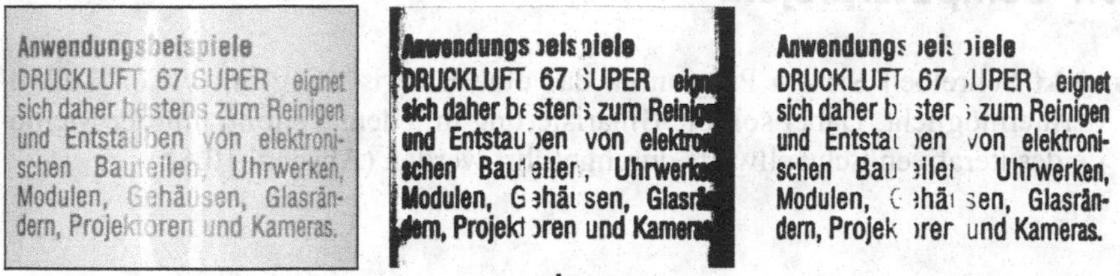

a   b   c

Abb. 10.8a. Urbild. **b** Binärbild von (**a**) nach einer Schwellwertiteration, **c** Binärbild nach 6 Iterationen. Der Schwellwert führt nach mehreren Iterationen zu eindeutig bessern Binärbildern

Mit S_2 wird erneut Bild A binarisiert, wodurch sich wieder zwei Bereiche B_1 und B_2 bilden, die aber im Allgemeinen von den ersten beiden Bereichen verschieden sind. Mit Gl. (10.1) wird erneut ein Schwellwert S_3 gebildet und so wird der Algorithmus n-mal fortgesetzt, bis sich die berechneten Schwellwerte S_n und S_{n+1} um weniger als ein vorgegebenes ε voneinander unterscheiden. Mit dem Algorithmus ist die Erwartung verbunden, dass der Schwellwert des folgenden Schrittes das Bild besser als zuvor aufteilt. Ein Beispiel ist in der Abb. 10.8 dargestellt. Abb. 10.8c wird nach sechs Iterationen erhalten und ist deutlich besser als Abb. 10.8b, das nach einer Iteration entsteht.

10.6 Aufgaben

Aufgabe 10.1. Unter welchen Voraussetzungen führt eine Shagdingkorrektur C = A/B mit dem Urbild A und dem Referenzbild B zur Beseitigung von Grauwertinhomogenitäten des Bildhintergrundes? Bem.: Referenzbild B gibt die Grauwertverteilung des Hintergrunds wieder.

Aufgabe 10.2. Ist bei einem Durchlichtbild mit nicht transparenten (opaken) Objekten (Abschn. 2.1.1 und 18.3.2) eine Shagdingkorrektur notwendig? Wie lautet Ihre Antwort, wenn die Objekte teiltransparent sind und die Feldausleuchtung ungleichmäßig ist?

Aufgabe 10.3. Wir gehen von einem Graubild G aus, das von einem stark inhomogen beleuchteten Objekt aufgenommen wurde. Demzufolge ist das Bild mit ausgeprägtem Shading behaftet, wie z.B. Abb. 10.2a. Wie wirkt sich diese ungleichmäßige Beleuchtung auf das Ableitungsbild $\partial G/\partial x$ aus?

Aufgabe 10.4. In welchen Fällen tritt Shading oder ein dem Shading ähnlicher Zustand auf, auch wenn die Beleuchtung über die ganze Szene gleichmäßig ist?

10.7 Computerprojekt

Projekt Schreiben Sie ein Programm, das eine Binarisierung mit vielen Teilbildern ermöglicht. Dabei soll die Binarisierung in jedem Teilbild mit der Methode des iterativen Schwellwerts durchgeführt werden (Abschn. 10.5).

11. Die Objektform beeinflussende Operatoren - morphologische Operatoren

Ein Resultat der Segmentierung durch Schwellwertbildung (Abschn. 8.1.1) stellen die binären Teilchen, sog. Blobs (englisch: binary large objects) dar. Oft eignen sie sich jedoch noch nicht für eine Weiterverarbeitung, weil sie Störungen, sog. Artefakte, aufweisen. Diese können darin bestehen, dass mehrere eigentlich getrennte Teilchen über Brücken miteinander verbunden sind, die Teilchen Löcher aufweisen oder aber bizarre Konturen besitzen, die keinerlei Entsprechungen in den Originalobjekten haben. Für die Korrektur dieser Fehler eignen sich spezielle Fensteroperatoren, die in der Sprache der BV Rangordnungsoperatoren oder morphologische Operatoren heißen.

Ihre Funktionsweise können wir leicht verstehen, da wir mit Fensteroperatoren bereits vertraut sind. Ein vorgegebenes Strukturelement tastet das Bild zeilenweise ab und fasst an jedem Ort (i, j) die darunter liegenden Grauwerte in Form einer geordneten Folge f zusammen, d.h. sie beginnt mit dem kleinsten Grauwert und schließt mit dem größten. So ist beispielsweise f = {5, 12, 30, 45, 50} eine geordnete Folge aus fünf Werten. Als Ergebnispixel kann je nach dem zu erzielenden Resultat der minimale (im Beispiel die 5), mittlere (die 30), maximale (die 50), etc. Grauwert genommen werden. Entsprechend bezeichnen wir die Rangordnungsoperatoren als Minimum-, Median- oder Maximumoperatoren.

Beispiele für die erwähnten Strukturelemente sind in der Abb. 11.1 dargestellt. Die jeweilige Lage des Ergebnispixels ist durch ein schwarzes Quadrat markiert. In Abschn. 11.1 wollen wir uns etwas genauer mit der Funktionsweise einzelner Operatortypen beschäftigen.

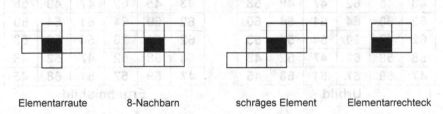

| Elementarraute | 8-Nachbarn | schräges Element | Elementarrechteck |

Abb. 11.1. Formen möglicher Strukturelemente für die Rangordnungsoperatoren

11.1 Median-Operator

Der Median-Operator (Zeichen: **med**(f)) ersetzt den Grauwert des aktuellen Pixels durch den in der Mitte liegenden Wert der geordneten Folge f. Für eine ungerade Anzahl Fensterelemente ist die Wirkung der Funktion in Abb. 11.2a und für eine gerade in Abb. 11.2b dargestellt. Aus dem Fenster des Urbildes in Abb. 11.2a erhalten wir die geordnete Folge f = {20, 42, 47, 54, $\underline{58}$, 60, 61, 62, 64}, so dass sich daraus der Median **med**(f) = 58 berechnet. Operatoren mit gerader Anzahl Fensterelemente bilden den Median aus dem arithmetischen Mittelwert der beiden in der Mitte der Folge f angeordneten Werte. So können wir aus den Fensterwerten des Urbildes in der Abb. 11.2b die geordnete Folge f = {20, $\underline{42}$, $\underline{60}$, 64} bilden, die zu dem Median **med**(f) = (42 + 60) / 2 = 51 führt (Abb. 11.2b).

Der Median-Operator ist im Gegensatz zum Mittelwert-Operator ein kantenerhaltender Glättungsfilter, der aber aufgrund seines Sortiervorganges mehr Rechenzeit in Anspruch nimmt. Er eignet sich vorzugsweise für die Unterdrückung punktförmiger Störungen. In Abb. 11.3a-d ist die Wirkung dieses Operators in Hinblick auf die Rauschunterdrückung gut zu erkennen. Selbst Abb. 11.3c mit 20% Pixelrauschen (d.h. statistisch ist jeder fünfte Bildpunkt weiß oder schwarz) wird zufriedenstellend geglättet, wie wir Abb. 11.3d entnehmen können.

Einen Vergleich zwischen Median- und Mittelwertfilterung gestattet die Bilderserie Abb. 11.4. Deutlich ist die Überlegenheit des Medianfilters zu erkennen. Dieses Urteil ändert sich auch nach Verwendung des 5x5-Operatorfensters für den Mittelwert nicht (Abb. 11.4d).

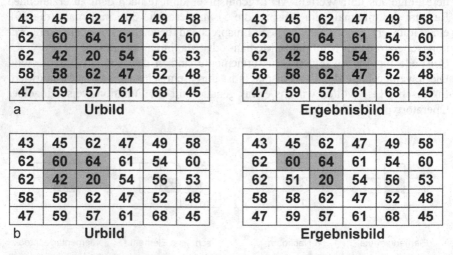

a   Urbild   Ergebnisbild

b   Urbild   Ergebnisbild

Abb. 11.2. a Das Strukturelement (im Bild dunkel hervorgehoben) besitzt eine ungerade Anzahl Elemente. Das Ergebnispixel hat den Wert 58 (hell unterlegter Bildpunkt rechts). **b** Hier besitzt das Strukturelement eine gerade Anzahl Elemente. Das Ergebnispixel unten links im Strukturelement hat den Wert (42+60)/2 = 51

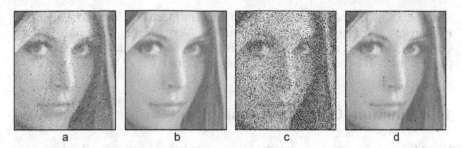

Abb. 11.3. Rauschunterdrückung mit einem 3x3-Median-Operator. **a** 2% Pixelrauschen, **b** Bild nach Glättung von (**a**), **c** 20% Pixelrauschen, **d** Bild nach Glättung von (**c**)

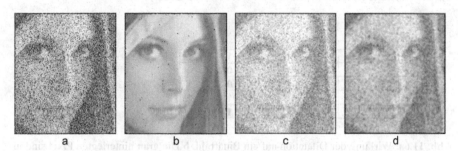

Abb. 11.4. Vergleich zwischen Median- und Mittelwertfilterung (Fenstergröße bis auf **d** 3x3). **a** Verrauschtes Originalbild (20% Pixelrauschen), **b** Bild (**a**) nach Medianoperation, **c** Bild (**a**) nach Mittelwertoperation, **d** Bild (**a**) nach Mittelwertoperation mit 5x5-Fenster. Die Überlegenheit des Medianfilters ist deutlich zu sehen

11.2 Maximum-Operator (Dilatation)

Der Maximum-Operator ersetzt den Grauwert des aktuellen Pixels durch den maximalen Wert der geordneten Folge f (Zeichen: **max**(f)). Für ein Binärbild wird demnach das Ergebnispixel auf 1 (bzw. 255) gesetzt, wenn mindestens ein Pixel im Fenster den Wert 1 (bzw. 255) besitzt (Abb. 11.5).

0	1	0	0	1	1
0	0	1	0	0	0
0	0	0	0	0	0
0	0	0	0	0	0
0	0	0	1	0	0

a

0	1	0	0	1	1
0	1	1	1	1	1
0	1	1	0	0	0
0	0	0	0	0	0
0	0	0	1	0	0

b

Abb. 11.5a. Wirkung der Dilatation auf ein Binärbild, **b** Die grau hinterlegten Pixel sind in dieser Darstellung noch nicht bearbeitet

Mit einem 3x3-Operatorfenster werden die hellen Flächen (Grauwert 1) um eine Pixelbreite ausgedehnt. Die Dilatation wird zur Vergrößerung, Glättung, Füllung kleiner Löcher oder auch zum Auffinden bestimmter Bildinhalte mit formangepassten Strukturelementen für helle Bildbereiche eingesetzt (Abb. 11.7b und c).

11.3 Minimum-Operator (Erosion)

Der Minimum-Operator ersetzt den Grauwert des aktuellen Pixels durch den kleinsten Wert der geordneten Folge f (Zeichen: min(f)). Der Wert des aktuellen Pixels wird null gesetzt, wenn ein Pixel im Operatorfenster den Wert null hat (Abb. 11.6). Alle hellen Flächen werden durch die Erosion mit einem 3x3-Fenster um die Breite eines Pixels verkleinert (Abb. 11.7d und e).

1	1	1	1	0	1
1	1	1	1	1	1
1	1	1	0	1	1
1	1	0	1	1	1
1	1	0	1	1	1

a

1	1	1	1	0	1
1	1	0	0	0	0
1	0	0	0	1	1
1	1	0	1	1	1
1	1	0	1	1	1

b

Abb. 11.6a. Wirkung der Dilatation auf ein Binärbild, **b** Die grau hinterlegten Pixel sind in dieser Darstellung noch nicht bearbeitet

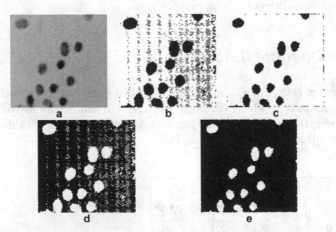

Abb. 11.7. Auswirkungen von Dilatation und Erosion. **a** Urbild, **b** Binärbild von (**a**) mit Störungen, **c** Bild (**b**) nach Dilatation mit einem 3x3-Strukturelement. Die störenden schwarzen Punkte sind überwiegend entfernt, **d** Bild (**b**) nach Invertierung, **e** Bild (**d**) nach Erosion mit einem 3x3-Strukturelement. Die störenden weißen Punkte sind eliminiert. Bild (**e**) entspricht dem invertierten Bild (**c**) [6]

Ganz allgemein wird die Erosion zur Schrumpfung, Glättung, Beseitigung kleiner heller Teilchen oder auch zum Auffinden bestimmter Bildinhalte mit formangepassten Strukturelementen eingesetzt. In Kap. 12 und speziell in Abschn. 12.2 wird das Thema Objektsuche mit morphologischen Operatoren wieder aufgegriffen. Die dort besprochenen Arbeitsblätter beinhaltet ein Beispiel, wie mit einem hakenförmigen Strukturelement Bildinhalte gesucht werden. Das Verfahren funktioniert auch dann noch, wenn sich Strukturelement und Objekt in ihrer Form etwas voneinander unterscheiden.

11.4 Gradient in und Gradient out

In Zusammenhang mit den beiden Grundformen morphologischer Operatoren sind die daraus abgeleiteten Operatoren „Gradient in" und „Gradient out" zu erwähnen. In Abschn. 8.2.4 werden sie für die Kontursegmentierung binarisierter Teilchenbilder eingesetzt und hinterlassen ca. ein Pixel breite Konturen (Abb. 8.5). Ihre Funktionsweise machen wir uns anhand weißer Teilchen auf schwarzem Hintergrund (Abb. 8.5) klar: Beim „Gradient out" wird das Binärbild A (Abb. 8.5a) mit einem 3x3-Strukturelement dilatiert, so dass das Resultat Bild D Teilchen enthält, deren Ausdehnung um eine Pixelbreite zugenommen hat. Anschließend subtrahieren wir das Originalbild A vom dilatierte Bild D. Es entsteht das „Gradient out" Bild (Abb. 8.5c)

$$Gout = D{-}A.$$

Beim „Gradient in" wird das Binärbild A mit einem 3x3-Strukturelement erodiert. So erhalten wir Teilchen in Bild E, die um eine Pixelbreite geschrumpft sind. Danach subtrahieren wir das erodierte Bild E vom Urbild A. Auf diese Weise erhalten wir das „Gradient in" Bild (Abb. 8.5b)

$$Gin = A{-}E.$$

Für Erosion und Dilatation können nützliche Rechenregeln aufgestellt werden, die bei der Entwicklung von Algorithmen hilfreich sind [1, 22]. Eine häufig gebrauchte Regel ist erwähnenswert. Wir können eine Erosion von Bild A auch dadurch erreichen, dass wir zunächst A invertieren, dann eine Dilatation darauf anwenden und das Ergebnis erneut invertieren (siehe Abb. 11.7). Das mit Dilatation (Erosion) bearbeitete Bild wird durch die Erosion (Dilatation) nicht wieder genau in den ursprünglichen Zustand versetzt. Einzelne isolierte Pixel oder kleine Bereiche werden entfernt und können deshalb durch die „Umkehroperation" nicht wieder hergestellt werden. Diese Eigenschaft verwenden wir bei der nacheinander ablaufenden Anwendung von Erosion und Dilatation, bzw. Dilatation und Erosion. Im zuerst genannten Fall sprechen wir von Opening und im zweiten von Closing (Abschn. 11.6 und 11.7).

In Abschn. 11.5 gehen wir näher auf die Arbeitsblätter „Dilatation" ein.

11.5 Arbeitsblätter „Dilatation"

Auf diesen Arbeitsblättern ist der Algorithmus für die Funktion Dilatation() aufgelistet. Mit h wird das Strukturelement festgelegt. Seine Form kann durch entsprechende Einträge mit Nullen oder Einsen bestimmt werden. Mit Nullen versehene Elemente werden nicht berücksichtigt. Die eigentliche Dilatation erfolgt im Programm Dilatation(B,h). Mit den äußeren FOR-Schleifen wird der zu berechnende Bildpunkt (i, j) spaltenweise über das Bild verschoben. In den inneren FOR-Schleifen wird mit dem Vergleichsoperator „>" der maximale Grauwert unter dem Fenster ermittelt. Ausgegeben werden das bearbeitete Bild C (Abb. 11.17b) und zum Vergleich Urbild B (Abb. 11.17a). Aus der Funktion Dilatation(B,h) erhalten wir die Funktion Erosion(B,h), indem die Werte der Hilfsbildmatrixelemente $E_{i,j}$ mit 255 vorbelegt werden und der „>"-Operator durch den „<"-Operator ersetzt wird. Allerdings muss zuvor mit einer Abfrage jedes Fensterelements $h_{u,v}$ sichergestellt werden, dass es den Wert eins besitzt.

11.6 Closing

Beim Closing werden eine Dilatation gefolgt von einer Erosion ausgeführt. Durch seine Wirkung werden kleine, nicht zusammenhängende helle Bildbereiche geschlossen (Abb. 11.8). Leider wachsen aber auch zuvor getrennte helle Teilchen zusammen.

11.7 Opening

Von Opening sprechen wir, wenn nach einer Erosion eine Dilatation ausgeführt wird. Diese Kombination dient zum Trennen von Teilchen, die mit Brücken untereinander verbunden sind (Abb. 11.9). Leider wachsen damit auch kleine Löcher.

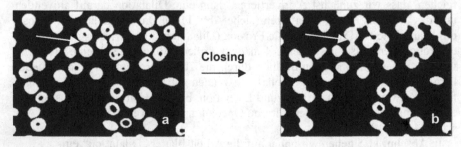

Abb. 11.8a. Urbild A, **b** Resultat der Operation Closing an A. Kleine schwarze Löcher sind beseitigt, aber es sind auch Brücken entstanden (siehe weiße Pfeile)

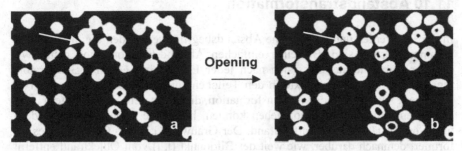

Abb. 11.9a. Urbild A, **b** Resultat der Operation Opening an A. Schwarze Löcher wachsen, aber die weißen Brücken sind entfernt (siehe weiße Pfeile)

11.8 Grauwertdilatation und -erosion

Die eben beschriebenen Operatoren lassen sich sinngemäß auf Graubilder übertragen [6]. Die geordneten Folgen bestehen dann nicht mehr nur aus Nullen und Einsen, sondern können alle Grauwerte von null bis 255 enthalten. Bei der Dilatation schrumpfen dunkle Bereiche auf einem hellen Hintergrund, während die Erosion helle Bereiche auf dunklem Hintergrund ausdünnt. Die Bedeutung dieser Operatoren ist allerdings für Binärbilder größer als für Graubilder. Anwendungen liegen

☐ in der Beseitigung kleinerer heller oder dunkler Bereiche vor dunklem bzw. hellem Hintergrund
☐ in der Auftrennung von Brücken zwischen dunklen oder hellen Gebieten, etwa zur Teilchengrößenbestimmung oder zum Zählen von Partikeln
☐ im Aufspüren eines bestimmten, bekannten Bildanteils mit einem Strukturelement, das der Form des Bildanteils angepasst ist.

Bildbeispiele finden sich in den Arbeitsblättern „Erosion".

11.9 Arbeitsblätter „Erosion"

Auf den Arbeitsblättern ist der Algorithmus für eine Erosion von Graubildern dargestellt. Da sich diese Arbeitsblätter nicht wesentlich von denen zur Dilatation (Abschn. 11.5) unterscheiden, brauchen wir nicht auf weitere Einzelheiten einzugehen. Das auf den Arbeitsblättern verwendete Bild beinhaltet viele helle Teilchen mit unterschiedlichen Größen. Wir erhalten näherungsweise eine Größenverteilung , indem mit einer mehrfach hintereinander angewendeten Grauwerterosion die Teilchen eliminiert werden und der jeweils verbleibende Rest gezählt wird [35]. Siehe hierzu die Aufgabe in Abschn. 11.12.

11.10 Abstandstransformation

In der BV werden unterschiedliche Abstandsbegriffe verwendet, die in Gl. (11.1) zusammengestellt sind. Bei einer einfachen Abstandstransformation gehen wir von der Annahme aus, dass sich nach jeder Erosion mit einem 3x3-Operatorfenster der Abstand der Punkte in den Teilchen zum Teilchenrand um ein Pixel verringert. Als Resultat dieser Transformation, die wir in den Arbeitsblättern „Abstandstransformation" nachvollziehen können, haben die Grauwerte die Bedeutung von Abständen zum Partikelrand. Der Grauwert $G_{i,j}$ eines Objektpunktes informiert demnach darüber, wie weit der Bildpunkt (i, j) vom Objektrand entfernt ist. Ein Beispiel für ein abstandstransformiertes Bild B ist in Abb. 11.10b dargestellt, das aus dem Binärbild A (Abb. 11.10a) hervorgegangen ist. Für eine bessere Visualisierung des Transformationsergebnisses wird es in Abb. 11.10c als Grauwertgebirge gezeigt. Wie in [35] sehr schön dargestellt ist, wird die Abstandstransformation z.B. für das Aufspüren von Korngrenzen an Schliffbildern eingesetzt. Es lassen sich damit auch die Teilchenabstände von Begrenzungslinien ermitteln oder ortsabhängige Breitenbestimmung an Teilchen durchführen. Im letzt genannten Fall entspricht die Kammhöhe des Grauwertgebirges der halben Teilchenbreite an dieser Stelle (Abb. 11.11b). Die Segmentierung der Kammhöhe wird schrittweise wie folgt durchgeführt:

1. Berechnung des Gradientenbetrags GB (Abschn.7.3) aus dem Abstandsbild B (in unserem Beispiel Abb. 11.10b)
2. Binarisierung von GB mit einer geeigneten Schwelle. Es resultiert Bild BE (im Beispiel entsteht so Abb. 11.11a)
3. Übernahme der Bildpunkte $B_{i,j}$ für das Kammbild K (Abb. 11.11b), wenn die Bedingung $B_{i,j} \neq 0 \wedge BE_{i,j} = 0$ wahr ist.

Wir nutzen im 1. Schritt die Eigenschaft, dass der Gradientenbetrag GB entlang des Gebirgskamms meist klein ist. Die für die Schritte 1. bis 3. benötigten Algorithmen werden in den Arbeitsblättern „Abstandstransformation" und „Teilchenbreite" angewendet.

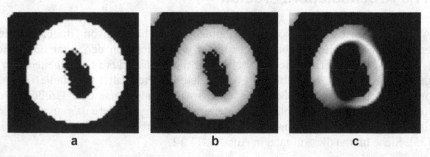

a   b   c

Abb. 11.10. Darstellungen zur Abstandstransformation. **a** Binärbild A eines Teilchens, **b** Das abstandstransformierte Bild B, **c** Relief-Darstellung von (**b**)

 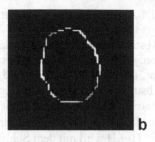

Abb. 11.11a. Maske für die Segmentierung der Kammlinie in Abb. 11.10.b, **b** Bild der Kammlinie mit den Grauwerten als Breiteninformation (vom Rand zum Loch)

Ein der Abstandstransformation ähnlicher Algorithmus wird für die Berechnung von Skelettbildern eingesetzt, der in Abschn. 11.11 beschrieben wird. Für die Behandlung des Themas spielt der Begriff des Abstands d(p,q) zweier Bildpunkte p und q naturgemäß eine wichtige Rolle. Seien p, q und r drei beliebige Bildpunkte, dann muss für jedes Abstandsmaß d(p,q) gelten:

1. $d(p,q) \geq 0$ und $d(p,q) = 0$ wenn $p = q$
2. $d(p,q) = d(q,p)$ (11.1)
3. $d(p,r) \leq d(p,q)+d(q,r)$.

Konkret werden in der BV die drei folgenden Abstandsdefinitionen eingesetzt, die in Abb. 11.12 dargestellt sind.

1. Euklidischer Abstand $d_E((i_1,j_1),(i_2,j_2)) = \sqrt{(i_1-i_2)^2 + (j_1-j_2)^2}$
2. City-Block Abstand $d_C((i_1,j_1),(i_2,j_2)) = |i_1-i_2|+|j_1-j_2|$ (11.2)
3. Chessboard Abstand $d_{Chess}((i_1,j_1),(i_2,j_2)) = \max(|i_1-i_2|,|j_1-j_2|)$

Von allen drei Varianten ist das uns vertrauteste, euklidische Abstandsmaß am rechenintensivsten. Daher wurden andere Abstandsdefinitionen in der BV eingeführt. Die Arbeitsblätter „Anstandstransformation" enthalten einen einfachen Algorithmus zu diesem Thema. Das dabei verwendete Abstandsmaß entspricht dem Chessboard Abstand.

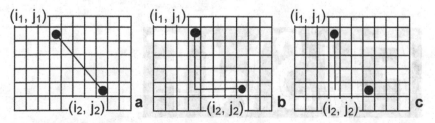

Abb. 11.12. Darstellung der unterschiedlichen Abstandsdefinitionen aus Gl. (11.2). **a** Euklidischer Abstand, **b** City-Block Abstand, **c** Chessboard Abstand

11.10.1 Arbeitsblätter „Abstandstransformation"

Die Abstandstransformation Abstand(B,qmax,h) basiert auf dem Unterprogramm Erosion(). Nach Initialisierung der Bildmatrizen A, H und DIFF mit der Nullmatrix bzw. mit dem Binärbild B wird eine WHILE-Schleife so lange durchlaufen, bis der Abstandszähler q den Endwert qmax erreicht hat, oder die Matrix DIFF die Nullmatrix darstellt. Nach n-fachem Durchlauf der WHILE-Schleife bedeuten H das (n–1)-mal und EH das n-mal erodierte Bild von B. Die Differenzmatrix DIFF = H–EH wird mit dem Schleifenzähler q multipliziert und zum Ergebnisbild A addiert. Auf diese Weise entstehen um jedes Teilchen von außen nach innen Konturen der Breite 1 Pixel, die q als Grauwert und damit auch als Abstandsinformation enthalten.

11.11 Skelettierung von Binärbildern

Die Skelettierung ermöglicht eine Reduktion der Objekte auf ein nur ein Pixel breites formbeschreibendes Gerüst (siehe Beispiel in Abb. 11.13). An den Algorithmus sind einige Forderungen zu stellen, damit das Resultat für eine Weiterverarbeitung geeignet ist:

1. Linienbreite soll ein Pixel betragen
2. Skelettform muss der des Objektes entsprechen
3. Linien sollen etwa in der Objektmitte verlaufen
4. dicke Objekte sollen wenig Skelettäste hervorrufen
5. Algorithmen sollen schnell konvergieren und schon nach wenigen Schritten gute Resultate liefern.

Für die Ermittlung von Skelettbildern sind eine Vielzahl von Algorithmen vorgestellt worden [1, 26, 34], von denen hier nur zwei diskutiert werden. Mit der Abstandstransformation (Abschn. 11.10) ist uns ein Weg für die Skelettberechnung gewiesen. Da die Kammlinien des Grauwertgebirges Skelettlinien darstellen, hilft der Operator „Gradientenbetrag" bei der Berechnung. Der Ablauf entspricht genau dem auf dem Arbeitsblatt „Teilchenbreite", lediglich ist die mit unterschiedlichen Grauwerten besetzte Skelettlinie durch eine mit einem einheitlichen Grauwert 255 auszutauschen.

Abb. 11.13. Buchstaben mit Skelettlinien (berechnet mit den Arbeitsblättern „Skelettierung von Binärbildern)

Viele Skelettierungsverfahren beruhen auf der Nachbarschaftsanalyse mit mehreren Strukturelementen. So auch das auf den Arbeitsblättern „Skelettierung von Binärbildern", das im Abschn. 11.11.1 näher beschrieben wird und die Kriterien 1. bis 5. gut erfüllt. Leider ist die Rechnung sehr zeitaufwendig. In [1, 26, 35] werden weitere Vorschläge zu diesem Thema gemacht, oder es wird dort auf weiterführende Literatur verwiesen.

Typische Anwendungen dieses Verfahrens sind in der Zeichenerkennung, Teilchenanalyse (z.B. Chromosomenanalyse) oder in der Verdünnung von Gradientenbildern für die Kontursegmentierung zu sehen. In Abb. 11.14 ist ein Teilchen mit überlagertem Skelett dargestellt. Es ist durch 5 Enden, 5 Knoten, 5 Zweige, 4 Verbindungslinien sowie eine Schleife charakterisiert. Diese Merkmale lassen sich mit der sog. „Alles oder Nichts" Transformation (englisch: hit-or-miss transformation) aufspüren [1, 25] und haben die vorteilhafte Eigenschaft, von der Objektlage unabhängig zu sein. Allerdings muss die Form des Teilchens eine Repräsentation durch sein Skelett zulassen. Dies ist beispielsweise bei Zeichen oder bestimmten, langgestreckten Partikeln der Fall, weniger jedoch bei solchen, die eine eher kompakte Gestalt aufweisen. Kommerzielle Bildverarbeitungsprogramme beinhalten meist auf Rechengeschwindigkeit hin optimierte Funktionen für die Skelettierung, die viele störende Äste (auch als Barten bezeichnet) erzeugen. Oft lassen sie sich mit speziell ausgewählten Strukturelementen durch Erosion bzw. Dilatation beseitigen. Bei manchen Verfahren erfolgt die Beseitigung der störenden Linien durch Abtrag von den Endpunkten her [25]. Dieser Vorgang ist unter Entbartung bekannt. In Abb.11.15a ist der unbearbeitete Buchstabe g zu sehen. In Abb. 11.15b wurde eine M-Skelettierung und in Abb. 11.15c eine L-Skelettierung vorgenommen, wobei M und L für die Form der verwendeten Strukturelemente stehen.

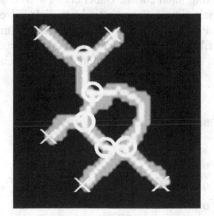

Abb. 11.14. Teilchen mit Überlagerung seines Skeletts und Markierung verschiedener Skelettelemente. O Knoten, × Ende, O—× Zweig, O—O Verbindung

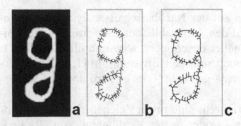

Abb. 11.15. a Unbearbeiteter Buchstabe, **b** Skelettierung mit M-förmigem Strukturelement, **c** Skelettierung mit L-förmigem Strukturelement

11.11.1 Arbeitsblätter „Skelettierung von Binärbildern"

Der Algorithmus basiert auf der Nachbarschaftsanalyse mit 8 unterschiedlichen Strukturelementen N1, N2, etc. , die in der Tabelle 11.1 aufgeführt sind. Die Mitte liegt dabei über dem zu untersuchenden Pixel (i, j), das entweder als Skelett-Pixel erhalten bleibt oder aber getilgt werden muss. Immer dann, wenn die Umgebung mindestens einem von zwei Strukturelement-Paaren N1, N2 oder S1, S2 oder W1, W2 oder O1, O2 entspricht, ist das Pixel zu tilgen, d.h. sein Grauwert am Ort (i, j) auf null zu setzen. In den Strukturelementen befinden sich auch mit b markierte Punkte, die im Bild die Werte 0 oder 1 (bzw. 255) haben dürfen. Damit dies berücksichtigt werden kann, werden programmtechnisch Bitmasken MN1, MN2, MS1, MS2, MW1, MW2, MO1, und MO2 erstellt. Sie weisen genau dort Nullen auf, wo der Eintrag beliebig sein darf.

Für eine schnelle Indizierung zählen wir im Fenster spiralförmig von der Fenstermitte (z = 0 bis z = 8) in Linksrichtung nach außen. Dabei ergibt sich das in Abb. 11.16 dargestellte Zählschema. Nach diesem Schema sind beispielsweise die Elemente von N1 in einem String der Form n1 := „1b000bb11" abgelegt. Im Programm werden die mit b bezeichneten Elemente ebenfalls mit null angegeben, weil mit Hilfe der Masken MN1, MN2 etc. auch die Bildpunkte an diesen Stellen null gesetzt werden.

Tabelle 11.1. Strukturelemente für die Skelettierung

N1			S1			W1			O1		
0	0	0	1	1	b	0	b	1	b	b	0
b	1	b	b	1	b	0	1	1	1	1	0
b	1	1	0	0	0	0	b	b	1	b	0
N2			S2			W2			O2		
b	0	0	b	1	b	0	0	b	b	1	b
1	1	0	0	1	1	0	1	1	1	1	0
b	1	b	0	0	b	b	1	b	b	0	0

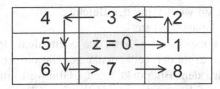

Abb. 11.16. Reihenfolge der durch Indizierung mit den Listen u und v erreichten Nachbarbildpunkten (i, j)

Die Indizierung der Fenster- und Bildpunkte erfolgt mit Tabellen u und v. Die Programmschritte lauten für den Skelettierungsalgorithmus wie folgt:

Nach Initialisierung der Matrizen Balt, Bneu mit der Bildmatrix B sowie den Schleifenindizes pass und stopp wird eine WHILE-Schleife so lange durchlaufen, bis die Abbruchbedingung stopp = 4 erfüllt ist. Dies ist genau dann der Fall, wenn bei allen vier Subzyklen pass = 0 bis 3 keine Pixeltilgung in Bneu mehr durchgeführt wird (Abbruchbedingung). In den jeweils vier Subzyklen pass = 0 bis 3 wird zunächst „steuer" gleich null gesetzt und dann die Bildmatrix Balt mit den beiden FOR-Schleifen für i und j spaltenförmig durchlaufen. Dabei wird zunächst geprüft, ob der Bildpunkt $Balt_{i,j}$ den Grauwert null besitzt. Ist dies der Fall, wird dem Bildpunkt $Bneu_{i,j}$ ebenfalls der Wert null zugewiesen, sonst erfolgt eine Überprüfung der Nachbarschaft von $Balt_{i,j}$ mit den Strukturelementen N1, N2, ..., O2 (Tabelle 11.1).

Zunächst wird die Umgebung wie oben beschrieben mit z = 0 bis 8 spiralförmig durchlaufen. Hierfür werden Vektoren M1, M2, bis M8 berechnet, die die Informationen über die maskierten Umgebungen von $Balt_{i,j}$ enthalten (Maskierung wird mit MN1, MN2 bis MO2 durchgeführt). Für die sich anschließenden Vergleichsoperationen erfolgt ihre Umwandlung mit der Funktion vekinzf() in Zeichenketten. Der Programmiersprache spezifisch, müssen hierfür die Elemente in M1 bis M8 mit 48 addiert werden, damit die Zahlen 0 und 1 in den ASCII-Code übersetzt werden (0 und 1 entsprechen 48 bzw. 49 im ASCII-Code).

Nun lassen sich also die Vektoren M1 bis M8 in Zeichenketten m1 bis m8 umwandeln und mit den Zeichenketten n1, n2, etc.vergleichen. Dann werden die Zeichenketten zu einer langen Kette „bildkette" mit der Funktion

verkett(m1,m2,....m8)

zusammengesetzt. Bereits zu Beginn der Arbeitsblätter wird auf die gleiche Weise die Kette „strukturkette" gebildet. Mit diesen Vorbereitungen wird nun überprüft, ob die Umgebung des Bildpunktes (i, j) jeweils mindestens einem von zwei Strukturelementen N1, N2 oder S1, S2 oder W1, W2 oder O1, O2 entspricht. Im Programm werden diese Abfragen mit den Hilfsvariablen V1 bis V4 durchgeführt, wobei die entscheidenden Programmzeilen lauten:

$$
\begin{array}{l}
\text{if } V1 = V2 \vee V3 = V4 \\
\quad Bneu_{i,j} \leftarrow 0 \\
\quad steuer \leftarrow 1 \qquad \text{etc.}
\end{array} \qquad (11.3)
$$

Die zu vergleichenden Kettenteile V1 bis V4 werden mit den Befehlen

subzf(bildkette, 2·pass·9, 9) etc.

ausgewählt. Der erste Eintrag in subzf() entspricht der Kette, der zweite dem Ort des ersten Elements der Teilkette und der dritte der Teilkettenlänge. Hat die Abfrage in Gl. (11.3) den Wert „wahr", wird dem Bildpunkt $Bneu_{i,j}$ Grauwert null zugewiesen und der Parameter „steuer" auf 1 gesetzt, andernfalls nimmt $Bneu_{i,j}$ den Wert von $Balt_{i,j}$ an und „steuer" wird null. Nachdem die vier Subzyklen (pass = 0 bis 3) durchlaufen sind, wird Balt durch Bneu ersetzt, die Bedingung stopp < 4 überprüft und ggf. mit den vier Durchläufen pass = 0 bis 3 erneut begonnen.

11.12 Aufgabe

Aufgabe Wir gehen von einem kreisförmigen Strukturelement h mit Radius n Pixel aus und führen bis zu 7 Erosionen an einem Bild mit vielen unterschiedlichen kreisförmigen hellen Teilchen durch. Nach jeder Erosion wird die verbleibende Teilchenzahl ermittelt. Dabei erhalten wir das in Tabelle 11.2 aufgelistete Ergebnis. Ermitteln Sie daraus die empirische Verteilungsfunktion H_A, die dem kumulierten Histogramm für die Teilchenflächen A entspricht (Abschn. 5.2.1).

11.13 Computerprojekte

Projekt 11.1. Zeichnen Sie mit einem Zeichenprogramm (z.B. Paint) einfache Objekte, wie beispielsweise Rechteck, Kreis, Ellipse sowie daraus zusammengesetzte Figuren und wenden Sie darauf eine Abstandstransformation an. Führen Sie danach mit dem Gradientenbetrag eine Skelettierung durch.

Projekt 11.2. Schreiben Sie ein Programm für einen allgemeinen Rangordnungsoperator. Er soll sich dadurch auszeichnen, dass der Rang des Grauwerts innerhalb der geordneten Folge f beliebig ausgewählt werden kann.

Projekt 11.3. Schreiben Sie ein Programm, das an einem Skelettbild die Knoten und Enden findet.

Projekt 11.4. Erweitern Sie das Programm von Projekt 11.3 so, dass an einem Skelett Zweige und Verbindungslinien erkannt und markiert werden.

Projekt 11.5. Verrauschen Sie künstlich ein Bild mit der Random-Funktion rnd() und glätten Sie es danach mit einem 3x3-Medianoperator und einem 3x3-Mittelwertfilter. Vergleichen Sie die Ergebnisse.

Tabelle 11.2. Ergebnistabelle zur Aufgabe

Erosion	0	1	2	3	4	5	6	7
Teilchenzahl	200	99	73	42	28	14	5	0

11.14 Arbeitsblätter

Dilatation
"Dilatation von Binärbildern"

Eingaben: Binärbild B, Strukturelement h
Ausgeben: Binärbild B, dilatiertes Bild D

B := BMPLESEN("E:\Mathcad8\Samples\Bildverarbeitung\11_Binärbild.bmp')

Strukturelement h für die Dilatation vorgeben:

$$h := \begin{pmatrix} 0 & 1 & 0 \\ 1 & 1 & 1 \\ 0 & 1 & 0 \end{pmatrix}$$

Kommentar zum Listing Dilatation(B):
Zeilen 1-7: Initialisierung von D mit B und Definition der Konstanten.
Zeilen 8-9: Spaltenförmige Verschiebung der Bildpunktkoordinaten (i, j) mit den beiden äußeren FOR-Schleifen.
Zeilen 10-13: Bestimmung des Maximums unter dem Strukturelement h. Es besteht aus den Einsen im Operatorfenster, die in unserem Beispiel die Form eines Kreuzes haben.

Bedeutung der Argumente in der Funktion Dilatation():

Argument 1: Urbild B
Argument 2: Strukturelement h, mit dem B dilatiert werden soll.

$$\text{Dilatation}(B, h) := \begin{vmatrix} D \leftarrow B \\ SB \leftarrow \text{spalten}(B) \\ ZB \leftarrow \text{zeilen}(B) \\ Sh \leftarrow \text{spalten}(h) \\ Zh \leftarrow \text{zeilen}(h) \\ k \leftarrow \dfrac{(Sh-1)}{2} \\ m \leftarrow \dfrac{(Zh-1)}{2} \\ \text{for } j \in k..\, SB-(k+1) \\ \quad \text{for } i \in m..\, ZB-(m+1) \end{vmatrix}$$

Seite II

Listing Dilatation(B, h) (Fortsetzung)

$$\begin{array}{l} \text{for} \quad u \in 0..\,Sh-1 \\ \quad \text{for} \quad v \in 0..\,Zh-1 \\ \qquad K \leftarrow B_{i+m-v,\,j+k-u} \cdot h_{v,\,u} \\ \qquad D_{i,\,j} \leftarrow K \quad \text{if} \quad K > D_{i,\,j} \\ \quad D \end{array}$$

$$C := Dilatation(B, h)$$

a   b

Abb. 11.17a. Urbild B, **b** dilatiertes Bild C von B mit dem Strukturelement h

Erosion
"Erosion"

Eingaben: Graubild B, Strukturelement h
Ausgeben: Graubild B, erodierte Bilder C, D und F

B := BMPLESEN("E:\Mathcad8\Samples\Bildverarbeitung\11_Teilchen2.bmp")

Strukturelement h für die Erosion vorgeben:

Die Form des Strukturelements ist durch die Anordnung der Einsen in h vorgegeben. In unserem Beispiel ist es eine Raute.

$$h := \begin{pmatrix} 0 & 0 & 1 & 0 & 0 \\ 0 & 1 & 1 & 1 & 0 \\ 1 & 1 & 1 & 1 & 1 \\ 0 & 1 & 1 & 1 & 0 \\ 0 & 0 & 1 & 0 & 0 \end{pmatrix}$$

Seite II

Kommentar zum Listing Erosion(B):

Zeilen 1-6: Definition der Konstanten.

Zeilen 7-8: Spaltenweise Verschiebung der Bildkoordinaten (i, j) mit den beiden äußeren FOR-Schleifen.

Zeile 9: Ergebnispixel $E_{i,j}$ mit Grauwert 255 vorbelegen.

Zeilen 10-15: Minimumsuche innerhalb des Strukturelementes mit den inneren FOR-Schleifen. Durch die IF-Abfrage wird erreicht, dass nur unterhalb der Einsen im Operatorfenster nach dem Minimum gesucht wird.

Bedeutung der Argumente in der Funktion Erosion():

Argument 1: Urbild B

Argument 2: Strukturelement h, mit dem B erodiert werden soll.

$$
\text{Erosion}(B, h) := \left|
\begin{aligned}
& SB \leftarrow \text{spalten}(B) \\
& ZB \leftarrow \text{zeilen}(B) \\
& Sh \leftarrow \text{spalten}(h) \\
& Zh \leftarrow \text{zeilen}(h) \\
& k \leftarrow \frac{(Sh - 1)}{2} \\
& m \leftarrow \frac{(Zh - 1)}{2} \\
& \text{for } j \in k..\, SB - (k + 1) \\
& \quad \text{for } i \in m..\, ZB - (m + 1) \\
& \qquad E_{i,j} \leftarrow 255 \\
& \qquad \text{for } u \in 0..\, Sh - 1 \\
& \qquad\quad \text{for } v \in 0..\, Zh - 1 \\
& \qquad\qquad \text{if } h_{u,v} = 1 \\
& \qquad\qquad\quad K \leftarrow B_{i-k+u,\, j-m+v} \cdot h_{u,v} \\
& \qquad\qquad\quad E_{i,j} \leftarrow K \text{ if } K < E_{i,j} \\
& E
\end{aligned}
\right.
$$

C:= Erosion(B, h)   D:= Erosion(C, h)   E:= Erosion(D, h)

Seite III

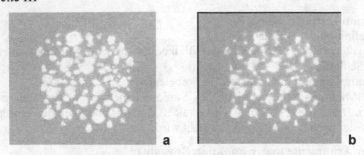

a   b

Abb. 11.18a. Urbild B, **b** einmal erodiertes Bild C von Urbild B

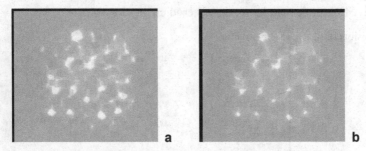

a   b

Abb. 11.19a. Zweifach erodiertes Urbild B, **b** dreifach erodiertes Urbild B

Abstandstransformation
"Abstandstransformation"

Eingabe: Binärbild B, maximaler zu berechnender Abstand qmax, Struk-
                  turelement h
Ausgaben: Binärbild B, abstandstransformiertes Bild D von B

Datei für Bild B angeben:

$$Bild := \text{"11\_Figur02"}$$

Mit dem Befehl verkett() werden zwei Zeichenketten miteinander verkettet.

$$Datei := verkett(\text{"E:\textbackslash Mathcad8\textbackslash Samples\textbackslash Bildverarbeitung\textbackslash "}, Bild)$$

$$B := BMPLESEN(Datei)$$

Seite II

Strukturelement h vorgeben:

$$h := \begin{pmatrix} 0 & 1 & 0 \\ 1 & 1 & 1 \\ 0 & 1 & 0 \end{pmatrix}$$

Kommentar zum Listing Abstand(B,k,h):

Zeilen 1-5: Binärbildpunkte in B auf Grauwert eins oder null setzen, Bildmatrix A mit Nullen vorbelegen, Bildmatrizen H und DIFF mit Urbild B initialisieren, Abstandszähler q mit eins initialisieren.

Zeile 6: Beginn der WHILE-Schleife. Sie wird abgebrochen, wenn der Abstandszähler q den Maximalwert qmax erreicht hat, und im Bild DIFF alle Bildpunkte Grauwert null haben.

Zeilen 7-11: Hilfsbildmatrix H mit dem Strukturelement h erodieren, es entsteht das Bild EH (die Funktion Erosion() ist in den Arbeitsblättern „Erosion" (s.o.) beschrieben). Der Bildmatrix DIFF Bild H–EH zuweisen. DIFF enthält die Kontur von H (siehe Gradient out in Abschn. 8.2.4). Die von null verschiedenen Bildpunkte in DIFF werden in Zeile 9 mit dem Abstandsgrauwert q versehen, zu A addiert und A mit dem Ergebnis aktualisiert.

Zeile 10: Aktualisierung der Hilfsbildmatrix H mit EH.

Ziele 11: Abstandszähler um eins inkrementieren.

Bedeutung der Argumente in der Funktion Abstand():

Argument 1: Urbild B
Argument 2: Maximalwert qmax für den Abstandszähler q
Argument 3: Strukturelement h

$$\text{Abstand } (B, qmax, h) := \begin{vmatrix} B \leftarrow \dfrac{B}{255} \\ A \leftarrow B \cdot 0 \\ H \leftarrow B \\ DIFF \leftarrow B \\ q \leftarrow 1 \\ \text{while } q < qmax + 1 \wedge \max(DIFF) > 0 \\ \quad \begin{vmatrix} EH \leftarrow Erosion(H, h) \\ DIFF \leftarrow H - EH \\ A \leftarrow DIFF \cdot q + A \\ H \leftarrow EH \\ q \leftarrow q + 1 \end{vmatrix} \\ A \end{vmatrix}$$

Seite III

$$D := Abstand\ (B, 15, h)$$

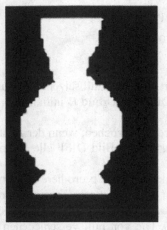

a   b

Abb. 11.20a. Binärbild B, **b** Bild D nach Abstandstransformation von (**a**)

Skelettierung von Binärbildern
"Skelettierung_Buch"

Eingabe: Binärbild B, 8 Zeichenketten n1, n2 etc. 8 Vektoren MN1, MN2,
                  etc. und die Vektoren u und v für die spiralförmige Abtastung
                  der 8 Nachbarbildpunkte von Bildpunkt (i, j)
Ausgaben: Binärbild B, Skelettbild S von B, Überlagerung von B mit S

Bild := "E:\Mathcad8\Samples\Bildverarbeitung\ChromosomenInvert.bmp"
B := BMPLESEN(Bild)

Eingabe der Zeichenketten zur Beschreibung der Strukturelemente nach Tabelle 11.1:

n1 := "100000011"   n2 := "100001010"   s1 := "100110000"   s2 := "110100000"
w1 := "111000000"   w2 := "110000010"   o1 := "100001100"   o2 := "100101000"

Bildung der Kette „strukturkette", bestehend aus den Zeichenketten n1, n2 etc. :

$$strukturkette := verkett(n1, n2, s1, s2, w1, w2, o1, o2)$$

Seite II

**Definition der Vektoren MN1, MN2, etc. für die Ausblendung der Nachbar-
bildpunkte, die den mit b markierten Elementen der Strukturelemente aus
Tabelle 11.1 entsprechen:**

$$MN1 := \begin{pmatrix} 1\\1\\0\\1\\1\\0\\0\\1\\1 \end{pmatrix} \quad MN2 := \begin{pmatrix} 1\\0\\1\\1\\0\\1\\0\\1\\0 \end{pmatrix} \quad MS1 := \begin{pmatrix} 1\\0\\0\\1\\1\\0\\1\\1\\1 \end{pmatrix} \quad MS2 := \begin{pmatrix} 1\\1\\0\\1\\0\\1\\1\\1\\0 \end{pmatrix}$$

$$MW1 := \begin{pmatrix} 1\\1\\1\\0\\1\\1\\1\\0\\0 \end{pmatrix} \quad MW2 := \begin{pmatrix} 1\\1\\0\\1\\1\\1\\0\\1\\0 \end{pmatrix} \quad MO1 := \begin{pmatrix} 1\\1\\1\\0\\0\\1\\1\\1\\0 \end{pmatrix} \quad MO2 := \begin{pmatrix} 1\\1\\0\\1\\0\\1\\0\\0\\1 \end{pmatrix} \quad v := \begin{pmatrix} 0\\0\\0\\1\\-1\\-1\\0\\1\\1 \end{pmatrix} \quad u := \begin{pmatrix} 0\\1\\1\\0\\-1\\-1\\-1\\0\\1 \end{pmatrix}$$

Kommentar zum Listing Skelett(B):
Zeilen 1-7: Vorbelegung der Bildmatrizen Balt und Bneu mit Urbild B, Initialisierung der Variablen pass und stopp, Definition der Konstanten SB und ZB.
Zeile 8: Beginn der WHILE-Schleife. Sie wird im Fall stopp = 4 verlassen (Bildpunkttilgung beendet).
Zeile 9: Mit der FOR-Schleife „pass" wird die Nachbarschaft sämtlicher Bildpunkte (i, j) mit den vier Strukturelemente-Paaren (Tabelle 11.1) N1, N2 etc. verglichen (Zeile 38). Bei Übereinstimmung der Umgebung mit mindestens einem
der beiden Strukturelemente wird Bildpunkt Bneu$_{i,j}$ getilgt und der Parameter
„steuer" auf eins gesetzt (Zeilen 39, 40), sonst wird der Bildpunkt durch Balt$_{i,j}$ ersetzt und „steuer" behält den Wert null (Zeile 41).
Zeile 10: Variable „steuer" wird mit null initialisiert.
Zeilen 11, 12: FOR-Schleifen für den Bilddurchlauf.

Seite III

Zeilen 13: Fallunterscheidung für Bildpunkt $Balt_{i,j}$. Ist sein Grauwert null, soll auch der Grauwert von $Bneu_{i,j}$ auf null gesetzt werden. Tilgung des Bildpunktes dann also nicht notwendig.

Zeilen 14-41: In diesem Programmabschnitt werden folgende Teilaufgaben bearbeitet:

> **Zeilen 15-24:** Berechnung der Vektoren M1 bis M8 für die Beschreibung der Nachbarschaft. Die Komponenten der Vektoren MN1, MN2 etc. werden mit den Grauwerten C_z der Umgebung von (i, j) multipliziert, so dass das Resultat immer dann null wird, wenn C_z null oder 1 sein darf.
>
> **Zeilen 25-32:** Umwandlung der Vektoren M1 bis M8 in Zeichenketten m1 bis m8.
>
> **Zeile 33:** Verkettung der Zeichenketten zu einer Gesamtzeichenkette „bildkette" für die sich anschließende Vergleichsoperation in **Zeile 38**.
>
> **Zeilen 34-37:** Bildung von Unterzeichenketten V1 bis V4 für den sich anschließenden Vergleich der Strukturelemente mit den Umgebungen. Dabei enthalten die Zeichenketten V1 und V3 die Informationen über die Bildpunktumgebung. V2 und V4 beinhalten die Form der entsprechenden Strukturelemente
>
> **Zeilen 38-41:** Vergleich der Zeichenunterketten. Wenn mindestens eine Identität V1 = V2 oder V3 = V4 erfüllt ist, wird der Grauwert des Bildpunktes (i, j) in Bneu null und der Parameter „steuer" eins gesetzt. Im anderen Fall wird $Bneu_{i,j} = Balt_{i,j}$ gesetzt.

Zeile 42: Am Ende der FOR-Schleife „pass" erfolgt die Zuweisung Bneu →Balt, so dass die nach dem Durchlauf getilgten Bildpunkte nun in Balt enthalten sind. Der Wert des Parameters „steuer" kann nach dem vierten Schleifendurchlauf folgende Werte haben:

steuer = 0, es erfolgte keine Bildpunkttilgung mehr.

steuer = 1, mindestens ein Bildpunkt wurden getilgt.

Zeilen 43, 44: Im Fall steuer = 0 wird der Parameter stopp um eins erhöht, sonst wird stopp null gesetzt.

Argument in der Funktion Skelett():

Argument: Urbild B

$$
Skelett(B) := \left|
\begin{array}{l}
B \leftarrow \dfrac{B}{255} \\[2mm]
Balt \leftarrow B \\[2mm]
Bneu \leftarrow B \\[2mm]
pass \leftarrow 0 \\[2mm]
stopp \leftarrow 0 \\[2mm]
SB \leftarrow spalten\,(B) \\[2mm]
ZB \leftarrow zeilen(B)
\end{array}
\right.
$$

Listing Skelett(B) (Fortsetzung)

```
while  stopp < 4
    for  pass ∈ 0.. 3
        steuer ← 0
        for  j ∈ 3.. SB − 2
            for  i ∈ 2.. ZB − 2
                Bneu_{i,j} ← 0  if  Balt_{i,j} = 0
                otherwise
                    for  z ∈ 0.. 8
                        C_z ← Balt_{i+v_z, j+u_z}
                        M1_z ← MN1_z · C_z
                        M2_z ← MN2_z · C_z
                        M3_z ← MS1_z · C_z
                        M4_z ← MS2_z · C_z
                        M5_z ← MW1_z · C_z
                        M6_z ← MW2_z · C_z
                        M7_z ← MO1_z · C_z
                        M8_z ← MO2_z · C_z
                    m1 ← vekinzf(M1 + 48)
                    m2 ← vekinzf(M2 + 48)
                    m3 ← vekinzf(M3 + 48)
                    m4 ← vekinzf(M4 + 48)
                    m5 ← vekinzf(M5 + 48)
                    m6 ← vekinzf(M6 + 48)
                    m7 ← vekinzf(M7 + 48)
                    m8 ← vekinzf(M8 + 48)
                    bildkette ← verkett(m1, m2, m3, m4, m5, m6, m7, m8)
                    V1 ← subzf(bildkette, 2·pass ·9, 9)
                    V2 ← subzf(strukturkette, 2·pass ·9, 9)
                    V3 ← subzf(bildkette, 2·pass ·9 + 9, 9)
```

Seite V

Listing Skelett(B) (Fortsetzung)

$$V4 \leftarrow \text{subzf}(\text{strukturkette}, 2 \cdot \text{pass} \cdot 9 + 9, 9)$$

$$\text{if } V1 = V2 \vee V3 = V4$$

$$\text{Bneu}_{i,j} \leftarrow 0$$

$$\text{steuer} \leftarrow 1$$

$$\text{Bneu}_{i,j} \leftarrow \text{Balt}_{i,j} \quad \text{otherwise}$$

$$\text{Balt} \leftarrow \text{Bneu}$$

$$\text{stopp} \leftarrow \text{stopp} + 1 \quad \text{if steuer} = 0$$

$$\text{stopp} \leftarrow 0 \quad \text{otherwise}$$

Balt

$$S := \text{Skelett}(B)$$

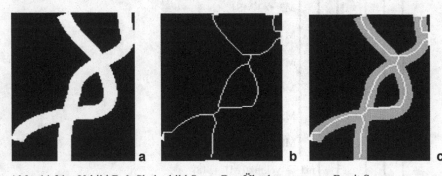

Abb. 11.21a. Urbild B, **b** Skelettbild S von B, **c** Überlagerung von B mit S

12. Bekannte Objekte im Bild wiederfinden

Das Auffinden von bekannten Objekten im Bild gehört zu den wichtigeren Aufgaben der Bildverarbeitung. Dabei muss das zu suchende Objekt als kleines Bild, oft Template genannt, zur Verfügung stehen. Mit geeigneten Algorithmen werden die Stellen im Bild gesucht, die dem Template ähnlich sind. Dieser Vorgang wird als Template-Matching bezeichnet. Da es in einem Bild mehrere ähnliche Objekte geben kann, werden neben den Informationen über die Fundstellen auch die dazugehörigen Ähnlichkeitsmaße (englisch: score) ausgegeben, anhand derer die Entscheidungen zu treffen sind, ob die gefundenen Stellen das Suchobjekt wirklich enthalten. Beim Template-Matching unterscheiden wir zwischen

☐ verschiebungsunabhängiger (englisch: shift invariant) und
☐ rotationsunabhängiger (englisch: rotation invariant) Suche.

Im einfachsten Fall sind jedoch das Template in Größe und Orientierung mit den zu suchenden Objekten nahezu identisch. Für diesen Fall hilft die Kreuzkorrelation Gl. (12.1) bei der Suche [14, 22].

Sei w das Template der Größe KxL, G das Bild in dem w gesucht werden soll. Es habe die Größe MxN und erfülle die Bedingungen $K \leq M$ und $L \leq N$. Dann verstehen wir unter

$$C(x,y) = \sum_{u=0}^{L-1} \sum_{v=0}^{K-1} w(u,v) \cdot G(x+u, y+v) \tag{12.1}$$

die Kreuzkorrelation von w mit G im Punkt (x, y). Die Bedeutung der Kreuzkorrelation für das Template-Matching liegt darin, dass sie an den Stellen hoher Übereinstimmung zwischen dem Suchbild w und der Umgebung von G(x,y) große Werte annimmt. Wir können uns dies an einem einfachen Beispiel plausibel machen. Sei w = (100, 10) das Suchbild, G_1 = (100, 10) das nur aus zwei Bildpunkten bestehende Bild, dann nimmt die Korrelation den Wert

$$C_1 = 100 \cdot 100 + 10 \cdot 10 = 10100$$

an. Hingegen ist das Ergebnis der Korrelation zwischen w und einem zweiten Bild G_2 = (10, 100), bei dem gegenüber dem ersten nur die beiden Grauwerte vertauscht sind, lediglich

$$C_2 = 100 \cdot 10 + 10 \cdot 100 = 2000.$$

Im zuletzt genannten Fall passen Suchbild und Bild nicht gut zusammen, so dass der Korrelationswert viel kleiner als im ersten Beispiel ausfällt. Vom mathematischen Standpunkt aus kann Gl. (12.1) als Skalarprodukt zweier Vektoren w und G aufgefasst werden, wenn aus den Doppelindizierung einfache gemacht werden (siehe z.B. Abb. 11.16). Aus der Vektorrechnung ist bekannt, dass das Skalarprodukt zweier Vektoren dann am größten ist, wenn die Vektoren parallel sind. Dieser Fall liegt vor, wenn die Koordinaten beider Vektoren bis auf einen gemeinsamen Faktor übereinstimmen. Aufgrund dieser Überlegung ist einzusehen, warum der Korrelationswert bei Übereinstimmung von Template und Bildausschnitt maximal ist.

Die Korrelation hat Ähnlichkeit mit der Faltung und unterscheidet sich von ihr lediglich durch die Indizierung von G. Bei der Faltung werden u und v subtrahiert, bei der Korrelation addiert. Leider ist C(x,y) nach Gl. (12.1) nur eingeschränkt für das Aufspüren des Templates einzusetzen, denn für eine zuverlässige Suche dürfen im Bild keine lokalen mittleren Grauwertschwankungen auftreten. Aus diesem Grund müssen wir die Korrelation durch Division mit dem geometrischen Mittel N(x,y) Gl. (12.2) von derartigen Störeinflüssen unabhängig machen. Eine auf diese Weise normierte Kreuzkorrelation

$$M(x,y) = C(x,y)/N(x,y) \quad \text{mit} \quad N(x,y) = \sqrt{\sum_{u=0}^{L-1}\sum_{v=0}^{K-1}G^2(x+u,y+v)} \quad (12.2)$$

eignet sich als verlässliches Suchkriterium.

Wegen des hohen Rechenaufwandes und der damit verbundenen langen Rechenzeiten sind Varianten für das Template-Matching gebräuchlich, die diesen Nachteil erheblich mildern. Meist lassen sich die Templates bereits durch eine stark reduzierte Anzahl repräsentativer Bildpunkte darstellen, so dass eine gut durchdachte Datenreduktion die Suche beschleunigt [14, 22]. Aus diesem Grund gehen bei kommerziellen BV-Programmen den eigentlichen Suchprozeduren entsprechende Lernprozesse voraus. Eine größen- und rotationsunabhängige Suche ist so in Hinblick auf die Verarbeitungszeit in vielen Anwendungsfällen noch zu vertreten. Gute Ergebnisse werden erzielt, wenn wir beim Template-Matching folgende Punkte berücksichtigen:

□ Aufnahme eines Referenzbildes, das als Template dient
□ Einlernen des Referenzbildes (Datenreduktion des Templates)
□ geeigneten Bildausschnitt (ROI) als Suchbereich festlegen, sofern dies möglich ist
□ Toleranzparameter einstellen (Schwelle für das Ähnlichkeitsmaß)
□ Test und Evaluierung des Suchalgorithmus an Beispielbildern durchführen.

Bei der Auswahl geeigneter Templates ist zu beachten, dass

□ genügend Hintergrundinformationen vorhanden sind
□ keine rotationssymmetrischen Objekte wie z.B. runde Ösen ausgesucht werden
□ keine translationsinvarianten Objektstrukturen wie etwa horizontal oder vertikal orientierte Kanten, die über das gesamte Template verlaufen, verwendet werden
□ ein möglichst hoher Bildkontrast und geringes Rauschen vorhanden sind.

Die Suche nach bekannten Objekten im Bild ist auch sehr effizient mit Hilfe morphologischer Operatoren (Abschn. 11.2 und 11.3) durchzuführen, wenn zuvor eine

Binarisierung des Bildes stattgefunden hat. Hierfür muss das Strukturelement die Form des zu suchenden Objekts aufweisen. Sollen wie auf dem Arbeitsblatt „Objekte finden mit morphologischen Operatoren" schwarze Objekte auf weißem Hintergrund gesucht werden, dann eignet sich die Dilatation (Abschn. 11.2) mit einem Strukturelement, das dem Negativ des gesuchten Objekts entspricht. Orte exakter Übereinstimmung werden durch schwarze Pixel markiert. Sollen weiße Objekte auf schwarzem Hintergrund gesucht werden, wird ganz analog mit einer Erosion (Abschn. 11.3) verfahren.

12.1 Arbeitsblätter „Korrelation"

Als Eingaben werden Bild B, Template Temp sowie die Schrittweite sw benötigt. Der Parameter sw bestimmt die Schrittweite für die Template-Rasterung. Die Wahl sw = 1 führt zu keiner Datenreduktion, weil jeder Template-Bildpunkt bei der Korrelationsberechnung eingeht. sw = n bedeutet, dass nur jedes n-te Pixel von Temp für die Korrelation berücksichtigt wird. In Tabelle 12.1 sind für verschiedene Werte von sw die relativen Rechenzeiten, ihre Bewertungen, die Qualität (qualitativ) der Korrelation sowie eine abschließende Beurteilung aufgeführt. Das Listing zu der Funktion NormKorr(B, Temp,sw), mit der die Korrelation zwischen Template „Temp" und Bild B berechnet wird, wird in den Arbeitsblättern beschrieben.

Bild M (Abb. 12.2c) ist von einem breiten, schwarzen Rahmen umgeben, der seitlich die halbe Breite sowie oben und unten die halbe Höhe des Templates besitzt. Innerhalb des Rahmens können keine sinnvollen Korrelationen berechnet werden. In Abb. 12.1 ist ein Korrelationsbild als von rechts beleuchtetes Relief dargestellt. Deutlich sind die Orte maximaler Übereinstimmung als spitze Gipfel zu erkennen.

Tabelle 12.1. Korrelationsergebnisse mit unterschiedlichen Abtastweiten sw

	sw = 1	sw = 4	sw = 8	sw = 12
Rechenzeit	1	1/16	1/64	1/144
Qualität der Korrelation	sehr gut	gut	brauchbar	schlecht
Bewertung der Rechenzeit	zu lang	lang	akzeptabel	sehr kurz
Beurteilung insgesamt			Optimum aus Rechenzeit und Qualität	

Abb. 12.1. Reliefdarstellung der normierten Korrelation M von Bild G mit Template „Temp" aus den Arbeitsblättern „Korrelation". Schrittweite sw = 8

12.2 Arbeitsblatt „Objekte finden mit morphologischen Operatoren"

Das Binärbild B enthält schwarze, geometrische Figuren, unter denen sich auch die zu suchenden Objekte befinden. Das Strukturelement h ist exakt das Negativ des Suchobjektes. Im dilatierten Bild D (Abb. 12.3b) sind zwei schwarze Pixel zu sehen, welche die Orte der gefundenen Objekte markieren. In der Überlagerung der Bilder B und D (Abb. 12.4b) erkennen wir die Positionen maximaler Übereinstimmung (dunkelgraue Pixel) sowie die Objekte (im Bild hellgrau dargestellt).

12.3 Aufgabe

Aufgabe Die Korrelation Gl. (12.1) kann auch eingesetzt werden, um in N-dimensionalen Vektoren (bzw. Listen) G das L-dimensionale (L ≤ N) Vektor-Template w aufzufinden. Die auf den Vektor-Fall angepasste Korrelation ist in Gl. (12.3) beschrieben. Sie entspricht dem Skalarprodukt der Vektoren $\vec{w}$ und $\vec{G}_x$. Geben Sie Gründe an, wann die Korrelation C_x besonders groß bzw. klein ist. Welche Anwendungen sind denkbar?

$$C_x = \sum_{u=0}^{L-1} w_u \cdot G_{x-\frac{L}{2}+u} \quad L \in \mathbb{N} \text{ und gerade} \tag{12.3}$$

12.4 Computerprojekt

Projekt Variieren Sie in den Arbeitsblättern „Korrelation" den für die Reduktion des Templates zuständigen Parameter sw und bewerten Sie das Korrelationsergebnis sowie die Rechenzeit. Bem.: Verwenden Sie möglichst kleine Templates, damit die Rechenzeit nicht zu lang wird.

12.5 Arbeitsblätter

Korrelation
"Korrelation"

Eingaben:	Bild B, Template „Temp", Schrittweite sw
Ausgabe:	normierte Korrelation M von B mit „Temp", Bild B, Template „Temp"

B := BILDLESEN("E:\Mathcad8\Samples\Bildverarbeitung\Korrelation_G001.bmp")

Template := "E:\Mathcad8\Samples\Bildverarbeitung\Korrelation_Temp001.bmp'

Temp := BILDLESEN(Template)

Berechnung der normierten Korrelation NormKorr(B,Temp,sw):

Kommentar zum Listing NormKorr():
Zeilen 1-9: Initialisierung der Bildmatrizen C, M und N mit der Nullmatrix B·0 und Definition der Konstanten S, Z, STemp, ZTemp, k und m.
Zeilen 10 u. 11: Verschieben des Bildpunktes (i, j) über Bild B mit den äußeren FOR-Schleifen.
Zeilen 12-15: Berechnung der Korrelation $C_{i,j}$ sowie der Varianz $N_{i,j}$ mit den inneren FOR-Schleifen.
Zeilen 16 u. 17: Berechnung der Standardabweichung und der normierten Korrelation.

$$
\text{NormKorr}(B, \text{Temp}, sw) := \begin{cases}
C \leftarrow B \cdot 0 \\
M \leftarrow C \\
N \leftarrow C \\
S \leftarrow \text{spalten}(B) \\
Z \leftarrow \text{zeilen}(B) \\
\text{STemp} \leftarrow \text{spalten}(\text{Temp}) \\
\text{ZTemp} \leftarrow \text{zeilen}(\text{Temp}) \\
k \leftarrow \dfrac{(\text{STemp} - 1)}{2}
\end{cases}
$$

Seite II

Listing NormKorr(B,Temp,sw) (Fortsetzung)

$$m \leftarrow \frac{(\text{ZTemp} - 1)}{2}$$

$\text{for} \quad j \in k .. S - (k + 1)$

$\quad \text{for} \quad i \in m .. Z - (m + 1)$

$\quad\quad \text{for} \quad u \in -k, -k + sw .. k$

$\quad\quad\quad \text{for} \quad v \in -m, -m + sw .. m$

$$C_{i,j} \leftarrow B_{i+v,\,j+u} \cdot \text{Temp}_{v+m,\,u+k} + C_{i,j}$$

$$N_{i,j} \leftarrow \left(B_{i+v,\,j+u}\right)^2 + N_{i,j}$$

$$N_{i,j} \leftarrow \sqrt{N_{i,j}}$$

$$M_{i,j} \leftarrow \frac{C_{i,j}}{N_{i,j}}$$

M

$$M := \text{NormKorr}(B, \text{Temp}, 2)$$

Für die Darstellung Max(M) auf Grauwert 255 setzen:

$$M := \frac{M}{\max(M)} \cdot 255$$

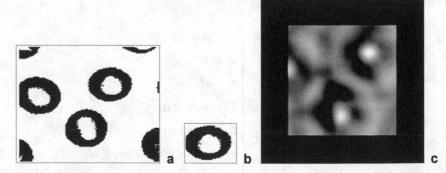

Abb. 12.2a. Bild B, **b** Template Temp, **c** normierte Korrelation M zwischen B und Temp (Schrittweite sw = 2). Die Grauwertmaxima in (**c**) markieren die Orte bester Übereinstimmung zwischen Template Temp und Bild B

Objekte finden mit morphologischen Operatoren
"Objekte finden"

Eingaben: Binärbild B, Strukturelement h
Ausgeben: Binärbild B, dilatiertes Bild D

B := BMPLESEN("E:\Mathcad8\Samples\Bildverarbeitung\KorrMorph001.bmp")

Vorgabe des Strukturelementes h für die Dilatation:

$$h := \begin{pmatrix} 1 & 1 & 1 & 1 & 0 & 0 & 0 \\ 1 & 1 & 1 & 1 & 0 & 0 & 0 \\ 1 & 1 & 0 & 0 & 0 & 0 & 0 \\ 1 & 1 & 1 & 1 & 1 & 1 & 0 \\ 1 & 1 & 1 & 1 & 1 & 1 & 0 \end{pmatrix}$$

Die Funktion Dilatation() ist in den Arbeitsblättern „Dilatation" (Abschn. 11.14) beschrieben.

$$D := \text{Dilatation}(B,h)$$

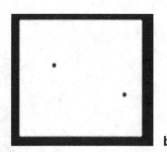

Abb. 12.3a. Binärbild B, **b** dilatiertes Bild D von B mit Strukturelement h. Die kleinen schwarzen Quadrate in (**b**) geben die Fundorte des Strukturelements an

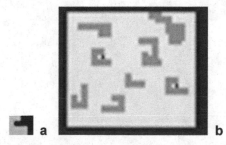

Abb. 12.4a. Strukturelement h, **b** Überlagerung von Binärbild B mit dem dilatierten Bild D. Die dunkelgrauen Quadrate liegen an den Stellen in B, in denen h enthalten ist

13. Einzelne Objekte gezielt auswählen können - Bereichssegmentierung

Es ist bei uns ein guter alter Brauch, dass Kinder und gelegentlich auch Erwachsene zu Ostern bunt bemalte Eier suchen. Da jedes Ei durch seine Bemalung gut zu erkennen ist, kann es später keine Verwechslungen geben, die eventuell zu Streitigkeiten unter den Kindern führen könnten. Im unbemalten Zustand gleichen sich die Eier sprichwörtlich, so dass nur die braunen von den weißen zu trennen sind. Dieses Beispiel eignet sich gut als Einführung in das Thema dieses Kapitals. In der Sprache der BV sind die unbemalten Eier mit weißen und braunen **Labels** versehen, die bei ihrer Unterscheidung wenig helfen. Erst durch die unterschiedliche Färbung erhalten sie **Marken** und werden so zu Unikaten.

In Kap. 8 lernten wir Verfahren zur Segmentierung von Flächen kennen, die sich durch Grauwerte, Farben, Texturen etc. hervorheben. Da voneinander räumlich getrennte Bereiche gleiche Flächenfüllungen besitzen können, werden sie mit identischen Labels (Abschn. 8.1) versehen. Hier setzen wir die Segmentierung nach Kap. 8 als gegeben voraus und beschäftigen uns damit, wie wir die getrennten, aber mit gleichen Labels versehenen Bereiche durch unterschiedliche Einfärbungen, sog. Marken, voneinander unterscheiden können. Diese zusätzliche Untergliederung durch Marken nennen wir in der Sprache der BV Bereichssegmentierung. Sie führt zu einer Individualisierung der einzelnen Bereiche.

Für die Funktion der Bereichssegmentierung wird, im Gegensatz zu den bisher besprochenen Operatoren, die gesamte Bildinformation benötigt. Aus diesem Grund wird sie von einigen Autoren in die Gruppe der globalen Operationen eingeordnet. Generell lassen sich die globalen Operatoren in

☐ topologische Operatoren (d.h. die Gestalt und die gegenseitigen Lage der Komponenten betreffende Operatoren) und
☐ signaltheoretische Operatoren

unterteilen. Wichtige Vertreter topologischer Operationen sind die Dilatation und die Erosion (Abschn. 11.2 u. 11.3).

Zu den signaltheoretischen Operatoren zählt die Fouriertransformation, auf die in Abschn. 9.3 in Zusammenhang mit des Texturanalyse näher eingegangen wurde.

13.1 Vorbereitungen auf die Bereichssegmentierung

Abb. 13.1. Graubild G (schematisch)

Die Bereichssegmentierung setzt sich aus mehreren Einzelschritten zusammen, so dass der Programmablauf für uns zunächst etwas unübersichtlich erscheint. Anhand eines Beispiels wollen wir uns daher mit dem Verfahren vertraut machen. Dabei entsprechen die Bezeichnungen bereits denen in den Arbeitsblättern „Bereichssegmentierung". Wir gehen vom Graubild G in Abb. 13.1 aus. Die Segmentierung von G (Kap 8) liefert das Labelbild A (Abb. 13.2), in dem die Teilchen mit identischen Labels (Zahlen 1 bis 3 auf den Teilchen) im Graubild G gleichen Schwellwertintervallen angehören.

In Abb. 13.3 ist das Rohmarkenbild M zu sehen, das mit Hilfe eines Strukturelementes (Abschn. 13.2) aus dem Labelbild A berechnet wird. Dieser Vorgang wird in der BV Komponentenmarkierung genannt. Oft enthält ein Teilchen aufgrund des noch unzureichenden Bearbeitungsschrittes mehrere Marken (durch unterschiedlich Zahlen auf den Teilchen in Abb. 13.3 dargestellt). Es darf nie der Fehler auftreten, dass unterschiedliche Teilchen dieselbe Marke besitzen. Unser Ziel muss sein, dass jedes Teilchen genau eine Marke aufweist (Abb. 13.4 u. 13.5). Hier kommt die Zusammenhangsanalyse zum Einsatz, die alle Rohmarken eines Teilchens zu einer Marke zusammenfasst. In unserem Beispiel wird dafür die Liste „Listnew" gebildet (Tabelle 13.1).

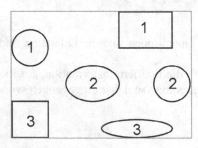

Abb. 13.2. Labelbild A

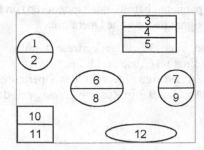

Abb. 13.3. Rohmarkenbild M

Tabelle 13.1. In der Liste „Listnew". stehen die aus den Rohmarken k = 1 bis 12 berechneten Marken, so dass nun jedem Teilchen genau eine Marke zugeordnet wird

k	1	2	3	4	5	6	7	8	9	10	11	12
Listnew$_k$	1	1	3	3	3	6	7	6	7	10	10	12

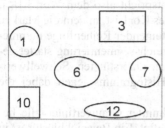

Abb. 13.4. Markenbild Kor

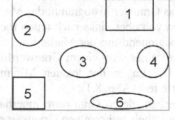

Abb. 13.5. Markenbild Kor1

In einem weiteren Schritt werden die sechs in „Listnew" enthaltenen Marken den Teilchennummern s = 1 bis 6 zugeordnet, so dass die Teilchennummerierung durch die Marken in natürlicher, geordneter Reihenfolge vollzogen wird. Die Abzählweise erfolgt dabei von oben links nach unten rechts (Abb. 13.5). Bevor wir näher auf das Thema Bereichssegmentierung eingehen, muss der Begriff Komponente, oft auch als Teilchen oder Blob (englisch: **b**inary **l**arge **ob**jects) bezeichnet, definiert werden. Gewöhnlich enthalten Bilder zusammenhängende Bereiche, die wir als Komponenten eines Bildes bezeichnen. Aus diesem Grund haben wir uns für die Nachbarschaft der Pixel zu interessieren und darüber festzulegen, wann ein Pixel mit anderen eine zusammenhängende Fläche bildet.

Bei Gültigkeit einer **8er-Nachbarschaft** gehört ein Pixel einer Komponente an, wenn es direkt oder diagonal an einem ihrer Bildpunkte angrenzt (Abb. 13.6). Im Falle eine **4er-Nachbarschaft** gehören nur die Bildpunkte zu einer Komponente, die direkt und nicht diagonal an einem ihrer Pixel angrenzen. Wie in Abb. 13.6 u. 13. 7 zu sehen ist, können sich durch eine andere Nachbarschaftsdefinition unterschiedliche Teilchen bilden, obwohl die Urbilder gleich sind.

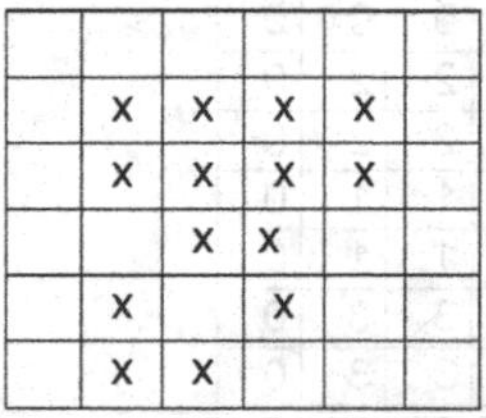

Abb. 13.6. Alle x-Pixel gehören zur selben Komponente

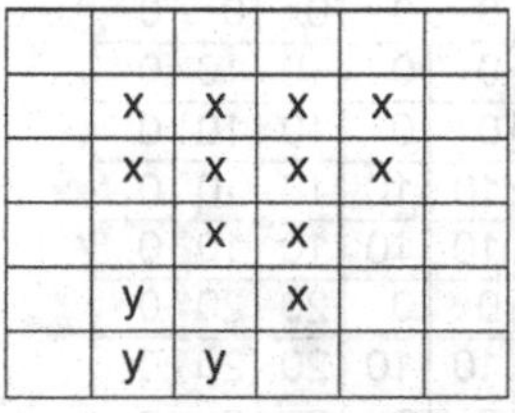

Abb. 13.7. Alle x-Pixel gehören zur oberen Komponente, die y-Pixel bilden eine neue Komponente

Diesem Beispiel entnehmen wir, dass bei einer Komponentenmarkierung jeder zu einer Komponente gehörende Bildpunkt mit der gleichen Marke gekennzeichnet wird. Als Marken werden z.B. Pseudofarben oder Grauwerte verwendet, die keine Verwechslung mit den Grauwerten des ursprünglichen Bildes zulassen. Der Nutzen eines Markenbildes kann leicht am Beispiel der Flächenbestimmung einzelner Komponenten gezeigt werden. Besitzt beispielsweise ein Teilchen die Marke $k = 1$, so brauchen für die Berechnung seiner Fläche lediglich alle Bildpunkte mit Grauwert eins summiert zu werden. Die Fläche entspricht also dem Wert $h1_{G=1}$, wobei h1 das Grauwerthistogramm des Markenbildes Kor1 ist, in dem die Marken der Teilchen von oben links nach unten rechts in steigender Reihenfolge nummeriert sind, beginnend mit der Marke $k = 1$. Die Bereichssegmentierung startet gewöhnlich mit einer, von einem Grauwerthistogramm unterstützten, Schwellwertoperation. Die Lagen der lokalen Minima des Histogramms legen dabei die Schwellwerte fest (Abb. 8.1).

Bildbereichen, deren Grauwerte innerhalb bestimmter Grauwertintervalle liegen, werden Labels in Form von Grauwerten angeheftet. Ein Beispiel hierfür ist in der schematischen Darstellung Abb. 13.2 zu sehen. Diesem Vorgang schließt sich die Komponentenmarkierung an. Danach wird von oben links bis unten rechts jedes Bildsegment mit einer unterschiedlichen Marke gekennzeichnet. Nach Komponentenmarkierung erhalten wir z. B. Abb. 13.5.

Leider sind die Bildinhalte gewöhnlich nicht so leicht zu trennen, wie Abb. 13.1 vermuten lässt. Die einzelnen Komponenten sind oft durch Brücken miteinander verbunden, oder sie besitzen eine komplizierte Gestalt, etwa eine konkave Form wie in Abb. 13.8a oder Löcher, so dass die Schwierigkeit entweder in der Trennung der Komponenten liegt, oder aber darin, dass Bereiche einer Komponente unterschiedliche Marken besitzen, wie in dem Rohmarkenbild Abb. 13.8b. Abb. 13.8a stellt ein Labelbild mit den Labels 10 und 20 dar. Abb. 13.8b entstand durch Komponentenmarkierung (Rohmarkenbild). Da die Markierung von oben links nach unten rechts erfolgt, erhalten wir bereits in der zweiten Zeile zwei Markierungen 1 und 2, obwohl wir es mit einer einzigen Komponente zu tun haben. Wir müssen uns also einen Algorithmus einfallen lassen, mit dem wir die Mehrfachmarkierung einer Komponente im Rohmarkenbild rückgängig machen können. Damit gelangen wir zu der Zusammenhangsanalyse [6, 22].

0	0	0	0	0	0	0	0
0	10	10	0	0	10	10	0
0	10	10	0	0	10	10	0
0	10	10	10	10	10	10	0
0	10	10	10	10	10	10	0
0	0	0	0	0	20	20	0
0	0	0	10	10	20	20	0
0	0	0	0	0	0	0	0

a

0	0	0	0	0	0	0	0
0	1	1	0	0	2	2	0
0	1	1	0	0	2	2	0
0	1	1	1	1	1	1	0
0	1	1	1	1	1	1	0
0	0	0	0	0	3	3	0
0	0	0	4	4	3	3	0
0	0	0	0	0	0	0	0

b

Abb. 13.8a. Labelbild, **b** Markenbild

13.2 Komponentenmarkierung und Zusammenhangs- analyse

In den Abschn.13.2 und 13.3 legen wir eine 8er-Nachbarschaft zugrunde. Wie bereits erwähnt, geht eine Zusammenhangsanalyse vom Rohmarkenbild aus [6, 22]. Daher soll zunächst ein Algorithmus beschrieben werden, der aus dem Labelbild ein Rohmarkenbild macht. Hierzu werden zwei gleiche, hakenförmige Strukturelement (Abb. 13.9) simultan über das Label- und das anfangs mit Nullen vorbelegte Markenbild zeilenweise verschoben. Das Strukturelement für das Markenbild ist zur Unterscheidung mit Sternchen versehen.

Das Markenbild-Pixel unter C* ist immer das Ergebnispixel in Analogie zu den lokalen Operatoren (Abschn. 7.1). Die Pixel in den Strukturelementen, die oberhalb von C bzw. C* angeordnet sind, heißen U- bzw. U*, die links von C bzw. C* werden mit L- bzw. L* bezeichnet. Bei der zeilenweise, simultanen Verschiebung der Strukturelemente über das Label- bzw. Markenbild können sich die folgenden Fälle einstellen (Abb. 13.10a), die zum Aufbau des Rohmarkenbildes (Abb. 13.10b) führen:

1. Pixel unter C ist Hintergrund, Ergebnispixel C*= 0.
2. Grauwert des Pixel unter C = Grauwert des Pixels unter U und nicht Grauwert des Pixels unter L, C* = Grauwert des Pixels unter U*, d.h. am Ort von C* wird die Marke unter U* übernommen.
3. Grauwert des Pixels unter C = Grauwert des Pixels unter L und nicht Grauwert des Pixels unter U, C* = Grauwert des Pixels unter L*, d.h. am Ort von C* wird die Marke unter L* übernommen.
4. Grauwert des Pixels unter C = Grauwert des Pixels unter U und Grauwert des Pixels unter L, C* = Grauwert des Pixels unter U* oder L*.
5. Grauwert des Pixels unter C = nicht Grauwert des Pixels unter U und nicht Grauwert des Pixels unter L und kein Hintergrundpixel, dann C* = alter Markenwert +1. In der Abb.13.10 ist das Fall 5.

Zwei Bemerkungen sind zu den Punkten 1. bis 5. zu machen: Das Gleichheitszeichen „=" kann eine logische Gleichheit oder eine Wertzuweisung bedeuten. Welches Gleichheitszeichens gerade gilt, geht aus dem Zusammenhang hervor.

Die Gültigkeit von 5. führt zu einer weiteren Marke, die im günstigen Fall zu einem neuen Teilchen gehört. Bedingt durch die Teilchenform, kann die neue Marke allerdings auch einem bereits mit einer Marke versehenen Teilchen zugeordnet werden.

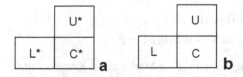

Abb. 13.9a. Strukturelement für das Markenbild, **b** für das Labelbild

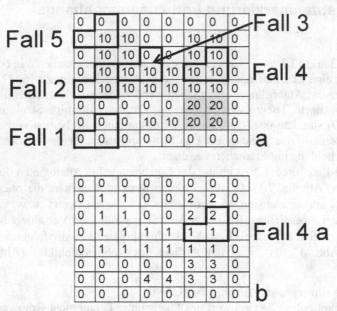

Abb. 13.10. Die fünf Fälle bei der Verschiebung der Strukturelemente über Label- (**a**) und Markenbild (**b**)

Diese „Mehrmarkigkeit" von Teilchen wird mit der sich anschließenden Zusammenhangsanalyse beseitigt. Eine Komponente mit zwei Marken (1 und 2) ist in der Abb. 13.10b dargestellt. Die Idee für die Korrektur liefert der zu Fall 4 gehörende weitere Fall 4a. Diese Situation wird am Rohmarkenbild erkannt, so dass hierfür ein **weiterer Bilddurchlauf** nötig ist. 4a. Gilt zu Fall 4. weiter: Marke des Pixels unter L* ist nicht Marke des Pixels unter U*, dann trage U* und L* in die Äquivalenzliste ein. In diesem Fall sind zwei verschiedene Marken unter U* und L* für die gleiche Komponente vergeben worden (Situation von Fall 4 und 4a in der Abb. 13.10). In Fall 4a sind zwar die Label unter U und L gleich, die dazugehörenden Marken (U*, L*) weisen aber unterschiedliche Werte auf. Durch diesen Sachverhalt wird erkannt, dass eine Komponente zwei Marken besitzt. Zur Beseitigung dieses Fehlers wird eine Äquivalenzliste „List" erzeugt, in der aufgeführt ist, welche Marken zu welchen zusammenhängenden Komponenten gehören. Diese Marken werden als äquivalente Marken bezeichnet und gehorchen den Gesetzen einer Äquivalenzrelation Gl. (13.1) (lies B äquivalent zu B etc.):

reflexiv   B ~ B

symmetrisch   A ~ B fo lg t B ~ A   (13.1)

transitiv   A ~ B und C ~ B fo lg t C ~ A

In Gl. (13.1) kann z.B. A die Bedeutung haben: „1 ist Marke einer Komponente" und B: „2 ist Marke der selben Komponente" etc. Sind sämtliche äquivalente Marken in der Äquivalenzliste enthalten, dann können alle Marken einer Komponente mit den Eigenschaften der Äquivalenzrelation gesammelt und auf nur einen Markenwert der Komponente gesetzt werden (Ergebnis: „Listnew", s.o.). Dies geschieht mit einem weiteren Durchlauf. In Abschn. 13.3 werden die Arbeitsblätter zu diesem Thema kommentiert.

13.3 Arbeitsblätter „Bereichssegmentierung"

Auf den Arbeitsblättern „Bereichssegmentierung" sind sämtliche Algorithmen zusammengefasst. Aus dem Binärbild A werden das Markenbild Kor1 und das dazugehörige Histogramm h1 berechnet.

Berechnung des Rohmarkenbildes M

Wie in Abschn. 13.2 beschrieben, wird auf den Seiten II u. III das hakenförmige Strukturelement über das Labelbild A verschoben und in jedem Bildpunkt werden die Abfragen und Zuweisungen durchgeführt. Es resultiert daraus das Rohmarkenbild M (Abb. 13.13b), das offensichtlich noch sehr viele äquivalente Marken enthält. Daher wird anschließend (Seite IV) die Liste List mit der Funktion Äquivalenzliste() generiert.

Berechnung der Äquivalenzliste

Die Äquivalenzliste List ist so organisiert, dass der Listenindex k immer eine zum Listeninhalt $List_k$ äquivalente Marke darstellt. Eine Kette von Äquivalenzen reist ab, wenn $List_k = k$ ist.

Zu Beginn wird die Gültigkeit von Fall 4a (Abb. 13.10b) überprüft (Seite IV). Trifft er zu, so ist eine neue äquivalente Marke detektiert. Aber **Achtung!** Es kann der Fall eintreten, dass ein Listenindex k zu mehr als nur einer Marke äquivalent ist. In diesem Fall würde die zuvor gefundene äquivalente Marke in $List_k$ mit der neuen Marke $M_{i,j-1}$ überschrieben werden. Bei einer solchen Situation, die durch die zusätzliche Bedingung

$$B \wedge (List_k \neq 0) = wahr$$

angezeigt wird, erfolgt ein Tausch zwischen dem Listenindex k und dem neuen Listenwert $q = M_{i,\,j-1}$. Aufgrund der Symmetrie der Äquivalenzrelation (Gl. 13.1) ist dies erlaubt. Auf diese Weise wird die zuvor gefundene äquivalente Marke nicht überschrieben, sondern unter dem neuen Listenindex $M_{i,j-1}$, der auch eine äquivalente Marke zu $List_k$ ist, gesichert.

Es kann der Fall $List_k = 0$ eintreten, obwohl der Index $k \neq 0$ ist. In dieser Situation empfiehlt es sich, $List_k = k$ zu setzen. Die so entstandene Äquivalenzliste ist ebenfalls auf Seite VI abgebildet. Sie enthält genau so viele Ketten äquivalenter Marken wie Komponenten im Bild vorhanden sind. Im nächsten Schritt 2b (Seite IV) werden diese Ketten mit Hilfe von Gl. (13.1) aufgespürt und durch den Markenwert k am Kettenende, das demnach durch $List_k = k$ gegeben ist, ersetzt. Daraus entsteht die von mehreren äquivalenten Marken bereinigte Liste „Listnew" (Seite V). Sie zeichnet sich durch so viele zur k-Achse parallele Listeneinträge aus, wie unterschiedliche Teilchen im Bild vorhanden sind. In „Listnew" werden also alle äquivalenten Marken k zu je einer gemeinsamen Marke $Listnew_k$ zusammenfasst (Abb. 13.15). Aus diesem Grund eignet sie sich als LUT zur Berechnung des korrigierten Markenbildes Kor (Abb. 13.16b) mit der Funktion Kor() aus dem Rohmarkenbild M (Schritt 2.c auf Seite VII).

Liegt in der oberen linken Ecke von M ein Teilchen, so wird der Hintergrund als weitere Komponente mit dem Markenwert zwei gewertet. In Bild Kor sind zwar die Komponenten mit unterschiedlichen Marken versehen, aber die Grauwerte der Komponenten weisen keine natürliche Reihenfolge 1, 2, 3, ... auf, wie aus dem Histogramm h zu entnehmen ist. Unter Schritt 3.a (Seiten VIII) wird daher aus h mit der Funktion LUT() die LUT (Abb. 13.18) berechnet, die, wie ihr Name vermuten lässt, als LUT zur Berechnung des angestrebten Markenbildes Kor1 (Schritt 3.b, Seite VIII) benötigt wird. Kor1 dient als Ausgangsbild für die Mustererkennung, die in Abschn. 14 näher beschrieben ist. Das Histogramm h1 (Seite IX) von Kor1 ist in Abb. 13.20 abgebildet. Es gibt zu jedem Teilchen mit Marke G seinen Flächeninhalt an.

Weitere Details zur Bereichssegmentierung finden wir z. B. in [6, 22]. Wenn es im Urbild nur wenige Komponenten gibt, beanspruchen die Marken lediglich den unteren Grauwertebereich, so dass sich dann für die Visualisierung eine Grauwertspreizung empfiehlt.

13.4 Aufgaben

Aufgabe 13.1. Welche Komponenten werden in Abb. 13.11 bei einer 4er- bzw. 8er-Nachbarschaft gebildet?

Aufgabe 13.2. Entwickeln Sie ein Flussdiagramm für die Zusammenhangsanalyse.

Aufgabe 13.3. Segmentieren Sie das in der Abb. 13.12 dargestellte Urbild mit den Schwellen $S_1 = 50$, $S_2 = 90$ und $S_3 = 155$. Wenden Sie auf das hierdurch entstandene Labelbild eine Zusammenhangsanalyse an. Dabei gelte die 8-er Nachbarschaft.

13.5 Computerprojekt

Projekt Eine Alternative zur hier dargestellten Zusammenhangsanalyse geht von einer Füllung der mit Labeln versehenen Bereiche aus, so dass keine Äquivalenzlisten benötigt werden. Schreiben Sie hiefür ein Programm.

X			X		
	X	X	X	X	
	X	X	X		
		X			X
	X		X	X	
	X	X			

Abb. 13.11. Bild zu Aufgabe 13.1

40	35	20	40	45	34	24	36	60	60
45	60	70	78	40	20	44	70	79	67
40	69	70	89	67	20	34	78	56	57
39	78	89	67	70	40	44	79	77	67
69	89	79	68	59	39	78	67	78	49
20	70	89	67	33	40	70	56	77	34
95	20	36	34	95	45	20	24	34	44
97	133	145	148	100	37	34	160	180	181
99	146	135	148	130	46	170	167	179	169
46	147	145	130	135	20	160	167	169	20
36	48	38	45	35	22	200	190	30	30

Abb. 13.12. Bild zu Aufgabe 13.3

13.6 Arbeitsblätter

Bereichssegmentierung
"Bereichssegmentierung"

Eingabe: Binärbild A
Ausgaben: Markenbilder M, Kor und Kor1

Die Bereichssegmentierung wird der Übersichtlichkeit halber in mehrere Teilfunktionen untergliedert, die in der Tabelle 13.4 der Reihenfolge nach aufgelistet sind.

Tabelle 13.2. Folge von Teilfunktionen für die Bereichssegmentierung

	Funktion	Kommentar
0.	A = BMPLESEN("Datei")	Laden eines Labelbildes A aus "Datei" mit der Funktion BMPLESE().
1.	M = Rohmarkenbild(A)	Berechnung des Rohmarkenbildes aus Bild A.
2.	**Berechnung der Marken**	
2.a	Liste = Äquivalenzliste(A, M)	Aufstellung der Aquivalenzliste. Liste enthält zu jeder Marke k die äquivalente Marke in L_k, d.h. $k \sim L_k$ Gl. (13.1).
2.b	Listnew = Listnew(List)	Reduktion sämtlicher äquivalenter Marken auf eine Marke mit der Funktion Listnew().
2.c	Kor = Kor(M, Listnew)	Berechnung des korrigierten Markenbildes Kor mit der Funktion Kor() und den Argumenten M und Listnew. In Kor besitzt jedes Teilchen genau eine Marke.
	h = Histogramm(Kor)	Histogrammberechnung von Markenbild Kor.
3.	**Berechnung des Markenbildes Kor1**	
3.a	LUT = LUT(h)	Berechnung der LUT mit der Funktion LUT() für die Funktion Kor1(). In dem Markenbild Kor1 besitzen die Teilchen Marken, die in natürlicher, aufsteigender Reihenfolge angeordnet sind.
3.b	Kor1 = Kor1(Kor, LUT)	Berechnung des Markenbildes Kor1.
3.c	h1 = Histogramm(Kor1)	Berechnung des Histogramms h1von Kor1 zur Flächenbestimmung der Teilchen in Markenbild Kor1.

Seite II

A := BMPLESEN("E:\Mathcad8\Samples\Bildverarbeitung\Bereichseg001.bmp")

1. Rohmarkenbild M mit der Funktion Rohmarkenbild(A) berechnen:

Kommentar zum Listing Rohmarkenbild():
Zeilen 1-5: Bildmatrix M mit Nullen vorbelegen, die Konstanten ZA und SA definieren und die Variablen m und s mit null initialisieren.
Zeilen 6 und 7: Zeilenweise Verschiebung des Bildpunktes (i, j).
Zeilen 8-10: Bildmatrix am Ort (i, j) mit null initialisieren, Markenzähler m unter der Bedingung, dass s = 1 wahr ist inkrementieren, Schalter s auf Wert null setzen.
Zeilen 11-21: Wertzuweisung an $M_{i,j}$ in Abhängigkeit vom Inhalt der Bildpunkte unter dem Hakenelement in Labelbild A (ausführliche Beschreibung siehe Abschn. 13.2). Bem.: Die Hakenelemente werden durch die Indizierungen der Bildelemente in A und M realisiert.
Zeilen 18-20: Wertzuweisung des inkrementierten Markenwertes m+1 an $M_{i,j}$, (Fall 5 in Abschn. 13.2).
Zeile 21: $M_{i,j}$ auf Grauwert null setzen, weil Bildpunkt $A_{i,j}$ zum Hintergrund zählt.

Bedeutung des Arguments in der Funktion Rohmarkenbild():

Argument: Labelbild A

$$
\text{Rohmarkenbild}(A) := \begin{vmatrix}
M \leftarrow A \cdot 0 \\
m \leftarrow 0 \\
s \leftarrow 0 \\
ZA \leftarrow \text{zeilen}(A) \\
SA \leftarrow \text{spalten}(A) \\
\text{for } i \in 1 .. ZA - 2 \\
\quad \begin{vmatrix}
\text{for } j \in 1 .. SA - 2 \\
\quad \begin{vmatrix}
M_{i,j} \leftarrow 0 \\
m \leftarrow m + 1 \text{ if } s = 1 \\
s \leftarrow 0 \\
B1 \leftarrow A_{i,j} = A_{i-1,j} \wedge A_{i,j} \neq A_{i,j-1} \wedge A_{i,j} \neq 0 \\
B2 \leftarrow A_{i,j} = A_{i,j-1} \wedge A_{i,j} \neq A_{i-1,j} \wedge A_{i,j} \neq 0 \\
B3 \leftarrow A_{i,j} = A_{i-1,j} \wedge A_{i,j} = A_{i,j-1} \wedge A_{i,j} \neq 0 \\
B4 \leftarrow A_{i,j} \neq A_{i-1,j} \wedge A_{i,j} \neq A_{i,j-1} \wedge A_{i,j} \neq 0 \\
M_{i,j} \leftarrow M_{i-1,j} \text{ if } B1
\end{vmatrix}
\end{vmatrix}
\end{vmatrix}
$$

Seite III

Listing Rohmarkenbild(A) (Fortsetzung)

$$M_{i,j} \leftarrow M_{i,j-1} \quad \text{if B2}$$

$$M_{i,j} \leftarrow M_{i,j-1} \quad \text{if B3}$$

$$\text{if B4}$$

$$M_{i,j} \leftarrow m+1$$

$$s \leftarrow 1$$

$$M_{i,j} \leftarrow 0 \quad \text{if } A_{i,j} = 0$$

$$M_{i,j}$$

$$M$$

$$M := \text{Rohmarkenbild(A)}$$

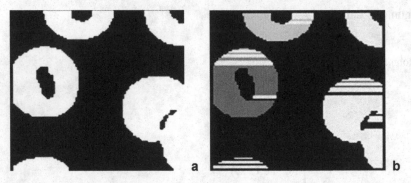

a   b

Abb. 13.13a. Binärbild A, **b** Rohmarkenbild M von A. M enthält viele äquivalente Marken

2. Berechnung der Marken:

2.a Berechnung von Liste mit der Funktion Äquivalenzliste(A, M):

Kommentare zum Listing Äquivalenzlist():
Zeilen 1-2: List mit Nullen vorbelegen.
Zeilen 3-4: Konstanten ZA und SA definieren.
Zeilen 5-6: Zeilenweise Verschiebung des Bildpunktes (i, j) über das Rohmarkenbild M.
Zeile 7: $M_{i-1,j}$ Listenindex k zuweisen.
Zeile 8-9: Marke $M_{i,j-1}$ in List$_k$ speichern, falls die Bedingung (B $\wedge$ List$_k$ = 0) wahr ist (Abschn. 13.3). In diesem Fall würde keine äquivalente Marke überschrieben.

Zeilen 10-12: Ist die Bedingung $(B \wedge List_k \neq 0)$ wahr, dann Sicherung des Inhalts von $List_k$ unter $List_q$, $(q = M_{i,j-1})$, damit die Überschreibung einer bereits erkannten äquivalenten Marke vermieden wird, dann Speicherung von $M_{i,j-1}$ unter $List_k$.

Zeilen 13-14: Ersetzen des Inhalts mit Nullen belegter Listenelemente $List_k$ durch deren Indizes k.

Bedeutung der Argumente in der Funktion Äquivalenzliste():

    Argument 1: Labelbild A

    Argument 2: Rohmarkenbild M

$$
\text{Äquivalenzliste } (A, M) := \left|
\begin{array}{l}
\text{for } k \in 0.. \max(M) \\
\quad \left| List_k \leftarrow 0 \right. \\
ZA \leftarrow \text{zeilen}(A) \\
SA \leftarrow \text{spalten}(A) \\
\text{for } i \in 1.. ZA - 2 \\
\quad \text{for } j \in 1.. SA - 2 \\
\qquad \left|
\begin{array}{l}
k \leftarrow M_{i-1, j} \\
B \leftarrow A_{i-1, j} = A_{i, j-1} \wedge M_{i-1, j} \neq M_{i, j-1} \\
List_k \leftarrow M_{i, j-1} \quad \text{if } B \wedge List_k = 0 \\
\text{if } B \wedge List_k \neq 0 \\
\quad \left|
\begin{array}{l}
List_{M_{i, j-1}} \leftarrow List_k \\
List_k \leftarrow M_{i, j-1}
\end{array}
\right.
\end{array}
\right. \\
\text{for } k \in 0.. \max(M) \\
\quad \left| List_k \leftarrow k \quad \text{if } List_k = 0 \wedge k \neq 0 \right. \\
List
\end{array}
\right.
$$

Die Äquivalenzliste für das Rohmarkenbild M ist in Abb. 13.14 dargestellt.

2.b Reduktion sämtlicher äquivalenter Marken auf eine Marke mit der Funktion Listnew():

Alle äquivalenten Marken aus List werden ermittelt und durch eine äquivalente Marke ersetzt. Auf diese Weise entsteht die von mehreren äquivalenten Marken bereinigte neue Äquivalenzlist $Listnew_k$.

Seite V

Kommentar zum Listing Listnew():
Zeile 1: Listnew mit List vorbelegen.
Zeilen 3-4: In der FOR-Schleife die Variablen g und s für jedes k neu initialisieren.
Zeilen 5-7: WHILE-Schleife mit Abbruchbedingung (Listnew$_s$ > s). Solange Listenelement Listnew$_s$ größer als Listenindex s ist, wird die WHILE-Schleife durchlaufen. Dabei wird die Kette äquivalenter Marken so lange verfolgt, bis der Listenindex s gleich dem Listeneintrag Listnew$_s$ ist (Kettenende). Es empfiehlt sich, diesen Sachverhalt anhand von Abb. 13.14 zu überprüfen.
Bem.: Die WHILE-Schleife läuft nach Erfüllung der Abbruchbedingung noch einmal ganz durch.
Zeile 8: Nach Durchlauf der WHILE-Schleife wird der Inhalt von Listnew$_g$ in Listnew$_k$ gespeichert (Listnew$_k$ enthält die größte äquivalente Marke).

Bedeutung des Arguments in der Funktion Listnew():
    Argument: Äquivalenzliste List

$$
\text{Listnew(List)} := \left|
\begin{array}{l}
\text{Listnew} \leftarrow \text{List} \\
\text{for } k \in 0.. \max(\text{List}) \\
\quad \left|
\begin{array}{l}
g \leftarrow \text{Listnew}_k \\
s \leftarrow k \\
\text{while } \text{Listnew}_s > s \\
\quad \left|
\begin{array}{l}
s \leftarrow \text{Listnew}_s \\
g \leftarrow \text{Listnew}_s
\end{array}
\right. \\
\text{Listnew}_k \leftarrow \text{Listnew}_g
\end{array}
\right. \\
\text{Listnew}
\end{array}
\right.
$$

Die bereinigte Äquivalenzliste „Listnew" für das Rohmarkenbild M ist in Abb. 13.15 abgebildet.

List := Äquivalenzliste(A, M)

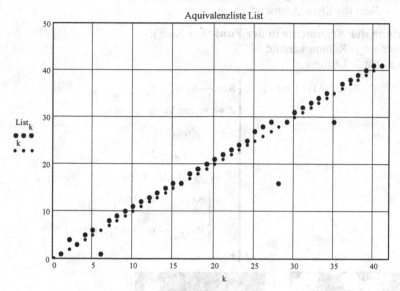

Abb. 13.14. Darstellung der Äquivalentliste List für Bild A. Zur besseren Orientierung ist die Identität (kleine Punkte) mit eingetragen

Listnew := Listnew(List)

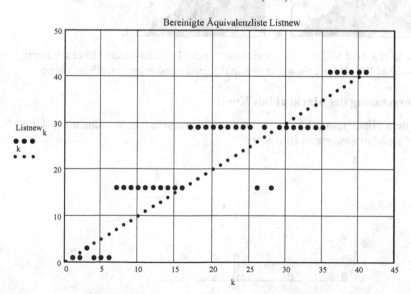

Abb. 13.15. Darstellung der bereinigten Äquivalenzliste „Listnew". Zur besseren Orientierung ist auch hier die Identität (kleine Punkte) mit eingetragen

Seite VII

2.c Berechnung des korrigierten Markenbildes Kor aus M:
Als LUT dient die Liste „Listnew".

Bedeutung der Argumente in der Funktion Kor():
Argument 1: Rohmarkenbild M
Argument 2: Listnew

$$\text{Kor}(M, \text{Listnew}) := \begin{vmatrix} \text{Kor} \leftarrow M \cdot 0 \\ Z \leftarrow \text{zeilen}(M) \\ S \leftarrow \text{spalten}(M) \\ \text{for } i \in 1..Z-2 \\ \quad \text{for } j \in 1..S-2 \\ \qquad \begin{vmatrix} \text{Kor}_{i,j} \leftarrow \text{Listnew}_{\left(M_{i,j}\right)} \\ \text{Kor}_{i,j} \leftarrow 0 \quad \text{if } M_{i,j} = 0 \end{vmatrix} \\ \text{Kor} \end{vmatrix}$$

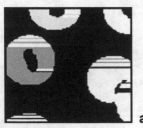 

a   b

Abb. 13.16a. Bild M. Die Teilchen enthalten noch viele äquivalente Marken. **b** Korrigiertes Markenbild Kor. Jedes Teilchen enthält in (**b**) genau eine unterschiedliche Marke

3. Berechnung des Markenbilds Kor1:

Mit dem Histogramm h = Histogramm(Kor) verschaffen wir uns einen Überblick über die Markenwerte in Bild Kor.

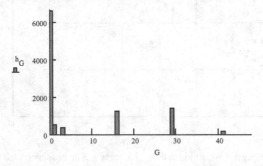

Abb. 13.17. Histogramm h vom korrigierten Markenbild Kor (Abb. 13.16b)

Wir erkennen, dass die Marken in Bild Kor nicht in natürlicher Reihenfolge auftreten. Daher sind sie für eine Teilchennummerierung noch nicht geeignet.

3.a Berechnung der LUT aus „Listnew" mit der Funktion LUT(h):

Kommentar zum Listing LUT(h):
Zeilen 1-2: LUT mit Nullen vorbelegen.
Zeile 3: Variable Zähler mit null initialisieren.
Zeilen 4-6: Inkrementierung von Zähler, wenn $h_G \neq 0$, dann Zähler in Listenele-
ment LUT_G speichern.

Bedeutung des Arguments in der Funktion LUT():
Argument: Histogramm h von Bild Kor.

$$LUT(h) := \begin{array}{|l}
\text{for } G \in 0 .. \text{ länge}(h) - 1 \\
\quad LUT_G \leftarrow 0 \\
\text{Zähler} \leftarrow 0 \\
\text{for } G \in 1 .. \text{ länge}(h) - 1 \\
\quad \begin{array}{|l} \text{Zähler} \leftarrow \text{Zähler} + 1 \quad \text{if } h_G \neq 0 \\ LUT_G \leftarrow \text{Zähler} \end{array} \\
LUT
\end{array}$$

$$LUT := LUT(h)$$

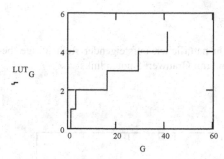

Abb. 13.18. LUT zur Berechnung des korrigierten Markenbildes Kor1

**3.b Berechnung des korrigierten Markenbildes Kor1 aus Kor mit der Funk-
tion Kor1(Kor, LUT, Marke):**

Kommentare zum Listing Kor1(Kor, LUT, Marke):
Zeile1: Kor1 mit Nullen vorbelegen.
Zeilen 2-3: Definition der Konstanten Z und S.
Zeilen 4-7: Berechnung der Grauwerte von Kor1 mit LUT. Enthält der Parameter
Marke einen in LUT existierenden Markengrauwert, dann wird in **Zeile 6** der

Seite IX

Bildpunkt auf Grauwert 255 gesetzt. Hierdurch wird in Kor1 nur das Teilchen mit der ausgewählten Marke dargestellt. Für Marke = −1 werden alle Teilchen mit ihren Marken dargestellt.

$$
\text{Kor1(Kor, LUT, Marke)} := \left| \begin{array}{l}
\text{Kor1} \leftarrow \text{Kor} \cdot 0 \\[4pt]
Z \leftarrow \text{zeilen(Kor)} \\[4pt]
S \leftarrow \text{spalten(Kor)} \\[4pt]
\text{for } i \in 0 .. Z - 1 \\[4pt]
\quad \text{for } j \in 0 .. S - 1 \\[4pt]
\qquad \left| \begin{array}{l}
\text{Kor1}_{i,j} \leftarrow 255 \quad \text{if } \text{LUT}_{\left(\text{Kor}_{i,j}\right)} = \text{Marke} \\[8pt]
\text{Kor1}_{i,j} \leftarrow \text{LUT}_{\left(\text{Kor}_{i,j}\right)} \quad \text{if } \text{Marke} = -1
\end{array} \right. \\[8pt]
\text{Kor1}
\end{array} \right.
$$

$$\text{Kor1} := \text{Kor1(Kor, LUT, −1)}$$

Abb. 13.19. Markenbild Kor1 mit Marken in natürlicher, aufsteigender Reihenfolge, beginnend mit Grauwert 1 oben links und endend mit Grauwert 5 unten links

3.c Histogramm h1 von Bild Kor1:

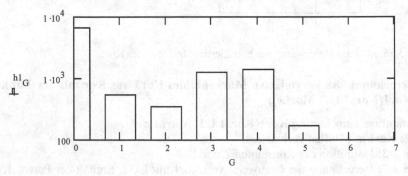

Abb. 13.20. Histogramm h1 von Bild Kor1 (halblogarithmische Darstellung)

14. Anhand von Merkmalen Objekte erkennen - Mustererkennung

Abb. 14.1. 50 und 20 Cent Stück. Unterscheidungsmerkmale sind der Durchmesser, die Prägung und die Randtextur

Haben Sie sich schon einmal gefragt, nach welchen visuellen Kriterien Sie ein 20 Cent Stück von einem 50 Cent Stück unterscheiden? Für diese Aufgabe helfen Ihnen drei Unterscheidungsmerkmale. Es sind dies die Größe, die Prägung und die unterschiedliche Randgestaltung (Abb. 14.1).

Wenn Sie an der Kasse stehen und aus Ihrem Portmonee aus einer Vielzahl von Geldstücken ein 20 Cent Stück auswählen, führen Sie eine perfekte Mustererkennung durch. Sie trennen die einzelnen Geldstücke voneinander, selektieren nach bestimmten Merkmalen und treffen schließlich die Entscheidung, das gefundene 20 Cent Stück aus dem Portmonee zu nehmen, um es der Kassiererin zu geben.

Mit Mustererkennung bezeichnen wir allgemein in der BV das Erkennen von Objekten oder Mustern anhand von Merkmalen. Oft wird in der Literatur statt dessen auch der Begriff quantitative Analyse gewählt. Mit der Mustererkennung und der sich daran meist anschließenden Auswertungen oder Entscheidungen wird eine Bildverarbeitungsaufgabe, bei der es um die Suche nach bestimmten Objekten im Bild geht, abgeschlossen. Als ein Beispiel hierzu kann der Einsatz der BV in der Krebsfrüherkennung angeführt werden. Aus einem Zellabstrich müssen aus Tausenden von Zellen (den Objekten) diejenigen herausgefunden werden, die sämtliche Merkmale einer Krebszelle aufweisen. Im Folgenden sollen die Begriffe Objekt und Teilchen als Synonyme verwendet werden und der Begriff Blob ausschließlich für binarisierte Teilchen.

Bevor wir näher auf die Mustererkennung eingehen, wollen wir uns einen Überblick über die einzelnen Arbeitsschritte verschaffen.

In Abb. 14.2 bestehen die Objekte aus Gesichtern. Sie müssen zunächst aus dem Bild segmentiert werden. Da wir jedes Gesicht für sich untersuchen wollen, müssen wir sie durch eine Bereichssegmentierung mit unterschiedlichen Marken versehen. In unserem Beispiel sind dies die Marken 1, 2 und 3. Für die sich daran anschließende Merkmalsextraktion ist zunächst die Festlegung von Merkmalen nötig. Hierzu bilden wir einen rechteckförmigen Bereich um den Mund und teilen ihn in zwei gleich große Hälften mit einer waagerechten Trennlinie. An beispielsweise drei in gleichen Abständen horizontal verteilten Stellen tasten wir den Mund ab.

Beispiel: Auswertung von Gesichtern	Bearbeitungsschritte	Ergebnisse
Die Gesichter mit Schwellwertoperationen vom Bildhintergrund hervorheben	Segmentierung	Labelbild (Kap. 8)
Gesichter mit unterschiedlichen Marken versehen  1 2 3	Bereichssegmentierung	Markenbild (Kap. 13)
Mundform-Merkmale für die drei Gesichter bestimmen 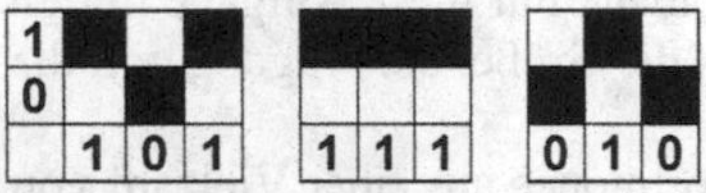 1 0 1 0 1 1 1 1 0 1 0 Merkmalstabelle MT: <table><tr><td>1</td><td>2</td><td>3</td></tr><tr><td>1,0,1</td><td>1,1,1</td><td>0,1,0</td></tr></table>	Merkmalsextraktion (Berechnung von Objektmerkmalen)	Merkmalsliste
Sortenliste SL: <table><tr><td>1</td><td>2</td><td>3</td></tr><tr><td>erfreut</td><td>indifferent</td><td>verärgert</td></tr></table>	Klassifizierung (Einordnung der Objekte nach Sorten mit Hilfe der Merkmalsliste)	Sortenliste
Sprachausgabe: Zu 1: Worüber freuen Sie sich? Zu 2: Wie geht es Ihnen? Zu 3: Was bedrückt Sie?	Entscheidungen treffen	Sortiervorgang Markiervorgang Steuervorgang Sprachausgabe etc.

Abb. 14.2. Arbeitsschritte bei der Mustererkennung

Liegt die Stelle des Mundes unterhalb der waagerechten Linie, vergeben wir eine 0, ansonsten eine 1. Auf diese Weise entstehen die Merkmale (1,0,1) für den lachenden, (1,1,1) oder (0,0,0) für den indifferenten und (0,1,0) für den schmollenden Mund. In einer Merkmalsliste werden die extrahierten Merkmale den Marken und somit den Gesichtern zugeordnet. Daraus lässt sich eine Sortenliste erstellen, aus welcher der Gesichtsausdruck abzulesen ist. Aus den Informationen der Sortenliste lassen sich Entscheidungen ableiten. In unserem sehr einfachen Fall wählen wir eine Sprachausgabe, welche die verschiedenen Gesichter passend zu ihrer Miene anspricht.

Eine zuverlässige Klassifizierung kommt im Allgemeinen nicht mit einem Merkmal aus. Vielmehr gilt der Grundsatz, dass eine Klassifizierung um so sicherer wird, je mehr voneinander unabhängige Merkmale vergeben werden. In Abschn. 14.1 sind einige Merkmale für die einfache Teilchenanalyse aufgelistet. Für spezielle Klassifizierungsaufgaben wird das nicht ausreichen, so dass wir uns passende ausdenken müssen.

14.1 Merkmalsextraktion

Für die Teilchencharakterisierung stehen eine Vielzahl von Merkmalen zur Verfügung, die zu einem großen Teil sowohl von der Orientierung im Bild, als auch von ihrer Größe unabhängig sind. An dieser Stelle werden einige wichtige Merkmale aufgeführt, die nach einer Bereichssegmentierung sinnvoll sind und von den gängigen BV-Programmen unterstützt werden.

☐ Flächeninhalte
 – Anzahl Pixel einer Fläche (number of pixels)
 – Anzahl Löcher in einem Teilchen (number of holes)
 – Gesamtfläche der Löcher in einem Teilchen (holes's area)
 – Gesamtfläche eines Teilchen, d.h. inkl. Löcherflächen (total area)
☐ Längen
 – Umfang eines Teilchen, d.h. die Summe aller Pixel, die zusammen die Fläche nach außen begrenzen (paticle perimeter)
 – Lochumfang, d.h. die Summe aller Umfänge der Löcher eines Teilchens (hole's perimeter)
 – Breite, d.h. der Abstand zwischen den Pixeln, die rechts und links am weitesten voneinander entfernt sind (breadth)
 – Höhe, d.h. der Abstand zwischen den Pixeln, die oben und unten am weitesten voneinander entfernt sind (height)
☐ Schwerpunktkoordinaten x_s und y_s eines Teilchens (siehe Gl. (14.1)) (center of mass)
☐ Kompaktheit $K = \text{Umfang}^2/(4\pi*\text{Flächeninhalt})$
 K ist ein normiertes Maß für die Form der Fläche. Für Kreisflächen ist K=1 und für langgestreckte Flächen wächst Umfang^2 schneller als die Fläche, so dass K>1 wird. Bananen weisen ein großes K auf, während Orangen ein K≈1 besitzen (compactness)

☐ Polarer Abstand, d.h. der Abstand vom Flächenschwerpunkt zum Rand (polar distance).

Die in der Aufzählung erwähnten Schwerpunktkoordinaten berechnen sich aus

$$x_s = \frac{\sum_x \sum_y G(x,y) \cdot x}{\sum_x \sum_y G(x,y)} \quad \text{und} \quad y_s = \frac{\sum_x \sum_y G(x,y) \cdot y}{\sum_x \sum_y G(x,y)}, \quad (14.1)$$

wobei über alle Bildpunkte des Teilchens summiert werden muss. Die meisten BV-Programme liefern eine Reihe weiterer Funktionen für die Merkmalsanalyse von Teilchen. Daher ist es ratsam, sich mit den oft sehr zahlreichen Möglichkeiten vertraut zu machen.

Auch die Merkmale Textur (Kap. 9) oder Farbe (Kap. 16) sollten für die Erkennung von Objekten genutzt werden. Dies setzt natürlich im Fall der Farbe eine Farbbildverarbeitung voraus.

Da die Merkmale meist nach ihrer Größe oder nach anderen Gesichtspunkten geordnet sind, lassen sich ihre Wertebereiche auf Koordinatenachsen eindeutig abbilden. Auf diese Weise können sie einen kartesischen Merkmalsraum aufspannen, in dem durch Intervallbildungen eine Klassifizierung der Bildobjekte möglich wird. In Abschn. 14.2 wollen wir uns mit dem Merkmalsraum näher befassen.

14.2 Merkmalsraum

Die Koordinaten des Merkmalsraumes werden von den Merkmalen gebildet, die für eine Bildverarbeitungsaufgabe festgelegt sind. So könnte die x-Achse Kompaktheit und die y-Achse Farbe darstellen. Jedem Objekt im Bild ist ein Merkmalsvektor zugeordnet, der an die für das Objekt charakteristische Stelle im Merkmalsraum weist (Abb. 14.3).

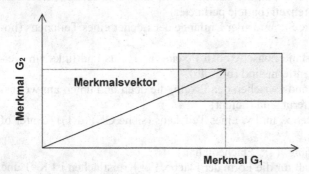

Abb. 14.3. Aus den Merkmalen G1 und G2 gebildeter Merkmalsraum. Jeder Merkmalsvektor ist genau einem Teilchen zugeordnet. Zusätzlich ist für eine Klassifizierung ein Merkmalsintervall (grau unterlegt) eingezeichnet

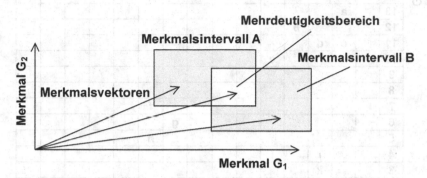

Abb. 14.4. Merkmalsraum mit überlappenden Merkmalsintervallen. Das Merkmalsintervall, in dem alle zur Klasse A gehörenden Vektoren liegen, besitzt eine Schnittmenge mit dem Merkmalsintervall B. Im Mehrdeutigkeitsbereich ist keine einfache Klassifizierung möglich

Wie bereits erwähnt, wird eine Klassifizierung um so einfacher, je mehr voneinander unabhängige Merkmale vergeben werden, weil dadurch die Unterscheidung der einzelnen Objekte erleichtert wird. Wenn die Objektklassen anhand der Merkmale nicht ausreichend genug getrennt werden können, entstehen überlappende Merkmalsintervalle. In den Schnittmengen ist eine eindeutige Zuordnung der Objekte mit einfachen Klassifizierungsverfahren nicht möglich (Abb. 14.4).

Für die nachfolgende Beschreibung einfacher Klassifikationsverfahren benutzen wir das in Abb. 14.5 dargestellte Beispiel für einen Merkmalsraum, der in Form einer Excel-Tabelle vorliegen könnte. Den Einträgen a bis k entsprechen Merkmalsvektoren zu diesen Punkten. Die Buchstaben entsprechen den Teilchenmarken. Zu dem Vektor a gehören beispielsweise die Koordinaten (2, 13) usw.

14.3 Minimum-Distance-Klassifizierung

Bei dieser Art der Klassifizierung unterscheidet man zwischen unüberwacht und überwacht. Im Gegensatz zur unüberwachten Klassifizierung liegen bei der überwachten Klassifizierung aufgrund statistischer Erhebungen Vorkenntnisse (a priori Wissen) über die Objekte der einzelnen Klassen vor, die später bei der Einordnung sehr hilfreich sind. In Abschn. 14.3.1 wenden wir uns zunächst der unüberwachten Klassifizierung zu.

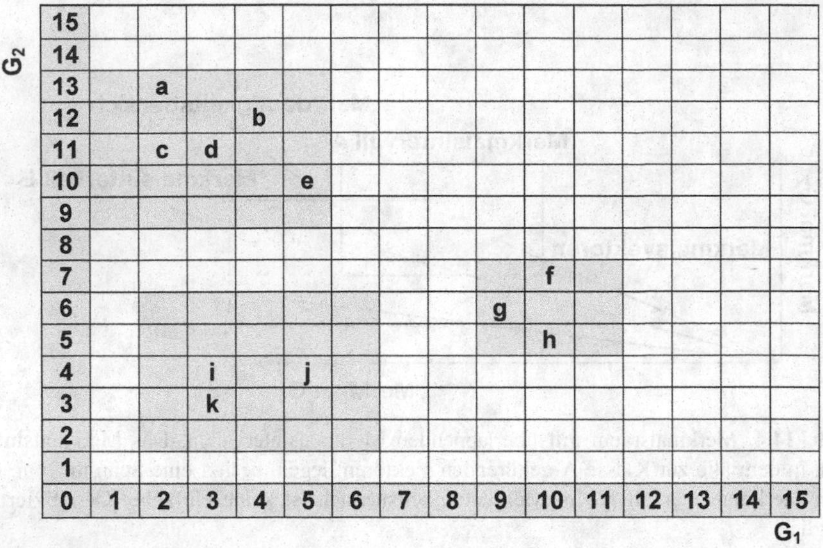

Abb. 14.5. Einfaches Modell eines Merkmalsraumes mit den Merkmalsvektoren a bis k

14.3.1 Unüberwachte Klassifizierung

Bei dieser einfachen Klassifizierung wird davon ausgegangen, dass alle Merkmalsvektoren, die einen Abstand zueinander haben, der gleich oder kleiner als d_{min} ist, zu einer gemeinsamen Klasse gehören [1, 6, 17, 22]. Wir wählen für das Beispiel in Abb. 14.5 als Abstandsmaß den City-Block-Abstand (Abschn. 11.10)

$$d = |x_0 - x_1| + |y_0 - y_1|$$

und eine Zurückweisungsschwelle von $d_{min} = 6$. Der Algorithmus fängt mit dem Vektor a (oben links im Merkmalsraum Abb.14.5) an und überprüft die Abstände zu den anderen Vektoren b, c, ...

Bem.: Hier sind die Vektoren a, b, ...,k ausnahmsweise ohne Pfeile gekennzeichnet.

Nach diesem Verfahren erhalten wir die Ergebnisse:

☐ Klasse A: A = {a,b,c,d,e}
☐ Klasse B: B = {f,g,h}
☐ Klasse C: C = {i,j,k}.

Bei der unüberwachten Klassifizierung sind die Einsparung einer Trainingsphase als Vorteile zu sehen. Allerdings ist die Wahl einer Zurückweisungsschwelle d_{min} nicht ohne Willkür.

Bei der nun folgenden überwachten Klassifizierung müssen Daten über sog. Musterklassen vorliegen. Die Klassifizierung wird durch das a priori Wissen natürlich besser, d.h. die Einordnung der Objekte wird treffsicherer.

14.3.2 Überwachte Klassifizierung

In dem Modell eines Merkmalsraumes (Abb.14.5) erkennen wir drei Anhäufungen, die zu den unterschiedlichen Klassen A, B und C gehören. Wir wollen sie als Musterklassen ansehen und zum Trainieren unseres Klassifikators (Programmteil, der für die Klassifizierung zuständig ist) verwenden. Für alle Musterklassen lassen sich Vektoren für die Mittelwerte $\vec{\mu}_n$ und Standardabweichungen $\vec{\sigma}_n$ mit n = A, B und C berechnen, welche die Mittelpunkte bzw. die Größen der Merkmalsintervalle angeben. Bei der Auflistung der relevanten Formeln gehen wir von m unterschiedlichen Merkmalen und k Klassen aus. Demnach hat unser Merkmalsraum die Dimension m.

Alle Angaben der folgenden Ausführungen beziehen sich auf eine Klasse (ohne Einschränkung der Allgemeinheit sei dies A), so dass wir den Klassenindex aus Gründen der Übersichtlichkeit wegfallen lassen.

Natürlich müssen wir ihn im Falle einer konkreten Berechnung hinzufügen. Die Mittelwerte und Standardabweichungen lassen sich also in der vereinfachten Schreibweise zu den Vektoren

$$\vec{\mu} = (\mu_1, \mu_2, ..., \mu_m) \qquad (14.2)$$

$$\vec{\sigma} = (\sigma_1, \sigma_2, ..., \sigma_m) \qquad (14.3)$$

zusammenfassen. Dabei erhalten wir jeden Mittelwert μ_i und jede Standardabweichung σ_i aus der konkreten Stichprobe $(\vec{g}_1, \vec{g}_2, ..., \vec{g}_p)$ vom Umfang p, indem wir jeweils die i-te Komponente der p Merkmalsvektoren für die Berechnungen

$$\mu_i = \frac{1}{p} \cdot \sum_{j=1}^{p} (g_i)_j \qquad (14.4)$$

$$\sigma_i = \sqrt{\frac{1}{p-1} \cdot \sum_{j=1}^{p} [(g_i)_j - \mu_i]^2} \qquad (14.5)$$

heranziehen. Dabei stellt j den Laufindex über alle p Sichprobenwerte dar. Im einfachsten Fall wird für die halbe Merkmals-Intervallbreite ein Vielfaches (z.B. der Faktor 3) des Maximums der Standardabweichungen

$$\sigma_{max} = \max\{\sigma_1, \sigma_2, ..., \sigma_{m,}\} \qquad (14.6)$$

gewählt. Das Trainingsergebnis unseres Beispiels aus der Abb. 14.5 steht in Tabelle 14.1.
Die Zahlen der dunkel hinterlegten Zellen werden verworfen, weil sie von den zwei möglichen Werten für die Standardabweichung die kleineren sind. In Abb. 14.5 sind die aus der überwachten Klassifizierung berechneten Intervalle durch die

Tabelle 14.1. Ergebnisse aus der Trainingsphase. Sie beziehen sich auf die Angaben in Abb. 14.5

	Mittelwert μ		Standardabweichung σ	
Klasse	Merkmal 1	Merkmal 2	Merkmal 1	Merkmal 2
A	3,2	11,4	1,3	1,1
B	9,7	6	0,58	1
C	3,7	3,7	1,16	0,58

grauen Bereiche markiert. Die Werte mit Nachkommastellen wurden dabei auf die nächst größere ganze Zahl aufgerundet.

14.4 Maximum- Likelihood- Verfahren

Dieses Verfahren gehört zu den überwachten Klassifizierungsverfahren, d.h. hier geht der Klassifizierung eine Trainingsphase voraus. Sie liefert zunächst statistische Daten, die klassenbezogen zu Merkmalsvektoren zusammengefasst werden. Mit den sich daraus ergebenden empirischen Histogrammen kann, im Unterschied zu dem einfachen überwachten Verfahren aus Abschn. 14.3.2, auch noch im Falle einer Überschneidung der Merkmalsintervalle klassifiziert werden. Die Durchführung statistischer Erhebungen zum Ziele auswertbarer Histogramme ist extrem aufwendig. Unter bestimmten Voraussetzungen kann das Maximum-Likelihood-Verfahren diesen Nachteil beseitigen. In den Abschn. 14.4.1 bis 14.4.3 wird zunächst auf das „Histogramm-Verfahren" anhand eines Beispiels eingegangen und danach das Maximum-Likelihood-Verfahren beschrieben.

14.4.1 Trainingsphase am Beispiel Obst

Wir betrachten als begleitendes Beispiel die Kategorie „Obst" und teilen sie in Klassen ein, die hier als Obstsorten bezeichnet werden. Die Trainingsphase lässt sich nun in vier Schritte untergliedern:

1. Auswahl der Klassen k_i, die für eine spätere Klassifizierung in Frage kommen sollen
   z.B.   1. k_1: Bananen
                 2. k_2: Äpfel.
2. Festlegung sinnvoller und möglichst voneinander unabhängiger Merkmale G_0, G_1, G_2,... Der Merkmalsvektor $\vec{g} = (g_0,\ g_1)$ nimmt in unserem Beispiel Werte für die Koordinaten
                 1. G_0 : Kompaktheit K
                 2. G_1 d_{max}/d_{min}
   an.

3. Stichprobenentnahmen für die Ermittlung der statistischen Eigenschaften der ausgewählten Klassen.
   In einem Obstgeschäft erfolgen Stichprobenentnahmen, mit denen empirischer Histogramme gebildet werden. In unserem Beispiel erwerben wir A (z.B. A = 130) Äpfel und B (z.B. B = 68) Bananen und bestimmen von ihnen jeweils die Merkmale Kompaktheit K und das Verhältnis der polaren Abstände d_{max}/d_{min} (Abschn. 14.1).
4. Aus den Stichproben für Äpfel und Bananen ergeben sich die Merkmalsvektoren, mit denen die empirischen Histogramme H_A und H_B erstellt werden (Abb. 14.6).

Wir erkennen in der Grafik zwei Balkentypen. Die dünnen geben an, wie oft Äpfel mit den Merkmalen $\vec{g} = (g_0, g_1)$ im Obstgeschäft vorgefunden wurden. Entsprechendes gilt für die dicken Balken, welche die Häufigkeiten für Bananen anzeigen. Damit beide Verteilungen gleichgewichtig sind, müssen wir sie noch durch die Anzahl der untersuchten Äpfel N_A bzw. Bananen N_B teilen. Auf diese Weise erhalten wir die relativen Häufigkeiten

$$h_A(\vec{g}) = H_A(\vec{g}) / N_A \quad \text{und} \quad h_B(\vec{g}) = H_B(\vec{g}) / N_B \qquad (14.7)$$

mit

$$\sum_{\vec{g}} h_A(\vec{g}) = 1 \quad \text{und} \quad \sum_{\vec{g}} h_B(\vec{g}) = 1. \qquad (14.8)$$

Nach dieser Maßnahme wird meist vorausgesetzt, dass die a priori Wahrscheinlichkeiten für alle k Klassen K_1, K_1, ... K_k gleich groß sind und die Werte $p(K_i)$ = 1/k für i = 1, 2, ...,k besitzen. In unserem Beispiel würde dann also

$$p(A) = p(B) = 1/2$$

sein.

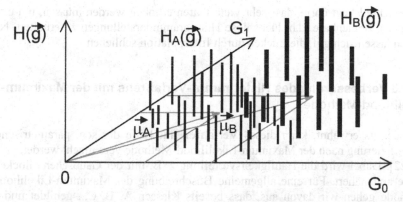

Abb. 14.6. Mit den Merkmalen G_0 und G_1 aufgespannter Merkmalsraum. Nach oben sind die relativen Häufigkeiten für das Auftreten der Merkmalsvektoren **g** dargestellt. Für Äpfel (dünne Säulen) gibt $H_A(\mathbf{g})$ und für Bananen $H_B(\mathbf{g})$ die Häufigkeiten an

Es seien nun die a priori Wahrscheinlichkeiten für Äpfel p(A) und für Bananen p(B) festgelegt, so erhalten wir schließlich die für die Klassifizierung wichtigen Verteilungen

$$d_A(\vec{g}) = p(A) \cdot h_A(\vec{g}) = p(A) \cdot H_A(\vec{g}) / N_B \tag{14.9}$$

und

$$d_B(\vec{g}) = p(B) \cdot h_B(\vec{g}) = p(B) \cdot H_B(\vec{g}) / N_B. \tag{14.10}$$

Mit der Bestimmung der Verteilungen $d_k(\vec{g})$ (k = A, B) ist die Trainingsphase abgeschlossen und die Klassifizierung kann beginnen.

14.4.2 Klassifizierung mit Histogrammauswertung

Die Klassifizierung wird nun in den Schritten 1 bis 4 vorgenommen:

1. Für das zu klassifizierende Objekt den Merkmalsvektor $\vec{g}$ ermitteln
2. Ort im Histogramm aufsuchen
3. Die Werte $d_A(\vec{g})$ und $d_B(\vec{g})$ bestimmen, oder allgemein alle $d_k(\vec{g})$ mit k = A, B, C, ...ermitteln
4. Die Verteilung $d_{kmax}(\vec{g})$ mit dem für $\vec{g}$ maximalen Wert aufsuchen und die Klassifizierung mit der Aussage „Objekt gehört zur Klasse kmax" abschließen. In unserem Beispiel könnte kmax = A sein und daher wäre das zu $\vec{g}$ gehörende Objekt als Apfel zu klassifizieren.

Die Vorteile dieses Klassifizierungsverfahrens sind, dass

☐ eine sehr schnelle Klassifizierung möglich ist und dass
☐ sie auch sehr zuverlässig arbeitet.

Der Nachteil liegt darin, dass sehr viele Daten erhoben werden müssen, um einigermaßen brauchbare, d.h. lückenlose Histogrammdarstellungen zu erhalten. Natürlich lassen sich ggf. die Lücken durch Interpolation schließen.

14.4.3 Verbesserung des Histogramm-Verfahrens mit der Maximum-Likelihood-Methode

Wie bereits erwähnt, kann dieses Verfahren mit Hilfe der sog. parametrischen Klassifizierung nach der Maximum-Likelihood-Methode vereinfacht werden [1, 6, 17, 22]. Dabei wird die Häufigkeitsverteilung z. B. mit der Gaußschen Glockenkurve angenähert. Für eine allgemeine Beschreibung der Maximum-Likelihood-Methode gehen wir davon aus, dass bereits Klassen A, B, C,.. gebildet und m Merkmale G_0, G1, ...G_{m-1} festgelegt wurden.

> Wir beschreiben auch hier das Verfahren nur für eine Klasse (z.B. A) und ein Merkmal G, um die Indizierung möglichst übersichtlich zu halten.

Die Erweiterung auf m Merkmale sollte sich nicht sehr schwer gestalten.

Wir nehmen an, dass sich die Verteilungsfunktion der Zufallsgröße G mit einer Dichtefunktion $f_G(g, \alpha, \beta, \gamma, ...)$, etwa der Gaußschen Glockenkurve, beschreiben lässt. Dabei sind $\alpha, \beta, \gamma, ...$ noch zu bestimmende Parameter. Ist der Verteilungstyp von G bekannt, so ist die Maximum-Likelihood-Methode zur Bestimmung der Parameter eine Möglichkeit. Dabei gehen wir von einer konkreten Stichprobe $\{g_1, g_2, ..., g_p\}$ (für dieses eine Merkmal G der Klasse A) vom Umfang p aus, definieren eine sog. Likelihood-Funktion L und bestimmen $\alpha, \beta, \gamma, ...$ so, dass die Funktion L für diese Schätzwerte ein Maximum annimmt. Die durch

$$L(\alpha, \beta, \gamma, ...) = L^*(g_1, g_2, ...,g_a; \alpha, \beta, \gamma, ...) = \prod_{i=1}^{p} f_G(g_i; \alpha, \beta, \gamma, ...) \qquad (14.11)$$

definierte Größe $L(\alpha, \beta, \gamma, ...)$ wird Maximum-Likelihood-Funktion genannt. Es ist also ein Maximum für $L(\alpha, \beta, \gamma, ...)$ zu finden. Da die Funktion in Produktform vorliegt, verwenden wir vorteilhafter den natürlichen Logarithmus von $L(\alpha, \beta, \gamma, ...)$, der das Maximum an der gleichen Stelle wie L besitzt.

Ist $L(\alpha, \beta, \gamma, ...)$ differenzierbar, so erhalten wir die Lösungen $\alpha, \beta, \gamma, ...$ aus den notwendigen Bedingungen

$$\frac{d L(\alpha, \beta, \gamma, ...)}{d\alpha} = \frac{d L(\alpha, \beta, \gamma, ...)}{d\beta} = \frac{d L(\alpha, \beta, \gamma, ...)}{d\gamma} = \cdots = 0. \qquad (14.12)$$

Wie bereits erwähnt, wird als Dichtefunktion häufig die Gaußsche Glockenkurve

$$f_G(g, \mu, \sigma) = \frac{1}{\sigma \cdot \sqrt{2 \cdot \pi}} \cdot e^{-(g-\mu)^2/(2 \cdot \sigma^2)} \qquad (14.13)$$

verwendet und die Maximum-Likelihood-Methode liefert die uns vertrauten Ergebnisse

$$\mu = \frac{1}{p} \cdot \sum_{i=1}^{p} g_i \quad \text{und} \quad \sigma^2 = \frac{1}{p-1} \cdot \sum_{i=1}^{p} (g_i - \mu)^2 \qquad (14.14)$$

für Mittelwert μ und Varianz σ^2.

Zum Abschluss erhebt sich die Frage, wie wir die auf diese Weise bestimmten Dichtefunktionen für die einzelnen Merkmal zu einer gesamten Dichtefunktion für alle Merkmale vereinen können. Die Beantwortung der Frage führt uns von der Statistik mit einer Zufallsvariablen (der univariaten Statistik) zu einer mit mehreren Zufallsvariablen (zur multivaritaten Statistik) [29]. Wenn wir den am Anfang des Abschn. 14.4.1 gegebenen Rat richtig befolgt haben, dann sollten die m ausgewählten Merkmale für die Objektklassifizierung alle voneinander statistisch unabhängig sein. In diesem Fall geht die gesamte (multivariate) Dichtefunktion für den wichtigen Fall der Gaußschen Glockenkurven in die besonders einfache Form

$$f_{\vec{G}}(g_1, g_2, ..., g_m) = \prod_{i=1}^{m} \frac{1}{\sqrt{2 \cdot \pi} \cdot \sigma_i} \cdot \exp\left\{-\frac{(g_i - \mu_i)^2}{2 \cdot \sigma_i^2}\right\} \quad (14.15)$$

über. In Gl. (14.15) stellt $(g_1, g_2, ...,g_m)$ einen beliebigen Merkmalsvektor dar. Die Mittelwerte μ_i und die Standardabweichungen σ_i sind natürlich auch noch von den Klassen A, B, C,... abhängig, aber diese Indizierung haben wir ja der Einfachheit halber weggelassen (s.o.). Wird die statistische Unabhängigkeit bei der Wahl der Merkmale nicht erreicht, so muss dies durch die sog. Kovarianzmatrix $\vec{V}$ berücksichtigt werden und Gl. (14.15) nimmt die etwas kompliziertere Gestalt

$$f_{\vec{G}}(\vec{g}) = \frac{1}{\sqrt{(2 \cdot \pi)^m \cdot \det \vec{V}}} \cdot \exp\left\{-\frac{1}{2} \cdot (\vec{g} - \vec{\mu})^T \vec{V}^{-1} (\vec{g} - \vec{\mu})\right\} \quad (14.16)$$

an. Konkret berechnet sich die Kovarianzmatrix $\vec{V}$ (für die Klassen A, B, C, ...) aus sämtlichen Kovarianzen der m Merkmale mit der konkreten Stichprobe $\{g_1, g_2, ..., g_a\}$ nach

$$\vec{V} = \begin{pmatrix} \sigma_{1,1} & \sigma_{1,2} & \cdots & \sigma_{1,m} \\ \sigma_{2,1} & \sigma_{2,2} & \cdots & \sigma_{2,m} \\ \vdots & \vdots & & \vdots \\ \sigma_{m,1} & \sigma_{m,2} & \cdots & \sigma_{m,m} \end{pmatrix}. \quad (14.17)$$

Dabei erhalten wir die Kovarianz $\sigma_{i,j}$ der Merkmale i und j aus

$$\sigma_{i,j} = \frac{1}{p-1} \cdot \sum_{q=1}^{p} \left((g_i)_q - \mu_i\right) \cdot \left((g_j)_q - \mu_j\right)$$

$$= \frac{1}{p-1} \cdot \sum_{q=1}^{p} \left((g_i)_q \cdot (g_j)_q - \mu_i \cdot \mu_j\right). \quad (14.18)$$

Die Summation läuft über q von 1 bis zum Stichprobenumfang p und die Indizes i und j kennzeichnen, wie schon oben erwähnt, die entsprechenden Merkmale. Demnach bedeutet $(g_i)_q$, die i-te Komponente des Merkmalsvektors $\vec{g}_q$ zur q-ten Stichprobe (für die Klassen A, B, C, ...). Die Kovarianzen der Diagonalelemente $\sigma_{i,i}$ erweisen sich hierbei als die Varianzen der Merkmale i, also

$$\sigma_{i,i} = \sigma_i^2 = \frac{1}{p-1} \cdot \sum_{q=1}^{p} ((g_i)_q - \mu_i)^2. \quad (14.19)$$

Entsprechend der Intention des Buches, nämlich eine Einführung in die BV zu geben, wollen wir an dieser Stelle das Thema Klassifizierung verlassen. Weitergehende Verfahren finden sich in [1, 22, 29].

In Abschn. 14.5 beschreiben wir die Programmschritte auf den Arbeitsblättern zum Thema Mustererkennung.

14.5 Arbeitsblätter „Mustererkennung"

Wir wollen mit einer Aufzählung von Teilfunktionen für die Mustererkennung beginnen (siehe auch Tabelle 14.4).

1. Ermittlung der Randverteilungen VP und HP (VP: vertikale Projektion, HP: horizontale Projektion, Abb. 14.7) und daraus Berechnung der Eckpunkte für die kleinsten umschreibenden Rechteck.
2. Berechnung der Merkmalstabelle MT.
3. Darstellung der Randverteilungen HP, VP sowie der Schwer- und Eckpunkte (Abb. 14.13).
4. Berechnung der Abstandsmatrix d.
5. Berechnung der Klassennummerliste KL aus der Abstandsmatrix d nach den Ausführungen von Abschn. 14.3.1.
6. Berechnung der Sortenliste SL aus der Klassennummerliste KL. Mit der Sortenliste ist die unüberwachte Klassifizierung abgeschlossen, denn sie ordnet jedem Teilchen eine konkrete Klasse zu.
7. Bestimmung der Mittelwerte und Standardabweichungen für die konkreten Klassen „Kreis", „Stäbchen" und „nicht definiert", die Voraussetzungen für eine überwachte Klassifizierung nach Abschnitt 14.3.2 sind. Diese zuletzt genannten Berechnungen sind in den Arbeitsblättern aus Gründen der Übersichtlichkeit nicht enthalten.

Die Programmschritte 4. bis 6. bilden zusammengenommen im Fall der unüberwachten Klassifizierung den Klassifikator. Ausgangspunkt ist das Markenbild Kor1 (Arbeitsblätter „Bereichsegmentierung", Abschn. 13.3). Der maximale Grauwert in Kor1 entspricht der Teilchenzahl. Mit der Funktion Eckpunkte(Kor1) werden die vertikalen und horizontalen Projektionen der Teilchen in Kor1 ermittelt und daraus die Eckpunkte der kleinsten umschreibenden Rechtecke berechnet (Seiten III u. IV).

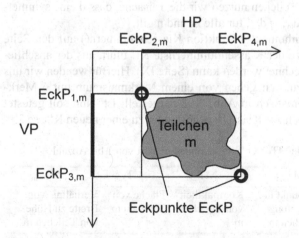

Abb. 14.7. Teilchen mit Randverteilungen HP und VP sowie Eckpunkte EckP

Tabelle 14.2. Organisation der Tabelle EckP, die mit der Funktion Eckpunkte() berechnet wird

	m = 1 bis max(Kor1)
$EckP_{1,m}$	$(i_{min})_m$
$EckP_{2,m}$	$(j_{min})_m$
$EckP_{3,m}$	$(i_{max})_m$
$EckP_{4,m}$	$(j_{max})_m$

Dabei stehen die linken Indizes 1 und 2 für die Koordinatenanfänge der Teilchenprojektionen in Zeilen- bzw. Spaltenrichtung und die Indizes 3 und 4 für die Koordinatenenden in den entsprechenden Richtungen (Tabelle 14.2). Auf Seiten V wird die uns bereits aus Abschn. 8.2.4 bekannte Operation „Gradient in" durchgeführt. Es entsteht das Konturbild Ukor1 aus dem Markenbild Kor1. Auf den Seiten IV und V wird außerdem die Merkmalstabelle MT berechnet, die für jedes Teilchen in Kor1 die in der Tabelle 14.3 aufgeführten Teilchenparameter bzw. Merkmale enthält. Sie sind in Abschn. 14.1 näher beschrieben. Auf Seite VI ist das Bild Kor2 mit den Randverteilungen VP und HP dargestellt. Dem Bild Kor2 sind die Schwer- und Eckpunkte der einzelnen Teilchen mit Hilfe der Tabellen MT und EckP überlagert. Im nächsten Schritt führen wir eine unüberwachte Minimum-Distance-Klassifizierung durch (Abschn. 14.3.1). Wir wählen hierfür den Euklidischen Abstand (Abschn. 11.9) und eine Zurückweisungsschwelle d_{min} = 0,6. Für die Klassifizierung bilden wir mit der Funktion Distanzen() die Abstandsmatrix d, deren Elemente $d_{m,n}$ jeweils den Abstand zwischen den Merkmalsvektoren m und n angeben (Seite VII). Dabei werden nur Abstände mit $d_{m,n} \leq d_{min}$ berücksichtigt. Größere Abstände werden null gesetzt. Wenn der Abstand zwischen den Merkmalsvektoren mit Indizes n und m zufällig null ist, setzen wir ihn auf den Wert $d_{min}/2$. Damit ist die Zugehörigkeit beider Teilchen zur selben Klasse gesichert. Für die Klassifizierung der Teilchen nutzen wir die Tatsache, dass d eine symmetrische Matrix ist, dass also $d_{m,n} = d_{n,m}$ für alle m und n gilt.

Nun wollen wir den Algorithmus der Funktion Klassennummern() auf den Seite VII u. VIII verstehen, der zu der Klassennummerliste KL führt, aus der anschließend die Sortenliste SL berechnet werden kann (Seite IX). Hierfür wenden wir uns einem einfachen Beispiel zu. Wir gehen von einem Merkmalsraum mit 6 Merkmalsvektoren aus, der schematisch in Abb. 14.8 dargestellt ist. Nun soll getestet werden, ob der Vektor 3 noch zur Klasse 1 gehört, oder zu einer neuen Klasse 2.

Tabelle 14.3. Inhalt der Tabelle MT. Der Teilchenindex m läuft von 1 bis Anzahl

$MT_{0,m}$	$MT_{1,m}$	$MT_{2,m}$	$MT_{3,m}$	$MT_{4,m}$
Schwerpunkt in Spaltenrichtung für Teilchen m	Schwerpunkt in Zeilenrichtung für Teilchen m	Kompaktheit von Teilchen m	Fläche von Teilchen m	Verhältnis von Breite zu Höhe von Teilchen m

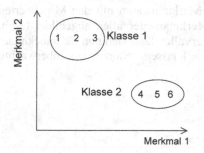

	1	2	3	4	5	6
1	0	1	2	0	0	0
2	1	0	1	0	0	0
3	2	1	0	0	0	0
4	0	0	0	0	1	2
5	0	0	0	1	0	1
6	0	0	0	2	1	0

Abb. 14.8. Merkmalsraum mit 6 Merkmals-vektoren

Abb. 14.9. Abstandsmatrix d. Alle Abstände mit $d_{m,n} > d_{min}$ werden null gesetzt

Hierbei hilft uns die schon weiter oben erwähnte Abstandsmatrix d, deren Spalten- und Zeilennummern jeweils den Nummern der Merkmalsvektoren entsprechen. Wir fassen alle Zeilen der Abstandsmatrix d (Abb. 14.9) als Zeilenvektoren auf und bilden die Skalarprodukte zwischen der Zeile 3 und allen anderen Zeilen mit Zeilennummern kleiner als 3. Da die **Zugehörigkeitsbedingung** erfüllt ist, dass nämlich mindestens eines der Skalarprodukte von null verschieden sein muss (hier sind es sogar alle zwei), gehört der Merkmalsvektor 3 noch der Klasse 1 an. So haben beispielsweise die Merkmalsvektoren 2 und 3 die Abstände 1 bzw. 2 zum Merkmalsvektor 1.

Man mache sich an dieser Stelle klar, warum die soeben eingeführte Bedingung für die Zugehörigkeit des zu testenden Merkmalsvektors erfüllt sein muss.

Wie verhält es sich nun mit den Vektoren 4 bis 6? Da keines der Skalarprodukte zwischen Zeile 4 und den Zeilen mit Zeilennummern kleiner 4 ungleich null ist, gehört der Merkmalsvektor 4 und mit ihm Teilchen 4 einer neuen Klasse 2 an. Die beiden letzten Teilchen 5 und 6 erweisen sich auch zur Klasse 2 zugehörig, denn sie bilden mit dem Zeilenvektor 4 bzw. untereinander von null verschiedene Skalarprodukte. Nach diesem Beispiel dürfte eine Verallgemeinerung des Zugehörigkeitstests für beliebige Merkmalsvektoren auf der Hand liegen und keiner weiteren Erläuterungen mehr bedürfen. In Mathcad erhalten wir die Zeile m der Matrix d, indem wir die Operation $(d^T)^{<m>}$ durchführen. Das Verlassen der inneren FOR-Schleife in der Funktion Klassennummern() erfolgt unter der Voraussetzung, dass das Skalarprodukt einen von null verschiedenen Wert annimmt. In diesem Fall wirkt die BREAK-Bedingung und KL_m wird die bisherige Klassennummer zugewiesen. Für den Fall, dass das Skalarprodukt in der inneren FOR-Schleife immer null bleibt, erfolgt die Zuweisung KL_m = Maxiplus. Der Wert von KL_m nimmt folglich um 1 zu. Das Resultat ist für das Bild Kor1 in der Grafik „Klassennummerliste" (Abb. 14.14) dargestellt. Die Sortenliste SL wird nach Festlegung der Sorten gemäß $Sorten_1$ = „Kreis", $Sorten_2$ = „Stäbchen" und alle anderen $Sorten_m$ = „nicht definiert" auf Seite IX berechnet. Dafür dient die Klassennummerliste KL als Index.

Mit der Ausgabe der Sortenliste SL (Tabelle 14.5) ist die unüberwachte Klassifizierung abgeschlossen.

Auf Seite IX ist neben der Sortenliste der Merkmalsraum mit den Mittelwerten (schwarze Kreuze) und den umrandeten Merkmalsintervallen abgebildet (Abb. 14.15). Mit den so festgelegten Merkmalsintervallen lässt sich nun für unbekannte Teilchen, die zu irgend einer der definierten Klassen gehören, eine überwachte Klassifizierung durchführen.

14.6 Aufgaben

Aufgabe 14.1   Was ist ein Merkmalsraum, und wie können Sie ihn für eine Objektklassifizierung einsetzen?

Aufgabe 14.2   Überlegen Sie sich ein Verfahren zur Mustererkennung mit „Template Matching" (Kap. 12). Vergleichen Sie dieses Verfahren mit dem in diesem Kapitel beschriebenen Vorgehen. Wo sind die Grenzen eines derartigen Verfahrens zu sehen?

Aufgabe 14.3   Überlegen Sie sich Merkmale zum Erkennen unterschiedlicher Automarken (Abb. 14.10).

Aufgabe 14.4   Gegeben sei der Merkmalsraum Abb. 14.11. Führen Sie eine Minimum-Distance-Klassifizierung mit den Zurückweisungsschwellen $d_{min} = 1, 2,$ 4 und 5 durch. Wählen Sie dafür den City-Block-Abstand.

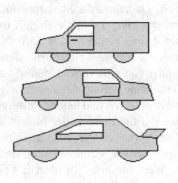 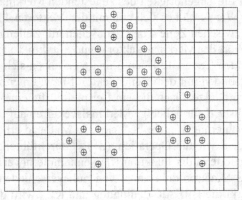

Abb. 14.10. Fahrzeugsilhouetten zu Aufgabe 14.3   **Abb. 14.11.** Merkmalsraum mit Merkmalsvektoren zu Aufgabe 14.4

14.7 Arbeitsblätter

Mustererkennung
"Mustererkennung"

Eingabe:	Bild Kor1 (Markenbild)
Ausgaben:	Bild Kor2 mit Randverteilungen VP, HP, Merkmalsraum

Die Mustererkennung wird der besseren Übersichtlichkeit halber in mehrere Teilfunktionen untergliedert, die in der Tabelle 14.4 der Reihenfolge nach aufgelistet sind.

Tabelle 14.4. Abfolge von Teilfunktionen für die Mustererkennung

	Funktion	Kommentar
1	EckP := Eckpunkte(M)	Berechnet eine Tabelle mit den Koordinaten der Eckpunkte der kleinsten umschreibenden Rechtecke aus dem Markenbild M.
2	MT := Merkmaletabelle(M, UM, EckP)	Erstellt eine Tabelle von Merkmalen $MT_{0,m}$: Schwerpunktkoordinate x_s von Teilchen m $MT_{1,m}$: Schwerpunktkoordinate y_s von Teilchen m $MT_{2,m}$: Kompaktheit von Teilchen m $MT_{3,m}$: Breite/Höhe für jedes Teilchen m M durchläuft alle Teilchennummern von 1 bis max(M).
3	Kor2 := Eck_Schwerpunkte(M, MT, EckP)	Berechnet ein Bild, in dem das Markenbild M mit den Schwerpunkten und den Eckpunkten der kleinsten umschreibenden Rechtecke dargestellt sind.
4	d := Distanzen(M, MT, d_{min})	Bestimmt die Matrix $(d_{m,n})$ sämtlicher Abstände zwischen den Merkmalsvektoren r_m und r_n.
5	KL := Klassennummern(M, d)	Stellt eine Liste auf, die jeder Marke m (d.h. jedem Teilchen) eine Klassennummer zuordnet.
6	SL := Sortenliste(M, KL, Sorten)	Errechnet eine Liste, die jeder Marke m (d.h. jedem Teilchen) die **konkreten** Klassen „Kreis", „Stäbchen" und „nicht definiert" zuordnet. „Sorten" stellt eine Liste dar, die jeder Klassennummer eine **konkrete** Klasse zuweist.

Seite II

Kor1 := BMPLESEN("E:\Mathcad8\Samples\Bildverarbeitung\Blop4_Marke.bmp")

$$M := Kor1$$

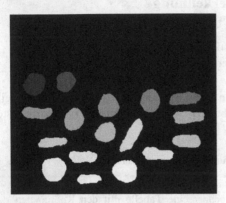

Abb. 14.12. Markenbild Kor1

1. Berechnung der vertikalen und horizontalen Projektionen:
$VP_{i,m}$ und $HP_{j,m}$ enthalten für jede Teilchennummer m die vertikalen bzw. horizontalen Projektionen. Dabei ist der Wert 1, wenn das Teilchen "Schatten" wirft und 0 wenn es keinen "Schatten" wirft. Aus Anfang und Ende der 1-er-Ketten von VP und HP erhalten wir für jedes Teilchen i_{min}, j_{min}, i_{max} und j_{max}.

Berechnung der Eckpunkte für die kleinsten umschreibenden Rechtecke mit der Funktion Eckpunkte(M):

Kommentar zum Listing Eckpunkte():
Zeilen 1-3: Die Tabelle EckP wird mit Nullen vorbelegt.
Zeilen 4-9: Berechnung der vertikalen und horizontalen Randverteilungen ($VP_{i,m}$) und ($HP_{j,m}$) aus dem Markenbild M (Abb. 14.7). $VP_{i,m}$ und $HP_{j,m}$ sind 1, wenn $M_{i,j} \neq 0$ und 0, wenn $M_{i,j} = 0$ ist.
Zeilen 10-26: Berechnung sämtlicher Eckpunkte der kleinsten umschreibenden Rechtecke für die Teilchen m = 1 bis m = max(M).
Zeilen 11-14: die Variablen für die Berechnung der Eckpunkte mit Anfangswerten vorbelegen. i_{min} und j_{min} mit 0 initialisieren, weil sie in den WHILE-Schleifen um jeweils 1 inkrementiert werden, i_{max} und j_{max} mit zeilen(M)−1 bzw. spalten(M)−1 initialisieren, weil sie in den WHILE-Schleifen um jeweils 1 dekrementiert werden.
Zeilen 15-26: In den vier WHILE-Schleifen werden die Variablen i_{min}, j_{min}, i_{max} und j_{max} so lange um jeweils 1 inkrementiert bzw. dekrementiert, bis die Schleifenbedingungen nicht mehr erfüllt sind. In diesen Fällen erfolgen die Übergänge von 0 nach 1, die durch die Anfangs- und Endpunkte der Randverteilungen hervorgerufen werden. Die Resultate werden dann in die Tabelle EckP eingetragen.

Seite III

$\text{Eckpunkte}(M) :=$

for $i \in 1..4$

  for $j \in 1..\max(M)$

    $\text{EckP}_{i,j} \leftarrow 0$

for $i \in 0..\text{zeilen}(M) - 1$

  for $j \in 0..\text{spalten}(M) - 1$

    if $M_{i,j} \neq 0$

      $\text{VP}_{i,M_{i,j}} \leftarrow 1$

      $\text{HP}_{j,M_{i,j}} \leftarrow 1$

    otherwise

      $\text{VP}_{i,M_{i,j}} \leftarrow 0$

      $\text{HP}_{j,M_{i,j}} \leftarrow 0$

for $m \in 1..\max(M)$

  $i_{min} \leftarrow 0$

  $j_{min} \leftarrow 0$

  $i_{max} \leftarrow \text{zeilen}(M) - 1$

  $j_{max} \leftarrow \text{spalten}(M) - 1$

  while $\text{VP}_{i_{min},m} = 0$

    $i_{min} \leftarrow i_{min} + 1$

  $\text{EckP}_{1,m} \leftarrow i_{min}$

  while $\text{HP}_{j_{min},m} = 0$

    $j_{min} \leftarrow j_{min} + 1$

  $\text{EckP}_{2,m} \leftarrow j_{min}$

  while $\text{VP}_{i_{max},m} = 0$

    $i_{max} \leftarrow i_{max} - 1$

  $\text{EckP}_{3,m} \leftarrow i_{max}$

Seite IV

Listing Eckpunkte(M) (Fortsetzung)

$$\left\|\begin{array}{l} \text{while } HP_{j_{max},\,m} = 0 \\[1em] \quad j_{max} \leftarrow j_{max} - 1 \\[1em] EckP_{4,\,m} \leftarrow j_{max} \end{array}\right.$$

$$\left\| EckP \right.$$

2. Berechnung der Merkmaletabelle mit der gleichnamigen Funktion Merkmaletabelle(M, UM, EckP):

Kommentar zum Listing Merkmaletabelle():

Zeile 1: FOR-Schleife mit m (Marken der Teilchen) als Laufindex.

Zeilen 2-5: Die Hilfsgrößen gxs (Schwerpunkt in x), gys (Schwerpunkt in y), gK (Pixelsumme des Teilchenumfangs) und h (Pixelsumme der Teilchenfläche) mit null initialisieren.

Zeilen 6-11: Berechnung der Hilfsgrößen für die Merkmale eines jeden Teilchens innerhalb des kleinsten umschreibenden Rechtecks.

Zeilen 12-18: Berechnung der Merkmale aus den Hilfsgrößen und Zuordnung zu den Tabellenelementen.

$$\text{Merkmaletabelle}(M, UM, EckP) := \left\|\begin{array}{l} \text{for } m \in 1 .. \max(M) \\[1em] \quad gxs \leftarrow 0 \\[0.8em] \quad gys \leftarrow 0 \\[0.8em] \quad gK \leftarrow 0 \\[0.8em] \quad h \leftarrow 0 \\[0.8em] \quad \text{for } v \in EckP_{2,\,m} .. EckP_{4,\,m} \\[0.8em] \qquad \text{for } u \in EckP_{1,\,m} .. EckP_{3,\,m} \\[0.8em] \qquad\quad \left|\begin{array}{l} gxs \leftarrow gxs + M_{u,\,v} \cdot v \\[0.8em] gys \leftarrow gys + M_{u,\,v} \cdot u \\[0.8em] gK \leftarrow gK + UM_{u,\,v} \\[0.8em] h \leftarrow h + M_{u,\,v} \end{array}\right. \\[2.5em] \quad MT_{0,\,m} \leftarrow \text{rund}\!\left(\dfrac{gxs}{h}\right) \\[1.5em] \quad MT_{1,\,m} \leftarrow \text{rund}\!\left(\dfrac{gys}{h}\right) \end{array}\right.$$

Listing Merkmalstabelle(M, UM, EckP) (Fortsetzung)

$$MT_{2,m} \leftarrow \frac{gK^2}{4 \cdot \pi \cdot h \cdot m}$$

$$MT_{3,m} \leftarrow \frac{h}{m}$$

$$breite_m \leftarrow \left(EckP_{4,m} - EckP_{2,m}\right)$$

$$höhe_m \leftarrow \left(EckP_{3,m} - EckP_{1,m}\right)$$

$$MT_{4,m} \leftarrow \frac{breite_m}{höhe_m + 1}$$

MT

$$h := \begin{pmatrix} 1 & 1 & 1 \\ 1 & 1 & 1 \\ 1 & 1 & 1 \end{pmatrix}$$

$$Ukor1 := Kor1 - Erosion(Kor1, h)$$

$$MT := Merkmaletabelle(Kor1, UKor1, EckP)$$

3. Die Funktion Eck_Schwerpunkte(M, MT, EckP) zur Darstellung des Markenbildes Kor1 mit den Eckpunkten der kleinsten umschreibenden Rechtecken und Teilchenschwerpunkten:

Kommentar zum Listing Eck_Schwerpunkte():
Zeilen 3-6: Die Tabellenwerte $MT_{0,m}$ und $MT_{1,m}$ bilden die Schwerpunktkoordinaten, $EckP_{1,m}$ bis $EchP_{4,m}$ die Eckpunktkoordinaten des m-ten Teilchens. Sie beschreiben die Positionen der Markierungspunkte.

$$Eck\_Schwerpunkte\,(M, MT, EckP) := \begin{array}{|l} Kor2 \leftarrow M \cdot \dfrac{255}{max(M)} \\[2ex] \text{for } m \in 1 .. max(M) \\ \quad \begin{array}{|l} Bedingung \leftarrow Kor2_{MT_{1,m}, MT_{0,m}} < 127 \\[1ex] Kor2_{MT_{1,m}, MT_{0,m}} \leftarrow 255 \text{ if Bedingung} \\[1ex] Kor2_{MT_{1,m}, MT_{0,m}} \leftarrow 0 \text{ otherwise} \\[1ex] Kor2_{EckP_{1,m}, EckP_{2,m}} \leftarrow 255 \end{array} \end{array}$$

Seite VI

Listing Eck_Schwerpunkte(M,MT,EckP) (Fortsetzung)

$$\left| \begin{array}{l} \text{Kor2}_{\text{EckP}_{3,m},\text{EckP}_{4,m}} \leftarrow 255 \\ \text{Kor2} \end{array} \right.$$

$$\text{Kor2} := \text{Eck\_Schwerpunkte}(\text{Kor1, MT, EckP})$$

Abb. 14.13a. Vertikale Randverteilung VP von Bild Kor2 (**b**), **b** Markenbild Kor2 mit Überlagerung der Teilchenschwerpunkte (schwarze bzw. weiße Punkte in den Teilchen) sowie der Eckpunkte der kleinsten umschreibenden Rechtecke (weiße Punkte außerhalb der Teichen), **c** horizontale Randverteilung HP von Kor2

4. Berechnung der Abstände $d_{m,n}$ zwischen den Merkmalsvektoren r_m und r_n mit der Funktion Distanzen(M, MT, d_{min}):

Kommentar zum Listing Distanzen():
Zeilen 1-4: Matrixelemente $d_{m,n}$ mit Nullen vorbelegen.

Zeilen 7 u. 8: Bildung der Differenzen für Kompaktheit $MT_{2,m}$ sowie Breite/Höhe $MT_{4,m}$ zwischen sämtlichen Teilchen.

Zeile 9: Berechnung der Euklidischen Abstände $d_{m,n}$ zwischen den einzelnen Merkmalsvektoren $r_m = (MT_{2,m}, MT_{4,m})$ und $r_n = (MT_{2,n}, MT_{4,n})$ der Teilchen m und n.

Zeile 10: Dem Abstand $d_{m,n}$ wird der Wert $d_{min}\cdot 0{,}5$ zugewiesen, falls $d_{m,n} = 0$ gilt. Hierdurch erfolgt die Unterscheidung zwischen den Fällen $d_{m,n} > d_{min}$ (**Zeile 11**) und $d_{m,n} = 0$. Mit dieser Maßnahme wird erreicht, dass die Teilchen mit den Nummern n und m der selben Klasse angehören.

Zeile 11: Nullsetzen von $d_{m,n}$ falls $d_{m,n} > d_{min}$. Hiermit wird erreicht, dass Teilchen mit Abständen $> d_{min}$ zu unterschiedlichen Klassen gehören (Abschn. 14.5).

Eingabe der Abweisungsschwelle d_{min}:

$$d_{min} := 0.6$$

Bem.: Die Klassennummerliste reagiert sehr empfindlich auf die Wahl der Abweisungsschwelle d_{min}.

$$
\text{Distanzen}\left(M, MT, d_{min}\right) :=
\begin{array}{|l}
\text{Anzahl} \leftarrow \max(M) \\[4pt]
\text{for } m \in 1..\,\text{Anzahl} \\
\quad \text{for } n \in 1..\,\text{Anzahl} \\
\qquad d_{m,n} \leftarrow 0 \\[4pt]
\text{for } m \in 1..\,\text{Anzahl} \\
\quad \text{for } n \in 1..\,\text{Anzahl} \\
\qquad
\begin{array}{|l}
\text{del2}_{m,n} \leftarrow MT_{2,m} - MT_{2,n} \\[4pt]
\text{del4}_{m,n} \leftarrow MT_{4,m} - MT_{4,n} \\[4pt]
d_{m,n} \leftarrow \sqrt{\left(\text{del2}_{m,n}\right)^2 + \left(\text{del4}_{m,n}\right)^2} \\[4pt]
d_{m,n} \leftarrow d_{min}\cdot 0.5 \ \text{ if } \ d_{m,n} = 0 \wedge m \neq n \\[4pt]
d_{m,n} \leftarrow 0 \ \text{ if } \ d_{m,n} > d_{min}
\end{array} \\[4pt]
d
\end{array}
$$

5. Berechnung der Klassennummerliste KL aus der Abstandsmatrix d mit der Funktion Klassennummer(M,d):

Kommentar zum Listing Klassennummer(M,d):

Zeilen 1-2: Klassennummerliste KL mit Nullen vorbelegen.

Zeilen 3: Index m durchläuft in der äußeren FOR-Schleife sämtliche Marken von 1 bis max(M).

Zeile 4: Hilfsvariable Maxiplus gleich max(KL)+1 setzen. max(KL) +1 erhöht sich erst dann um eins, wenn Teilchen m einer neuen Klasse angehört (**Zeile 9**).

Seite VIII

Zeile 5: Laufindex n der inneren FOR-Schleife durchläuft die Werte 0 bis m.
Zeilen 6-9: Existiert ein von null verschiedenes Skalarprodukt zwischen den Vektoren $(d^T)^{<m>}$ und $(d^T)^{<m-n>}$, so gehört das Teilchen m der selben Klasse wie das Teilchen n an und es gilt: $KL_m = KL_{m-n}$. Danach wird die innere FOR-Schleife mit BREAK verlassen, weil die Klassenzugehörigkeit geklärt ist. Wenn in jedem Fall das Skalarprodukt null ist, gehört Teilchen m der neuen Klasse Maxiplus an und es erfolgt die Zuweisung KL_m = Maxiplus.

$$d := \text{Distanzen}\left(\text{Kor1}, MT, d_{min}\right)$$

$$\text{Klassennummern}(M, d) := \begin{array}{|l} \text{for } m \in 0..\max(M) \\ \quad KL_m \leftarrow 0 \\ \text{for } m \in 1..\max(M) \\ \quad \begin{array}{|l} \text{Maxiplus} \leftarrow \max(KL) + 1 \\ \text{for } n \in 1..m \\ \quad \begin{array}{|l} \text{if } \left[\left(d^T\right)^{\langle m\rangle} \cdot \left(d^T\right)^{\langle m-n\rangle}\right] \neq 0 \\ \quad \begin{array}{|l} KL_m \leftarrow KL_{m-n} \\ \text{break} \end{array} \\ KL_m \leftarrow \text{Maxiplus} \quad \text{otherwise} \end{array} \end{array} \\ KL \end{array}$$

$$KL := \text{Klassennummern}(\text{Kor1}, d)$$

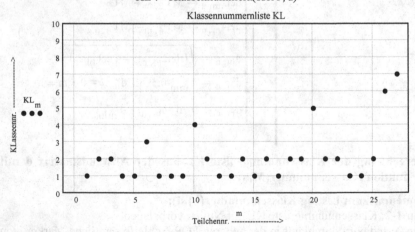

Abb. 14.14. Klassennummerliste KL. Aufgetragen sind die Klassennummern (Ordinate) gegen die Teilchennummern m (Abszisse)

Seite IX

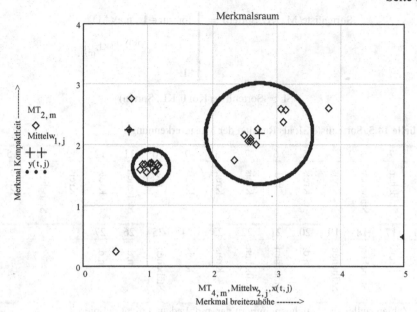

Abb. 14.15. Merkmalsraum mit Merkmalsvektoren (Rauten) und Bereichsmarkierungen. Im Durchschnitt beider Bereiche ist eine eindeutige Klassifizierung nicht ohne weiteres möglich (siehe hierzu Abschn. 14.3 und 14.4). Die Listings zur Berechnung der Mittelwerte (Kreuze) und Standardabweichungen (große Kreise) sind nicht in den Arbeitsblättern enthalten

6. Aufstellung einer Sortenliste mit der Funktion Sortenliste(M, KL, Sorten):

Für die Funktion Sortenlist() wird die Liste „Sorten" benötigt, die jeder Klassennummer eine **konkrete** Klasse zuweist. Mit der Funktion Sorten(KL) wird zunächst jeder Klassennummer s die Sorte „nicht definiert" zugewiesen. Danach wird speziell den Elementen $Sorten_1$ und $Sorten_2$ die konkreten Klassen „Kreis" bzw. „Stäbchen" zugewiesen.

$$Sorten(KL) := \begin{vmatrix} for \quad s \in 0.. \max(KL) \\ \quad Sort_s \leftarrow \text{"nicht definiert"} \\ Sort \end{vmatrix}$$

$$Sorten := Sorten(KL) \qquad Sorten_1 := \text{"Kreis"} \qquad Sorten_2 := \text{"Stäbchen"}$$

In der Funktion Sortenliste() wird die Liste „Sorten" für die Zuweisungen der Teilchenmarken m zu den **konkreten** Klassen verwendet. Als Resultat ergibt sich die Liste SL (Tabelle 14.5).

Bem.: Alle Listenelemente außer $Sorten_1$ und $Sorten_2$ enthalten "n.d." (nicht definiert).

Seite X

$$\text{Sortenliste}(M, KL, \text{Sorten}) := \left|\begin{array}{l} \text{for } m \in 1 .. \max(M) \\ \quad SL_m \leftarrow \text{Sorten}_{(KL_m)} \\ SL \end{array}\right.$$

$$SL := \text{Sortenliste}(\text{Kor1}, KL, \text{Sorten})$$

Tabelle 14.5. Sortenliste SL als Resultat der Mustererkennung

1	2	3	4	5	6	7	8	9	10	11	12	13	14	15
Kreis	Stäbchen	Stäbchen	Kreis	Kreis	n.d.	Kreis	Kreis	Kreis	n.d.	Stäbchen	Kreis	Kreis	Stäbchen	Kreis

16	17	18	19	20	21	22	23	24	25	26	27
Stäbchen	Kreis	Stäbchen	Stäbchen	n.d.	Stäbchen	Stäbchen	Kreis	Kreis	Stäbchen	n.d.	n.d.

Die Zahlen stellen die Teilchennummern dar, n.d. bedeutet nicht definiert.

15. Bildverzerrungen korrigieren

Die Korrektur von Bildverzerrungen gehört zu den Aufgaben der Bildverbesserung. Bei einer Reihe von BV-Anwendungen muss ein korrigiertes Bild zugrunde gelegt werden. Hierzu zählen:

☐ die exakte Positionsbestimmung von Gegenständen im Objektraum,
☐ die genaue Erfassung der Objektgeometrie, die durch Umfang, Fläche, Konturabstände etc. beschrieben wird,
☐ die Suche nach Objekten im Bild mit unverzerrten Suchvorlagen.

Vielleicht ist in manchen Fällen eine Anpassung der Suchvorlage (Kap. 12) an die perspektivische Verzeichnung möglich. Unter diesen Umständen ist eine Suche im verzerrten Bild durchführbar. In den Fällen, in denen eine Objekterkennung erst nach einer Bildentzerrung möglich ist, muss das gesamte Bild einer Entzerrungsprozedur unterworfen werden.

Gründe für eine Bildverzeichnung sind neben der Perspektive, die Optik oder der Kameratyp. So können Weitwinkeloptiken und insbesondere Fisheye-Objektive derartige Fehler hervorrufen (Abb. 15.1). Zeilenkameras liefern unter bestimmten Umständen auch ohne perspektivische Einflüsse verzerrte Bilder. Beispielsweise kann die Objektabtastung in Zeilenrichtung mit einer anderen Geschwindigkeit ablaufen als senkrecht dazu. Dies verursacht unterschiedliche Abbildungsmaßstäbe längs und quer zum Zeilensensor (Abschn. 19.6). Trapezförmige Verzeichnungen entstehen, wenn die Zeilenkamera auf ein rotierendes Fördersystem, etwa einen Drehteller, gerichtet wird.

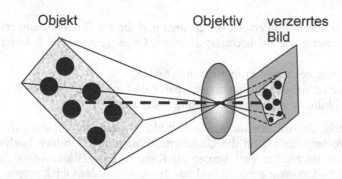

Abb. 15.1. Entstehung der Bildverzerrung durch Perspektive und Optik

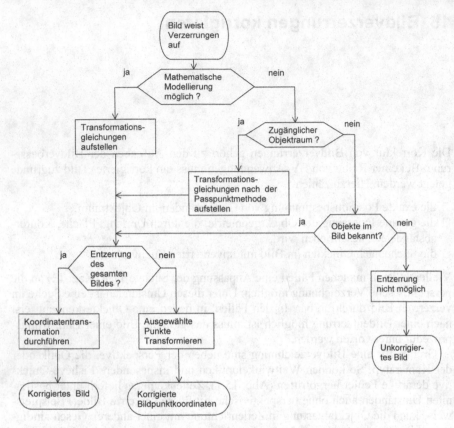

Abb. 15.2. Verschiedene Fälle der Bildverzerrung und Korrekturmöglichkeiten

Auf jeden Fall muss eine das ganze Bild betreffende Entzerrung vorgenommen werden, wenn durch die verwendete Optik Verzeichnungen entstehen und eine Bildinterpretation oder Bewertung deshalb sehr erschwert wird.

Verzeichnungen lassen sich unter verschiedenen Umständen korrigieren. Dies ist der Fall, wenn:

1. die Verzeichnung durch die Perspektive entsteht und die zur Beschreibung erforderlichen Parameter wie Beobachtungsrichtung, Objektabstand etc. bekannt sind,
2. sich im Bild Objekte bekannter Proportionen befinden,
3. mit einem Referenzobjekt (z.B. Punktraster, parallele Linien etc.) im Gegenstandsraum die Abbildungseigenschaften ermittelt werden.

Im ersten Fall besteht die Aufgabe darin, die Abbildungsparameter aus der Bildperspektive zu berechnen und dann die Umkehrtransformation zu bilden (siehe z.B. Abschn. 15.2.3). Im zweiten Fall werden die Kamera- bzw. Bildkoordinaten charakteristischer Objektpunkte ermittelt und aus der Kenntnis der Objektproportionen auf die Transformationsgleichungen geschlossen. Im dritten Fall wird ähn-

lich wie im zweiten verfahren, allerdings werden die Markierungen von Musterob-
jekten für die Ermittlung der Transformationsgleichungen herangezogen. Insofern
ist die dritte Vorgehensweise nicht von zufällig vorhandenen, bekannten Objekten
im Bild abhängig. Dafür setzt Fall 3 einen für das Musterobjekt frei zugänglichen
Objektraum voraus. Im Rahmen der industriellen BV ist so etwas meist möglich.
Das im 3. Fall erwähnte Korrekturverfahren wird Passpunktmethode genannt
(Abschn. 15.2.2 u. 15.3).

Aus dem Übersichtsschema Abb. 15.2 ersehen wir, unter welchen Voraussetzungen bestimmte Korrekturverfahren für die Bildentzerrung geeignet sind. Einige
wichtige Vorgehensweisen sollen in Abschn. 15.2 bis 15.4 näher behandelt werden. Doch zunächst führt uns eine mathematische Formulierung der Problemstel-
lung weiter in die Thematik ein.

15.1 Mathematische Formulierung der Problemstellung

Aus Kap. 4 wissen wir, dass die Bilder in Form von gerasterten und quantisierten
Bilddaten vorliegen. Durch verschiedene Einflüsse bei der Bildentstehung unterscheiden sich Objekt und Bild mehr oder weniger voneinander. Für viele Anwendungen ist dies jedoch nicht von Nachteil. In manchen, bereits weiter oben erwähnten Fällen, müssen wir jedoch Korrekturen am Bild vornehmen. Hierdurch
wird die geometrische Anordnung der Pixel so verändert, dass aus dem ursprünglich verzerrten Bild G(x,y) ein korrigiertes Bild G′(x′,y′) entsteht (Abb. 15.3). Da
sich dabei die Grauwerte nicht umwandeln dürfen, nehmen die Korrekturformeln
die Gestalt

$$G'(x',y') = G(x,y),\qquad(15.1)$$

mit von x und y abhängigen Funktionen x′(x,y) und y′(x,y) an. Die transformierten Koordinaten x′ und y′ sind demnach Funktionen von x und y, den Koordinaten
des verzerrten Bildes.

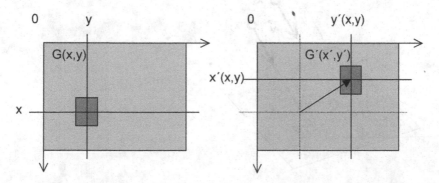

Abb. 15.3a. Lage des Bildpunktes G(x,y) im verzerrten Bild und **b** im korrigierten Bild
G′(x′,y′)

Wir können uns den Vorgang der Entzerrung anhand eines auf einem Gummituch aufgebrachten, unelastischen Bildes modellhaft vorstellen. Verzerrungen lassen sich durch lokale Dehnungen oder Stauchungen des elastischen Tuches erreichen. Da wir das Bild als unelastisch angenommen haben, bricht es an den Stellen überhöhter Verzerrungen auf. Die Bildlücken müssen mit geeigneten Verfahren derart geschlossen werden, dass keine Bildstörungen auftreten (englisch: resampling). In Abschn. 15.4 gehen wir näher darauf ein.

15.1.1 Projektionen

Die Bildaufnahme wird je nach Einsatz mit den unterschiedlichsten Techniken durchgeführt. In der Regel werden die Bilder mit Standardobjektiv und Kamera aufgenommen. Aber in der Messtechnik kommen oftmals spezielle Optiken, sog. telezentrische Objektive, zum Einsatz, bei denen nur solche Lichtstrahlen für die Abbildung genutzt werden, die parallel zur optischen Achse verlaufen. Es gibt noch eine Reihe alternativer Verfahren zur Gewinnung von Bildern. So entstehen Röntgenbilder aufgrund von Schattenprojektionen. Bei einer Reihe wichtiger Geräte entstehen die Bilder durch zeilenförmige Objektabtastung. Hierzu zählen beispielsweise die Laserscanning-, Rasterelektronen- oder Tunnelmikroskope. Einige Abbildungsverfahren in der Medizin werden in [29] näher beschrieben.

Vom geometrischen Standpunkt aus können wir sämtliche Abbildungsverfahren als Projektionen auffassen, wobei wir zwischen Parallel- und Zentralprojektion unterscheiden. Die Parallelprojektion ist dadurch charakterisiert, dass alle Punkte x_1, x_2, etc. oberhalb einer Projektionsebene E entlang einer Projektionsrichtung $\vec{v}$ auf E abgebildet werden (Abb.15.4). Dabei stellt der Winkel θ zwischen $\vec{v}$ und der Oberflächennormalen von E den Einfallswinkel dar, der zur Kennzeichnung der schiefen Projektion dient. Im speziellen Fall $\theta = 0°$ erfolgt die Projektion senkrecht zur Ebene E.

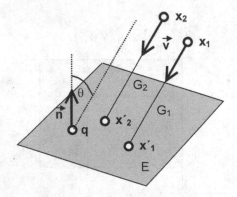

Abb. 15.4. Projektion der Punktes x_1 und x_2 entlang der Geraden G_1 und G_2 auf E

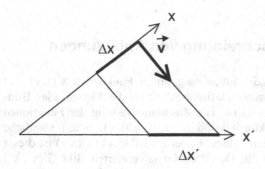

Abb. 15.5. Verzerrung bei Parallelprojektion, $\Delta x < \Delta'x$

Diese Projektion ist für die dimensionelle Messtechnik besonders interessant, weil dabei Objekt und Bild unabhängig vom Abstand einander ähnlich sind. Im anderen Fall ($\theta \neq 0$) tritt eine Verzerrung auf, die ggf. korrigiert werden muss (Abb. 15.5). Man kann zeigen, dass die allgemeine Parallelprojektion als affine Abbildung aufgefasst werden kann [16]. In Abschn. 15.2.1 werden wir uns mit den Eigenschaften derartiger Abbildungen näher beschäftigen. Anders als bei der Parallelprojektion gehen die Projektionsgeraden im Fall der Zentralprojektion von einem Projektionspunkt (*) aus. Das Auseinanderlaufen des Strahlenbüschels führt zu einer abstandsabhängigen Vergrößerung der Abbildung. In Abschn. 15.2.3 werden wir uns näher damit auseinandersetzen.

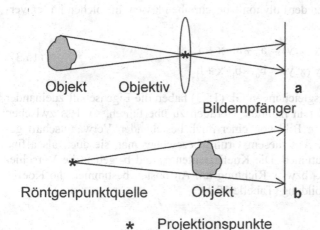

Abb. 15.6a. Optische Bildgebung und **b** Bildentstehung durch Projektion stellen zentral-perspektivische Abbildungen dar

Neben der normalen optischen Abbildung mit einem herkömmlichen Objektiv liefert auch die Röntgenprojektion eine Zentralperspektive (Abb. 15.6). Lediglich die Lage der Projektionspunkte ist in beiden Fällen unterschiedlich.

15.2 Mathematische Beschreibung von Abbildungen

Wie Gl. (15.1) zeigt, lässt sich die Entzerrung durch Funktionen $x'(x,y)$ und $y'(x,y)$ erreichen, deren gemeinsamer Definitionsbereich die Menge aller Bildpunkte (x,y) des verzerrten Bildes G ist. Die Zusammenfassung der Funktionen $x'(x,y)$ und $y'(x,y)$ zu einer Vektorfunktion $(x'(x,y), y'(x,y))$ liefert sämtliche Bildpunkte (x', y') des unverzerrten Bildes. Für einen Bildpunkt $G(x,y)$ ist dieser Sachverhalt in Abb. 15.3 dargestellt. Der Pfeil im unverzerrten Bild $G'(x', y')$ stellt den Verschiebungsvektor $(x'-x, y'-y)$ für den Grauwert $G(x,y)$ dar. Unter bestimmten Voraussetzungen [4], die für Verzeichnungen meist erfüllt sind, lassen sich die Funktionen $x'(x,y)$ und $y'(x,y)$ durch Polynome

$$x'(x,y) = a_0 + a_1 \cdot x + a_2 \cdot y + a_3 \cdot x^2 + a_4 \cdot x \cdot y + a_5 \cdot y^2 + \dots$$
$$y'(x,y) = b_0 + b_1 \cdot x + b_2 \cdot y + b_3 \cdot x^2 + b_4 \cdot x \cdot y + b_5 \cdot y^2 + \dots$$

(15.2)

annähern. Die Koeffizienten a_i bzw. b_i ($i = 0, 1, 2,\dots$) sind geeignet zu bestimmen. Für eine einfachere Beschreibung der Abbildungen denken wir uns für alle weiteren Überlegungen den Koordinatenursprung in die Bildmitte verschoben.

15.2.1 Lineare Abbildungen

In manchen Fällen führt die Bildaufnahme zu Abbildungsfehlern, die sich bereits mit den linearen Anteilen der Polynome beschreiben lassen. In solchen Fällen vereinfacht sich Gl. (15.2) zu

$$x'(x,y) = a_0 + a_1 \cdot x + a_2 \cdot y$$
$$y'(x,y) = b_0 + b_1 \cdot x + b_2 \cdot y$$

(15.3)

Die linearen Abbildungsgleichungen Gl. (15.3) haben die Eigenschaft zueinander parallele Geraden wieder in parallele Geraden zu überführen, so dass zwischen Bild und transformiertem Bild von einer noch bestehenden Verwandtschaft gesprochen werden kann. Aus diesem Grund bezeichnet man sie auch als affine (verwandte) Transformationen. Die Koeffizienten a_0 und b_0 geben die Verschiebungen des Bildes in x- bzw. y-Richtung an. Ansonsten bestimmen die Koeffizienten a_1 bis b_2 die Abbildung (Tabelle 15.1).

Tabelle 15.1. Abhängigkeit der linearen Abbildung von den Werten der Koeffizienten a_1 bis b_2. Die Koeffizienten a_0 und b_0, welche die Bildverschiebung bestimmen, sind hier nicht aufgeführt

Nr.	a_1	a_2	b_1	b_2	Abbildung
1	1	0	0	1	Identische Abbildung
2	$\cos(\alpha)$	$-\sin(\alpha)$	$\sin(\alpha)$	$\cos(\alpha)$	Bilddrehung um den Nullpunkt um den Winkel α
3	β_x	0	0	β_y	Skalierung des Bildes um die Faktoren β_x und β_y in x- bzw. y-Richtung
4	1	$\tan(\alpha)$	0	1	Scherung in x um den Winkel α
5	1	0	$\tan(\beta)$	1	Scherung in y um den Winkel β

Die speziellen Abbildungen Drehung (Nr. 2) und Scherung (Nr. 4) sind in Abb. 15.7 dargestellt.

Die Abbildungen können leicht zu Bildüberschreitung der Objekte führen. In diesem Fall werden die Objekte nicht mehr komplett dargestellt. Bei einer geeigneten Skalierung des transformierten Bildes lässt sich die gesamt Bildinformation jedoch erhalten (siehe Arbeitsblätter in Abschn. 15.6 zu diesem Thema).

Jede lineare Abbildung können wir uns als schrittweise Ausführungen mehrerer spezieller Abbildungen aus Tabelle 15.1 entstanden denken. Dabei ist jedoch zu beachten, dass das Ergebnis von der Reihenfolge der ausgeführten Transformationen abhängig ist. Ein Beispiel hierfür ist in Tabelle 15.2 angegeben. Die zwei am Ende dieser Tabelle ausgeführten Transformationen unterscheiden sich lediglich in ihrer Reihenfolge. Eine Bilddrehung um 90°, gefolgt von einer Spiegelung an der horizontalen Achse liefert eine andere Ausrichtung des Buchstaben F als die Abbildung in der umgekehrten Reihenfolge. Der Tabelle 15.2 entnehmen wir außerdem, wie die Parameter für bestimmte Transformationen gewählt werden müssen. Da alle diese Abbildungen mit dem orthogonalen Bildraster verträglich sind, entstehen keine Lücken.

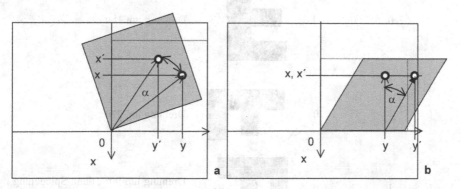

Abb. 15.7a. Drehung und **b** Scherung in y-Richtung um α. Hierbei sind Bildüberschreitungen möglich

Tabelle 15.2. Transformationseigenschaften bei unterschiedlicher Wahl der Koeffizienten a_1 bis b_2. Hierbei sind $a_0 = b_0 = 0$ gesetzt. Der Koordinatenursprung liegt in der Bildmitte. Alle aufgeführten Abbildungen verursachen keine Lücken

a_1	a_2	b_1	b_2	Wirkung	Transformationen
1	0	0	-1		Spiegelung um die vertikale Achse
-1	0	0	1		Spiegelung um die horizontale Achse
0	1	1	0		Spiegelung um die diagonale Achse
0	-1	1	0		Drehung um 90°
-1	0	0	-1		Drehung um 180°
0	1	-1	0		Drehung um 270°
0	1	1	0		Drehung um 90° , dann Spiegelung um die horizontale Achse

Tabelle 15.2 (Fortsetzung)

0	-1	-1	0		Spiegelung um die horizontale Achse, dann Drehung um 90°

Nach der theoretischen Behandlung der linearen Abbildungen stellt sich die Frage nach den Anwendungsmöglichkeiten. Einige Beispiele sollen im Folgenden behandelt werden.

Wie in Abb. 15.8 zu sehen ist, wird der perspektivische Eindruck eines Würfels neben den unterschiedlichen Schattierungen durch die parallelogrammförmigen Flächen 2 und 3 vermittelt. Wir können sie uns aus Scherungen und Verschiebungen der Fläche 1 entstanden denken. Eine etwa vorhandene Bedruckung der Fläche 2 lässt sich für weitere Auswertungen entzerrt, so dass der Eindruck einer senkrechten Beobachtung entsteht. Hierzu muss eine Scherung der Fläche 2 in x-Richtung um α und eine Skalierung in y-Richtung mit dem Faktor $\beta_y = a/b$ durchgeführt werden.

Bilddrehungen werden von der gegenseitigen Orientierung zwischen Objekt und Kamera (Abb. 15.9) hervorgerufen. Eine Drehung des Bildes um den gleichen Winkel α in entgegengesetzte Richtung hebt die Kameradrehung nachträglich auf. Die in Gl. (15.3) beschriebenen Abbildungen werden durch entsprechende Umkehrabbildungen wieder aufgehoben. Sie lauten

$$x(x',y') = \frac{b_2 \cdot (x' - a_0) - a_2 \cdot (y' - b_0)}{a_1 \cdot b_2 - b_1 \cdot a_2}$$
$$y(x',y') = \frac{-b_1 \cdot (x' - a_0) + a_1 \cdot (y' - b_0)}{a_1 \cdot b_2 - b_1 \cdot a_2}. \tag{15.4}$$

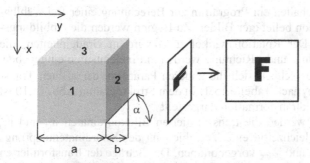

Abb. 15.8. Lineare Abbildungen können einen perspektivischen Eindruck hervorrufen. Seiten 2 und 3 des Würfels ergeben sich aus Scherung und Verschiebung. Fläche 2 wird durch lineare Abbildung entzerrt

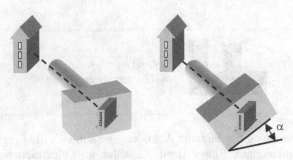

Abb. 15.9. Bilddrehung relativ zu den Kamerakoordinaten um $-\alpha$ durch Kameradrehung um α

Umkehrabbildungen existieren nur dann, wenn der Nenner in Gl. (15.4) von null verschieden ist. Die Formeln für die Rücktransformationen Gl. (15.4) sind aber nur bei Kenntnis der Parameter a_0 bis b_2 zu verwenden. In der Praxis trifft dies jedoch meist nicht zu.

Die affinen Transformationen lassen sich sehr übersichtlich mit 3x3-Matrizen in der Form

$$\begin{pmatrix} 1 \\ x' \\ y' \end{pmatrix} = \begin{pmatrix} 1 & 0 & 0 \\ a_0 & a_1 & a_2 \\ b_0 & b_1 & b_2 \end{pmatrix} \cdot \begin{pmatrix} 1 \\ x \\ y \end{pmatrix} \tag{15.5}$$

beschreiben (homogene Koordinaten). Die Erweiterung auf 3x3-Matrizen ermöglicht es uns, die Verschiebungen um a_0 in x-Richtung und b_0 in y-Richtung in den Matrixkalkül zu integrieren. In Abschn. 15.2.3 werden wir näher auf die Berechnung der Koeffizienten a_0 bis b_2 aus speziellen Bildpunkten, den sog. Passpunkten, eingehen.

15.2.1 Arbeitsblätter „Lineare Bildtransformation"

Diese Arbeitsblätter beinhalten ein Programm zur Berechnung einer frei wählbaren affinen Transformation beliebiger Bilder. Zu Beginn werden die Abbildungsparameter vorgegeben. Der Rotationswinkel α_{Grad} wird in Gradeinheiten, die Translationen a_0 und b_0 in i- und j-Richtung werden in Pixeleinheiten eingegeben. Aus dem Winkel α_{Grad} berechnen sich die anderen Parameter der affinen Transformation a_1, a_2, b_1 und b_2 nach Tabelle 15.1. In dem Struktogramm Abb. 15.10 ist das Programm für die Bildtransformation dargestellt.

Mit den FOR-Schleifen werden die transformierten Bildkoordinaten $it_{i,j}$ und $jt_{i,j}$ berechnet. Dabei wird gleichzeitig eine Verschiebung des Koordinatenursprungs in die Bildmitte mit i_{Mitte} und j_{Mitte} vorgenommen. Die Beträge der transformierten Koordinaten werden für die Berechnung eines Skalierungsfaktors F zusätzlich ermittelt und daraus die Maximalwerte it_{Max} und jt_{Max} bestimmt. Der Vektor F sorgt dafür, dass das Ergebnisbild B die gleiche Größe wie das Urbild A hat.

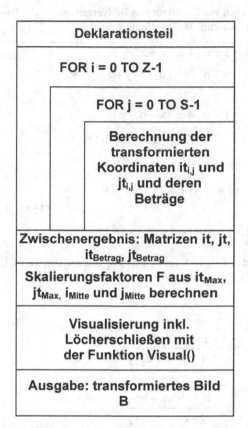

Abb. 15.10. Struktogramm des Programms „Lineare Bildtransformation"

Die Funktion Visual(), die auf den Arbeitsblättern „Korrektur der Perspektive mit Referenzbild" näher beschrieben wird, sorgt für eine lückenlose Darstellung des Ergebnisbildes B. Die Bildmatrizen A und B sind gleich groß.

15.2.2 Nichtlineare Abbildungen

Bis jetzt haben wir die Veränderung von Bildern durch linearer Abbildungen kennen gelernt. Oft weisen Bilder jedoch Verzeichnungen auf, die sich nur mit Hilfe nichtlinearer Transformationen $x'(x,y)$ und $y'(x,y)$ korrigieren lassen. Dabei legen die Ursachen für die Verzeichnungen den Funktionstyp fest. Mit bestimmten, noch näher zu beschreibenden Methoden werden die Parameter der Funktionen an die Verzeichnungen im Bild angepasst. In Abb. 15.11 sind einige wichtige Funktionen aufgelistet. Die Transformationsgleichungen Gl. (15.6) korrigieren die Koordinaten x und y des tonnen- oder kissenförmig verzeichneten Bildes. Derartige Bildfehler können bei großen Feldwinkeln (Abschn. 19.2) auftreten.

Tabelle 15.3. Einige wichtige Funktionstypen zur Korrektur von Bildverzerrungen. Die Parameter können nach einem Verfahren aus Abschn. 15.3 bestimmt werden

Allgemeiner Polynomenansatz für den Fall, dass spezielle Funktionen nicht angegeben werden können	$x'(x,y) = a_0 + a_1 \cdot x + a_2 \cdot y +$ $\qquad a_3 \cdot x^2 + a_4 \cdot x \cdot y + a_5 \cdot y^2 + ...$ $\qquad\qquad\qquad\qquad\qquad\qquad (15.2)$ $y'(x,y) = b_0 + b_1 \cdot x + b_2 \cdot y +$ $\qquad b_3 \cdot x^2 + b_4 \cdot x \cdot y + b_5 \cdot y^2 + ...$
Tonnen- und kissenförmige Verzeichnungen Tonne Kissen	$x'(x,y) = x \cdot (1 + a \cdot (x^2 + y^2)^b)$ und $\qquad\qquad\qquad\qquad\qquad (15.6)$ $y'(x,y) = y \cdot (1 + a \cdot (x^2 + y^2)^b).$ Für den Fall b=1 geht Gl. (15.6) in die Form von Gl. (15.2) über.
Perspektivische Verzeichnung schräg zur optischen Achse orientierte Flächen	$x'(x,y) = \dfrac{a_0 + a_1 \cdot x + a_2 \cdot y}{1 + c_1 \cdot x + c_2 \cdot y}$ $\qquad\qquad\qquad\qquad\qquad\qquad (15.7)$ $y'(x,y) = \dfrac{b_0 + b_1 \cdot x + b_2 \cdot y}{1 + c_1 \cdot x + c_2 \cdot y}$

Der Parameter a wird von der Stärke und Art der Verzeichnung bestimmt. Er hat den Wert null, wenn das Bild verzeichnungsfrei ist. Für die Korrektur einer tonnenförmigen Verzeichnung nimmt er negative Werte an. Im anderen Fall ist er positiv. Es hat sich gezeigt, dass diese Bildfehler mit b= −1 gut korrigiert werden können [30]. Perspektivische Verzerrungen werden mit den Abbildungsvorschriften Gl. (15.7) kompensiert [29]. Im speziellen Fall $c_1 = c_2 = 0$ gehen die Gleichungen in diejenigen der affinen Transformation Gl. (15.3) über. Ansonsten verhindert der Zähler, dass parallele Geraden wieder in parallele Geraden abgebildet werden. Umgekehrt können dadurch aber auch nicht parallele Linien zu Parallelen werden. Diese Eigenschaft ist für die Aufhebung der Perspektive bedeutend.

In Gl. (15.7) legen acht Parameter die Abbildung fest. Sie können aus den Koordinaten (x_i, y_i mit i = 0,1,2,3) vierer Bildpunkten des verzerrten Bildes und den zugehörigen Koordinaten $x_i{'}$ und $y_i{'}$ des unverzerrten Referenzbildes ermittelt werden. Dabei müssen wir berücksichtigen, dass keine drei Punkte auf einer Geraden liegen dürfen. Sind die Koordinaten bestimmt, erhalten wir aus der Lösung des linearen Gleichungssystems die Parameter der gewünschten Abbildung.

$$\begin{bmatrix} 1 & x_0 & y_0 & 0 & 0 & 0 & -x_0' \cdot x_0 & -x_0' \cdot y_0 \\ 1 & x_1 & y_1 & 0 & 0 & 0 & -x_1' \cdot x_1 & -x_1' \cdot y_1 \\ 1 & x_2 & y_2 & 0 & 0 & 0 & -x_2' \cdot x_2 & -x_2' \cdot y_2 \\ 1 & x_3 & y_3 & 0 & 0 & 0 & -x_3' \cdot x_3 & -x_3' \cdot y_3 \\ 0 & 0 & 0 & 1 & x_0 & y_0 & -y_0' \cdot x_0 & -x_0' \cdot y_0 \\ 0 & 0 & 0 & 1 & x_1 & y_1 & -y_1' \cdot x_1 & -x_1' \cdot y_1 \\ 0 & 0 & 0 & 1 & x_2 & y_2 & -y_2' \cdot x_2 & -x_2' \cdot y_2 \\ 0 & 0 & 0 & 1 & x_3 & y_3 & -y_3' \cdot x_3 & -x_3' \cdot y_3 \end{bmatrix} \begin{bmatrix} a_0 \\ a_1 \\ a_2 \\ b_0 \\ b_1 \\ b_2 \\ c_1 \\ c_2 \end{bmatrix} = \begin{bmatrix} x_0' \\ x_1' \\ x_2' \\ x_3' \\ y_0' \\ y_1' \\ y_2' \\ y_3' \end{bmatrix} \qquad (15.8)$$

Zu Gl. (15.8) gelangen wir, indem Gl. (15.7) mit dem Nenner der rechten Seite erweitert wird und die Summanden umgestellt werden.

$$a_0 + x_i \cdot a_1 + y_i \cdot a_2 + 0 \cdot b_0 + 0 \cdot b_1 + 0 \cdot b_2 - x_i \cdot x_i' \cdot c_1 - y_i \cdot x_i' \cdot c_2 = x_i'$$

$$0 \cdot a_0 + 0 \cdot a_1 + 0 \cdot a_2 + b_0 + x_i \cdot b_1 + y_i \cdot b_2 - x_i \cdot y_i' \cdot c_1 - y_i \cdot y_i' \cdot c_2 = y_i' \qquad (15.9)$$

für $i = 0, 1, 2, 3$

Das korrigierte Bild B ist aus den Bildern A (verzerrtes Bild) und A0 (Referenzbild) der Abb. 15.11 entstanden. Als Passpunkte dienen die vier Eckpunkte des rechteckigen Tabletten-Blisters.

15.2.3 Einfache Korrektur stürzender Linien

In Abschn. 15.2.5 wollen wir uns mit der Korrektur stürzender Linien beschäftigen. Sie entstehen, wenn Gebäude von unten aufgenommen werden (Abb.15.12c). Da der Abstand Kamera zu Gebäude mit zunehmender Höhe anwächst, nimmt auf dem Bild die Breite des Bauwerks ab.

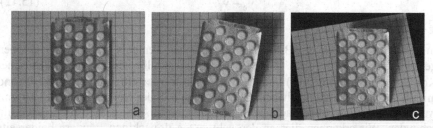

Abb. 15.11a. Referenzbild (unverzerrt), **b** Objekt aus (**a**) verkippt und verdreht, **c** korrigiertes Bild von (**b**). Korrekturen nach Gl. (15.8). Das Objekt in (**c**) entspricht in Größe und Orientierung dem Referenzbild (**a**) (hier allerdings etwas verkleinert wiedergegeben). Der Schatten bleibt erhalten, der Hintergrund wird entsprechend mit transformiert

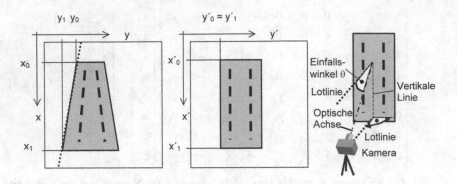

Abb. 15.12a. Bild eines Gebäudes mit stürzenden Linien, **b** Bild nach Korrektur von (**a**), **c** Kamerapositionierung zum Gebäude mit Einfallswinkel $\theta \neq 0$

Aus vertikalen, parallelen Begrenzungslinien des Objekts werden aufgrund der Perspektive schräge, nach oben zusammenlaufende Geraden. Eine Korrektur dieser stürzenden Linien ist mit minimalem Aufwand möglich, wenn die optische Achse der Kamera das Lot auf die Gebäudefront bildet, und die vertikalen Linien des Gebäudes parallel zur x-Achse der Kamera verlaufen. Da wir außerdem Kameradrehungen und Verschiebungen zunächst vermeiden wollen, gehen die allgemeinen Gleichungen Gl. (15.7) in die speziellen

$$x' = \frac{a_1 \cdot x}{1 + c_1 \cdot x} \quad \text{und} \quad y' = \frac{y}{1 + c_1 \cdot x} \qquad (15.10)$$

mit

$$a_1 = \frac{1}{\cos(\theta)} \qquad (15.11)$$

über. In Gl. (15.10) wurde außerdem $b_2 = 1$ gesetzt, um damit die Zusatzbedingung $y'(x = 0, y) = y$ einzubringen. Unter Verwendung zweier Bildpunkte auf einer stürzenden Linien (Abb. 15.12a) berechnet sich c_1 (wir beachten $y'_0 = y'_1$) zu

$$c_1 = \frac{y_0 - y_1}{x_0 \cdot y_1 - x_1 \cdot y_0} . \qquad (15.12)$$

In der Abb. 15.13a ist das Bild eines griechischen Tempels mit schräg nach oben gerichteten Säulen zu sehen. In Abb. 15.13b ist das selbe Bild mit perspektivischer Korrektur nach Gln. (15.10) und (15.12) gegenübergestellt, wobei wir $\theta = 0°$ und mithin $a_1 = 1$ angenommen haben. Da in diesem Fall der Nenner in Gl. (15.10) mit wachsendem x von oben nach unten zunimmt, wird Abb. 15.13b nach unten hin schmaler. Wir erkennen dies an den schwarzen dreieckigen Rändern beiderseits des Bildes. Wie bereits erwähnt, wird bei der Korrektur von Abb. 15.13a angenommen, dass die optische Achse der Kamera das Lot zur gedachten Gebäudefrontfläche bildet (Fall $\theta = 0°$).

Abb. 15.13a. Bild mit stürzenden Linien, **b** Bild nach Korrektur mit Gln. (15.10) und (15.12)

Im Falle eines von null verschiedenen Einfallswinkel θ (Abb. 15.12c) können wir die Korrektur der Perspektive mit

$$a_1 = \frac{1}{\cos(\theta)} \qquad (15.13)$$

durchführen. Dabei ist a_1 der uns aus Gl. (15.7) bekannte Faktor, der die nun zusätzliche Korrektur des Abbildungsmaßstabes $\beta_x = \cos(\theta)$ berücksichtigt. Als Beispiel hierzu dienen Abb. 15.14a und b. In Abb. 15.14a liegen Münzen auf einer Ebene. Diese enthält für die Berechnung von c_1 zusätzlich parallele Linien. Aus dem Aspektverhältnis Breite zu Höhe einer Münze wird der zusätzliche Parameter a_1 ermittelt, der in unserem Beispiel den Einfallswinkel $\theta = 45{,}6°$ ergibt. Abb. 15.14b ist das so korrigierte Bild von Abb. 15.14a. Wir haben nun den Eindruck, senkrecht von oben auf die Münzen zu sehen.

Anwendung könnte dieses relativ einfache Verfahren in Robotersystemen finden. Hierbei stellen wir uns vor, dass die Kamera schräg auf den Arbeitstisch gerichtet ist. Von den Objekten entstehen zunächst Bilder wie in Abb. 15.14a. Korrekte Objektpositionen können die Bilder jedoch erst dann liefern, wenn sie hinsichtlich ihrer perspektivischen Verzerrung korrigiert sind und folglich denen der Abb. 15.14b entsprechen. Im allgemeinen Fall ist die optische Achse der Kamera windschief auf das Objekt gerichtet. Dann sind für die Korrektur alle acht Parameter erforderlich, und es müssen mindestens vier Passpunkte herangezogen werden. Diesen allgemeinen Fall haben wir bereits weiter oben besprochen. Auch die Arbeitsblätter „Korrektur der Perspektive" beziehen sich auf den allgemeinen Fall. Wenden wir uns jetzt der Korrektur von kissen- und tonnenförmigen Verzeichnungen zu. Recht unkompliziert ist die Bestimmung des Parameters a in Gl. (15.6), wenn wir den Fall b = −1 voraussetzen. Er soll nach [30] für die Entzerrung ausreichen. Unter dieser Bedingung genügt für die Korrektur bereits ein Passpunkt. Wenn wir Gl.(15.6) nach a auflöst erhalten wir

$$a = \frac{(x'-x)\cdot(x^2+y^2)}{x} \quad \text{oder} \quad a = \frac{(y'-y)\cdot(x^2+y^2)}{y}. \qquad (15.14)$$

Abb. 15.14a. Flache Objekte, die unter einem Einfallswinkel θ = 45,6° aufgenommene wurden, **b** korrigiertes Bild von (**a**)

Aus Gründen der Messgenauigkeit sollten wir ihn auch aus beiden Gleichungen ermitteln und dann den Mittelwert bilden. Der gesuchte Parameter kann also gleich auf zwei Arten berechnet werden. Nach der Fehlerrechnung können kleine Differenzen großer Zahlen zu erheblichen relativen Abweichungen führen. Daher sollte ein Passpunkt weit außerhalb der Bildmitten gewählt werden, denn dort sind die größten Differenzen $x - x'$ bzw. $y - y'$ zu erwarten. In Abschn. 15.3 werden wir die Parameter nach der Passpunktmethode mit Hilfe der Ausgleichsrechnung bestimmen. Dieses Verfahren arbeitet im Prinzip mit beliebig vielen Passpunkten, jedoch nimmt die Güte der Entzerrung hierdurch nicht automatisch zu, wie wir aus den Rechenergebnissen Abb. 15.16 und 15.17 lernen.

15.2.4 Arbeitsblätter „Korrektur der Perspektive mit Referenzbild"

Die hier zu besprechenden Arbeitsblätter differieren nur wenig von denen zum Thema „Lineare Bildtransformation" (Abschn. 15.2.2). Unterschiede bestehen lediglich in der

☐ Interaktiven Bestimmung der jeweils vier korrespondierenden Bildpunkte im Referenzbild A0 und im verzerrten Bild A
☐ Berechnung der Koeffizienten der Abbildung a_0, a_1, ... und
☐ Bestimmung der transformierten Koordinaten $it_{i,j}$ und $jt_{i,j}$.

Das lineare Gleichungssystem

$$M \cdot P = V \qquad (15.15)$$

wird in Mathcad mit der Funktion P = llösen(M, V) berechnet. Dabei stellt P den Lösungsvektor, M die Koeffizientenmatrix und V den Vektor dar, der sich aus der linken Seite von Gl. (15.15) ergibt. Die Arbeitsblätter enthalten auch das Listing der Funktion Visual(), die für die Darstellung der transformierten Bilder benötigt wird. In dieser Funktion wird für die Bildlückenschließung die einfache Interpolation verwendet, die in Abschn. 15.4 neben aufwendigeren Verfahren beschrieben ist.

15.3 Bestimmung der Abbildungsparameter mit Ausgleichsrechnung

In Abschn. 15.3 beschäftigen wir uns mit einem alternativen Verfahren zur Berechnung der Parameter aus Gl. (15.2), das im Prinzip beliebig viele Passpunkte akzeptiert und auftretende Ungenauigkeiten der Passpunktpositionen ausgleicht. Hierzu wollen wir voraussetzen, dass der Objektraum für Referenzobjekte zugänglich ist. Diese Bedingung kann in der industriellen BV oder Medizintechnik oft erfüllt werden. In manchen Fällen sind die Proportionen der abgebildeten Objekte im Voraus bekannt. Dann lassen sich die Passpunkte direkt aus dem Bild entnehmen. Unsere Aufgabe besteht nun darin, ein bekanntes Objekt abzubilden und aus den Verzeichnungen auf die Transformationsgleichungen zu schließen, die diese aufheben. In Abb. 15.15 ist ein als Referenzgitter bezeichnetes bekanntes Objekt dargestellt. Gitter eignen sich für derartige Korrekturen besonders gut, weil dadurch Referenzpunkte gleichmäßig über das gesamte Objektfeld verteilt sind. Die Abbildung des Referenzgitters führt im Allgemeinen zu Gitterpunktverschiebungen im Bild, die mit Polynomen Gl.(15.2) wieder an die richtigen Stellen gerückt werden. Die vorgestellte Methode basiert auf der linearen Ausgleichsrechnung nach der Methode der kleinsten Quadrate, die von C. F. Gauß ausgearbeitet wurde [4]. Übrigens wird die Ausgleichsrechnung deswegen linear genannt, weil die Entwicklungskoeffizienten in Gl. (15.16) nur als lineare Vorfaktoren auftreten. Wenn x_i, y_i ($i = 0, 1, ... n-1$) die Koordinaten der n Passpunkte des verzerrten Bildes und x'_i, y'_i diejenigen der korrespondierenden Punkte des Referenzgitters sind, dann müssen wir die zwei mal m Parameter a_0, a_1, ..., a_{m-1} und b_0, b_1, .., b_{m-1} so wählen, dass die Summen

$$\sum_{i=0}^{n-1} (x'_i - a_0 + a_1 \cdot x_i + a_2 \cdot y_i + a_3 \cdot x_i^2 + a_4 \cdot x_i \cdot y_i + a_5 \cdot y_i^2 + ...)^2 \rightarrow \min$$

(15.16)

$$\sum_{i=0}^{n-1} (y'_i - b_0 + b_1 \cdot x_i + b_2 \cdot y_i + b_3 \cdot x_i^2 + b_4 \cdot x_i \cdot y_i + b_5 \cdot y_i^2 + ...)^2 \rightarrow \min$$

minimal werden. Die notwendigen Bedingungen hierfür sind das Verschwinden der ersten partiellen Ableitungen nach den gesuchten Parametern. Daraus erhalten wir die sog. Normalengleichungen Gl. (15.17).

$$\frac{\partial}{\partial a_j} \sum_{i=0}^{n-1} (x'_i - (a_0 + a_1 \cdot x_i + a_2 \cdot y_i + a_3 \cdot x_i^2 + a_4 \cdot x_i \cdot y_i + a_5 \cdot y_i^2 + ...))^2 = 0$$

$$\frac{\partial}{\partial b_j} \sum_{i=0}^{n-1} (y'_i - (b_0 + b_1 \cdot x_i + b_2 \cdot y_i + b_3 \cdot x_i^2 + b_4 \cdot x_i \cdot y_i + b_5 \cdot y_i^2 + ...))^2 = 0$$

(15.17)

$j = 0, 1, ..., m-1$.

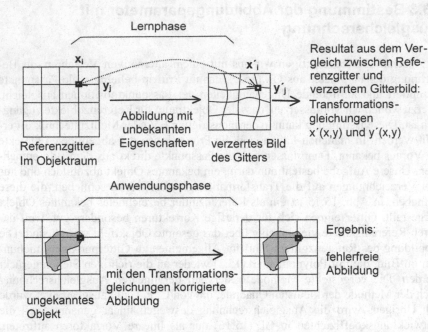

Abb. 15.15. Ablauf der Bildentzerrung mit Messgitter

Um Gl. (15.17) kompakter und allgemeiner schreiben zu können, wollen wir folgende Abkürzungen verwenden:

$$f_0(x_i, y_i) = 1 = f_{i,0} \qquad f_1(x_i, y_i) = x_i = f_{i,1} \qquad f_2(x_i, y_i) = y_i = f_{i,2}$$
$$f_3(x_i, y_i) = x_i^2 = f_{i,3} \qquad f_4(x_i, y_i) = x_i \cdot y_i = f_{i,4} \quad \text{usw.}$$

(15.18a)

Für $f_{i,p}$ lässt sich die allg. Formel durch

$$f_{i,p} = x_i^{q-c(p,q)} \cdot y_i^{c(p,q)} \quad \text{mit } 0 \leq c(p,q) < q+1 \text{ und } c(p,q) = p - \sum_{v=1}^{q} v \quad (15.19b)$$

ausdrücken. In Gl.(15.19b) finden wir zu jedem p genau ein q, das der Ungleichung genügt. So folgt z.B. für p = 13, dass q = 4 sein muss, denn c(13, 4) = 3 und es ergibt sich die (einzige) widerspruchsfreie Ungleichung: 0 ≤ 3 < 5.
Mit dieser Schreibweise gelangen wir von Gl. (15.17) nach mehreren Schritten zu den zwei Gleichungssystemen

$$\sum_{k=0}^{m-1} a_k \cdot \sum_{i=0}^{n-1} f_{i,k} \cdot f_{i,j} = \sum_{i=0}^{n-1} x_i' \cdot f_{i,j}$$

$$\sum_{k=0}^{m-1} b_k \cdot \sum_{i=0}^{n-1} f_{i,k} \cdot f_{i,j} = \sum_{i=0}^{n-1} y_i' \cdot f_{i,j} \quad \text{mit } j = 0,1,...m-1.$$

(15.20)

Damit wir dies verstehen, wollen wir die einzelnen Schritte für die erste Zeile der Gl. (15.20) nachvollziehen:

$$\frac{\partial}{\partial a_j} \sum_{i=0}^{n-1} (x_i' - (a_0 + a_1 \cdot x_1 + a_2 \cdot y_i + a_3 \cdot x_i^2 + a_4 \cdot x_i \cdot y_i + ...))^2$$

$$= \frac{\partial}{\partial a_j} \sum_{i=0}^{n-1} (x_i' - \sum_{k=0}^{m-1} a_k \cdot f_{i,k})^2 \qquad \text{(Kettenregel beachten!)}$$

$$= 2 \cdot \sum_{i=0}^{n-1} (x_i' \cdot f_{i,j} - \sum_{k=0}^{m-1} a_k \cdot f_{i,k} \cdot f_{i,j}) = 0 \Leftrightarrow$$

$$\sum_{i=0}^{n-1} \sum_{k=0}^{m-1} a_k \cdot f_{i,k} \cdot f_{i,j} = \sum_{i=0}^{n-1} x_i' \cdot f_{i,j} \qquad \Leftrightarrow$$

$$\sum_{i=0}^{m-1} a_k \sum_{l=0}^{n-1} f_{i,k} \cdot f_{i,j} = \sum_{i=0}^{n-1} x_i' \cdot f_{i,j}.$$

In Matrixschreibweise erhalten wir schließlich für die zwei Normalengleichungen

$$\mathbf{F}^T \cdot \mathbf{F} \cdot \vec{a} = \mathbf{F}^T \cdot \vec{x}'$$

und   (15.21)

$$\mathbf{F}^T \cdot \mathbf{F} \cdot \vec{b} = \mathbf{F}^T \cdot \vec{y}'.$$

Hierin besteht die Matrix $\mathbf{F}$ aus m Spalten und n Zeilen mit den Elementen $f_{i,j}$.

$$\mathbf{F} = \begin{bmatrix} f_{0,0} & f_{0,1} & \cdots & f_{0,m-1} \\ f_{1,0} & & \cdots & f_{1,m-1} \\ \vdots & \vdots & \vdots & \vdots \\ f_{n-1,0} & f_{n-1,1} & \cdots & f_{n-1,m-1} \end{bmatrix}. \qquad (15.22)$$

Da die Matrixelemente nach Gl. (15.20) über alle Passpunkte $i = 0$ bis $n-1$ zu summieren sind, muss von links mit der transponierten Matrix $\mathbf{F}^T$ multipliziert werden. Als Zeichen für die transponierte Matrix dient wie üblich das hochgestellte T. Die zu suchenden Lösungsvektoren $\vec{a}$ und $\vec{b}$ besitzen die Parameter a_0, a_1, ..., a_{m-1} und b_0, b_1, .., b_{m-1} als Komponenten. Auf diese Weise haben wir ähnlich wie in Abschn. 15.2.3 die Bestimmung der gesuchten Parameter auf die Lösung eines inhomogenen linearen Gleichungssystems zurückgeführt, für die es sehr effiziente Algorithmen gibt [16].

Die Bildentzerrung basiert auf einem Ausgleichsverfahren, dessen Güte vom Grad der zugrunde liegenden Polynome, von der Zahl der Passpunkte und der Genauigkeit ihrer Positionsbestimmung abhängt. Dabei können Fehler auftreten, die erkannt werden müssen. Hierfür können folgende Verfahren genutzt werden:

☐ Ein Vergleich zwischen den Soll- und Ist-Positionen der Referenzgitterpunkte (unter Soll-Position verstehen wir den Ort des Referenzgitterpunktes (x_i, y_i), während wir mit Ist-Position die Lage des Referenzgitterpunktes (x_i', y_i') nach

Bildentzerrung bezeichnen), wobei die Größe der ortsabhängigen Abweichungen beispielsweise durch die Differenzbeträge angegeben werden. Für Passpunkt Nummer i wäre dies der Wert:

$$\Delta_i = \sqrt{(x_i - x_i')^2 + (y_i - y_i')^2} \; .$$

Zur Fehlerdarstellung eignen sich auch die Fehlervektoren:

$$\Delta \vec{x}_i = (x_i - x_i' \, , \, y_i - y_i') \, ,$$

die neben den Fehlerbeträgen (ihren Längen) auch deren Richtungen angeben und so mögliche systematische Fehler erkennen lassen (Abb. 15.25).

☐ Eine Restfehlerbeurteilung durch die Größen $\parallel \mathbf{F} \cdot \vec{a} - \vec{x}' \parallel$ und $\parallel \mathbf{F} \cdot \vec{b} - \vec{y}' \parallel$, die durch das oben beschriebene Verfahren minimiert wurden.

Der Einfluss der Passpunktanzahl und des Polynomengrads wird am Beispiel einer tonnenförmigen Verzeichnung untersucht. Aus dem unbearbeiteten Bild B (Abb. 15.16) entstehen entzerrte Bilder unterschiedlicher Qualität (Abb. 15.17). Unter den vier Fällen gelingt die Entzerrung mit 10x10 Passpunkten und einem Polynomgrad 3 am besten. Weitere Angaben zu dem Thema sind z. B. in [17] zu finden.

15.3.1 Arbeitsblätter „Entzerrung eines Bildes mit Ausgleichsrechnung"

Auf den Seiten II und III wird in der Funktion Koordinaten(B, Anz_Pkt, f, n) das Referenzgitter, dessen Gitterpunkte als Passpunkte dienen, generiert. Mit der Konstanten Anz_Pkt wird die Zahl der Gitterpunkte in Zeilen- und Spaltenrichtung vorgegeben. ΔZ und ΔS bilden die Gitterkonstanten (Abstand zwischen zwei Gitterpunkten). Sämtliche Parameter haben die Dimension Pixel. Das Referenzgitter ist so angelegt, dass die äußeren Gitterpunkte mit dem Bildrand zusammenfallen.

Abb. 15.16. Tonnenförmig verzeichnetes Bild B als Ausgangsbild für die Entzerrung mit Ausgleichsrechnungen. Resultate für unterschiedliche Polynomgrade (3 und 5) und Passpunkteanzahlen (5x5 und 10x10) sind in Abb. 15. 17 dargestellt

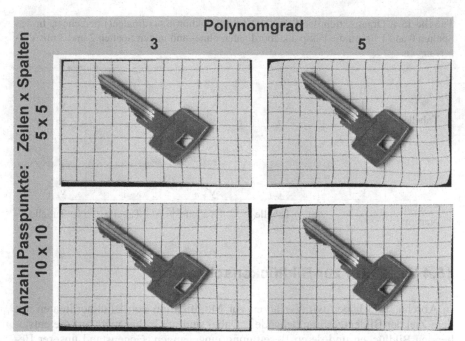

Abb. 15.17. Entzerrungen von Bild B (Abb.15.16) in Abhängigkeit von der Passpunktean-
zahl und vom Polynomgrad

In der Funktion Koordinaten() werden außerdem die Koordinaten der durch
Bildverzerrung hervorgerufenen Gitterpunkte berechnet. Dabei wird das Refe-
renzgitter auf die gleiche Weise abgebildet wie zuvor das verzerrte Bild B. Hier-
nach liegen das Referenzgitter (Koordinaten sind in den Spalten Tabelle$^{<0>}$ und
Tabelle$^{<1>}$ abgelegt) und das verzerrte Referenzgitter (Koordinaten sind in den
Spalten Tabelle$^{<2>}$ und Tabelle$^{<3>}$ gespeichert) vor (Tabelle 15.4).

Die Funktion Fehler$_{xy}$() auf den Seiten IV ermittelt die Fehlervektoren. Sie geben die Ortsabweichungen zwischen den Referenzgitterpunkten und den korrigierten Gitterpunkten des verzerrten Gitters an (Abb. 15.25). Schließlich wird mit der
Funktion Korrekt() auf den Seiten V u. VI das verzerrte Bild B korrigiert. Das Resultat der Entzerrung Bild E (Abb. 15.26b) ist zum Vergleich neben dem verzerrten Bild B (Abb. 15.26a) dargestellt. In den Funktionen Fehler$_{xy}$() und Korrekt()
sind die Mathcad-Funktionen regress() und interp() enthalten. Erstere dient zur
Berechnung der Lösungsvektoren Pa$_x$ und Pa$_y$ aus Gl. (15.20). Die Funktion in-
terp() berechnet die Koordinatentransformation, so dass mit I$_m$ und J$_m$ in Fehler$_{xy}$()
bzw. it$_{i,j}$ und jt$_{i,j}$ in Korrekt() die Werte für die entzerrten Koordinaten vorliegen.

Tabelle 15.4. Organisation der Tabelle, die die Funktion Koordinaten() berechnet. In den Spalten 0 und 1 liegen die Passpunktkoordinaten ohne- und in den Spalten 2 und 3 mit Verzerrung vor

		0	1	2	3
	0	x'_0	y'_0	x_0	y_0
	1	x'_1	y'_1	x_1	y_1
Tabelle =	2	x'_2	y'_2	x_2	y_2
	.	.	.	.	.
	.	.	.	.	.
	.	.	.	.	.
	k–1	x'_{k-1}	y'_{k-1}	x_{k-1}	y_{k-1}
Spalten-Namen:		Tabelle$^{<0>}$	Tabelle$^{<1>}$	Tabelle$^{<2>}$	Tabelle$^{<3>}$

15.4 Verfahren zur Bildlückenschließung

In Abschn. 15.3 haben wir Verfahren zur Modifikation von Bildkoordinaten mit dem Ziel der Bildentzerrung behandelt. Dabei sind wir bisher nicht auf die entstehenden Bildlücken und deren Beseitigung eingegangen. Gegenstand unserer Betrachtungen sollen nun Methoden zur Beseitigung derartiger Bildartefakte sein. In Abb. 15.18 ist das entzerrte Bild eines Schlüssels ohne Bildlückenschließung dargestellt. Deutlich sind die in den Eckbereichen vermehrt auftretenden linienförmigen Lücken zu erkennen. An diesen Stellen muss das verzerrte Bild besonderst stark gedehnt werden, damit der Schlüssel naturgetreu abgebildet wird. Wir wollen uns zunächst am eindimensionalen Fall (1D-Fall) die Entstehung der Bildlücken und deren Schließung veranschaulichen. Hierzu betrachten wir die Abb. 15.19. An der Abszissen- und Ordinatenachse sind ganzen Zahlen aufgetragen, welche die Positionen der Rasterpunkte des unmodifizierten und modifizierten Bildes x bzw. x′ repräsentieren. Zusätzlich ist der Graf einer Funktion eingetragen.

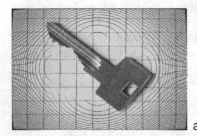 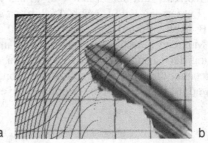

a   b

Abb. 15.18a. Entzerrtes Bild B ohne Bildlückenschließung, **b** Ausschnittsvergrößerung von **(a)**

Er stellt die Abbildungsvorschrift für die Bildentzerrung dar. Wir erkennen, dass die Funktionswerte x´(x) für ganze Zahlen x im allgemeinen Fall keine ganzen Zahlen sind und somit nicht auf den Bildpunkten des entzerrten Bildes liegen. Außerdem können Bildlücken entstehen, so dass dann zwischen x´(x) und x´(x+1) ein oder mehrere unbesetzte Bildpunkte liegen. Die Verschiebung der Funktionswerte auf die Bildpunktplätze lässt sich leicht durch Eliminieren der Nachkommastellen oder besser durch Runden erreichen. Für die Füllung der Lücken mit Grauwerten bieten sich mehrere Möglichkeiten an, die abhängig von der Lückengröße und der geforderten Bildqualität zu wählen sind. Einige werden im Verlauf des Abschnitts beschrieben.

Allen Verfahren ist gemeinsam, dass Hilfsvariable u und v die Koordinatenabstände von einem Lückenrandpunkt zu einem beliebigen Punkt innerhalb der Lücke beschreiben. Dabei ist es für die Schließalgorithmen von Vorteil, diese Hilfsvariablen in Bruchteilen der Lückenbreiten du und dv anzugeben (Abb. 15.20). Sie nehmen also nur Werte zwischen 0 und 1 an. In dem 1D-Fall Abb. 15.19 besitzt z.B. der unbesetzte Bildpunkt x´ = 13 den Wert v = 1/2, weil der untere Lückenrandbildpunkt die Position x´$_r$ = 11 besitzt und die Lückenbreite den Wert dv = 4 (von x´ = 11 bis x´ = 15) hat. Aus diesen Angaben ergibt sich x´ = x´$_r$+v·dv = 13, was dem Wert x = 5 ½ für die Koordinate des Urbildes entspricht. Zu unserem Verständnis verfolgen wir die unterbrochenen Pfeile in Abb. 15.19. Die Subpixelgrauwerte G(x+v) des Urbildes, die wir durch geeignete Interpolationsverfahren erhalten (s.u.), können zur Lückenfüllung verwendet werden. Für den 1D-Fall der Abb. 15.19 bedeutet dies:

$$G´(x´ + v \cdot dv) = G(x + v) \quad \text{mit} \quad dv = x´(x + 1) - x´(x) \quad \text{und} \quad 0 \le v \le 1 \qquad (15.23)$$

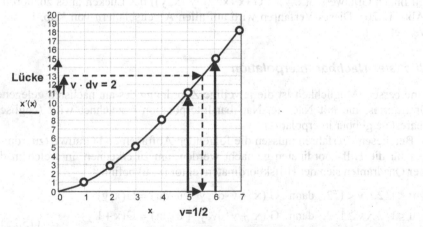

Abb. 15.19. 1D-Abbildung der Urbildpunkte x = 1,2,...auf die Bildpunkte x´= 1,2,... Viele Funktionswerte liegen auf Zwischenplätzen, und es bilden sich außerdem Bildpunktlücken der Breite dv (hier ist dv = 4). Dem Lückenplatz x´ = 13 entspricht der Wert für die Hilfskoordinate v = 1/2 und damit x = 5+1/2

und für den für uns wichtigen 2D-Fall (Abb. 15.20) entsprechend

$$G'(x' + v \cdot dv, \, y' + u \cdot du,) = G(x + v, \, y + u)) \text{ mit}$$
$$dv = x'(x + 1, \, y) - x'(x, \, y), \; du = y'(x, \, y + 1) - y'(x, \, y) \tag{15.24}$$
$$\text{und } 0 \le v \le 1, \; 0 \le u \le 1.$$

Die Gln. (15.23) und (15.24) sind natürlich nur deshalb anzuwenden, weil wir die Werte zwischen $x'(x,y)$ und $x'(x+1,y)$ und ebenso zwischen $y'(x,y)$ und $y'(x, y+1)$ linear interpolieren. Viele Eigenschaften des 1D-Falles sind auf den 2D-Fall übertragbar. So ist z.B. für die Lückenschließverfahren wichtig, dass für stetige Abbildungen Nachbarbildpunkte im unmodifizierten Bild G ebenfalls Nachbarn im modifizierten Bild G′ sind, auch wenn im letzteren Fall eine Trennung durch eine Bildlücke vorliegt (Abb. 15.20).

Für die Beschreibungen der Schließverfahren im 2D-Fall gehen wir von dem verzerrten Bild G aus. Das mit $x'(x, \, y)$ und $y'(x, \, y)$ transformierte Bild von G soll wie in Gl. (15.1) G′ genannt werden, und wir erinnern uns an die Korrekturformel: $G'(x'(x,y), y'(x,y)) = G(x,y)$. Diese Situation ist in Abb. 15.20 in der Umgebung des Bildpunktes (x, y) dargestellt. Wir erkennen im Bildausschnitt G′ die Lagen der transformierten Koordinaten x′ und y′ zusammen mit der entstandenen Lücke. Wie bereits oben erwähnt, können alle Positionen innerhalb der Lücke mit den Größen u·du und v·dv nach Gl. (15.24) beschrieben werden. Wir wollen nun vier Verfahren zum Schließen von Lücken betrachten und dabei mit dem einfachsten beginnen.

Einfache Interpolation

Die einfachste Art des Schließens besteht darin, allen Pixeln in der Lücke den oberen linken Grauwert $G(x, y) = G'(x'(x, y), \, y'(x, y))$ des Lückenrands zuzuordnen (Abb. 15.20). Dieses Verfahren wird auf allen Arbeitsblättern von Kap. 15 angewendet.

Nächster-Nachbar-Interpolation

Eine bessere Möglichkeit ist die jeweilige Zuordnung des am nächsten gelegenen Grauwertes, die mit Nächster-Nachbar-Interpolation bezeichnet wird (englisch: nearest neighbour interpolation).

Bei diesem Verfahren müssen die folgenden Abfragen und Grauwertzuordnungen für die Hilfskoordinaten gemacht werden, um zu erkennen, in welchem der vier Quadranten sich der Hilfskoordinatenvektor (v, u) befindet.

$$u < 1/2 \wedge v < 1/2, \quad \text{dann} \quad G'(x' + v \cdot dv, y' + u \cdot du) = G(x, y)$$
$$u < 1/2 \wedge v \ge 1/2, \quad \text{dann} \quad G'(x' + v \cdot dv, y' + u \cdot du) = G(x + 1, y)$$
$$u \ge 1/2 \wedge v < 1/2, \quad \text{dann} \quad G'(x' + v \cdot dv, y' + u \cdot du) = G(x, y + 1) \tag{15.25}$$
$$u \ge 1/2 \wedge v \ge 1/2, \quad \text{dann} \quad G'(x' + v \cdot dv, y' + u \cdot du) = G(x + 1, y + 1).$$

Dabei bedeutet das Zeichen $\wedge$ die logische UND-Verknüpfung.

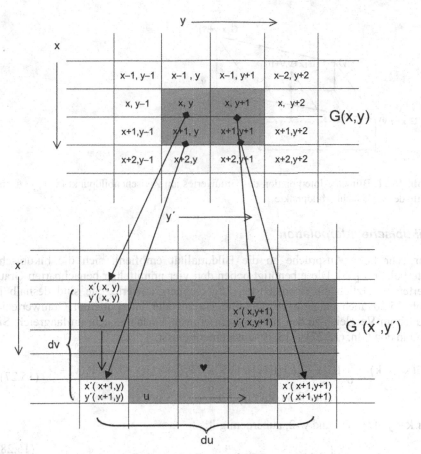

Abb. 15.20. Bildlückenentstehung nach Koordinatentransformation. Mit u und v werden die Lücken geschlossen. Ganze Werte von u·du und v·dv liegen auf den Bildpunkten in der Lücke. Das mit ♥ markierte Pixel hat wegen du = 4 und dv = 4 die Werte u = ½ und v = ¾

Bilineare Interpolation

Bessere Ergebnisse als die beiden vorangehenden Verfahren sind mit der bilinearen Interpolation zu erzielen:

$$G(x+v,y) = (1-v)\cdot G(x,y) + v\cdot G(x+1,y)$$
$$G(x+v,y+1) = (1-v)\cdot G(x,y+1) + v\cdot G(x+1,y+1) \qquad (15.26)$$
$$G(x+v,y+u) = (1-u)\cdot G(x+v,y) + u\cdot G(x+v,y+1).$$

Wir erkennen das Prinzip der bilinearen Interpolation anhand Abb. 15.21. Dabei erfolgt die Zuordnung der Grauwerte im transformierten Bild G' nach der Vorschrift $G'(x' + v\cdot dv, y' + u\cdot du) = G(x+v, y+u)$.

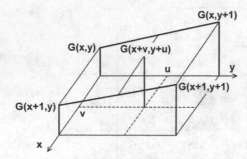

Abb. 15.21. Bilineare Interpolation des Grauwertes am Zwischenbildpunkt (x+v, y+u) mit Hilfe der vier Nachbarbildpunkte

Bikubische Interpolation

Für sehr hohe Ansprüche an die Bildqualität empfiehlt sich die bikubische Interpolation [35]. Diese benötigt neben den vier unmittelbar benachbarten Grauwerten zusätzlich die übernächsten 12 Nachbargrauwerte. Sie sind deshalb in Abb. 15.20 auch eingetragen. Die Berechnung der interpolierten Grauwerte ist jedoch im Vergleich zu den zuvor beschriebenen Verfahren sehr umfangreich. Sie sind in den Gln. (15.27) - (15.29) zusammengefasst.

$$G(x+v,k) = \frac{1}{6} \cdot [G(x-1,k) \cdot P_1(v) + G(x,k) \cdot P_2(v) + G(x+1,k) \cdot P_3(v) + \qquad (15.27)$$
$$G(x+2,k) \cdot P_4(v)]$$

für k = y−1, y, y+1 und y+2, außerdem gilt:

$$G(x+v,y+u) = \frac{1}{6} \cdot [G(x+v,y-1) \cdot P_1(u) + G(x+v,y) \cdot P_2(u) + \qquad (15.28)$$
$$G(x+v,y+1) \cdot P_3(u) + G(x+v,y+2) \cdot P_4(u)].$$

Die Polynome P_1 bis P_4 sind für die unabhängigen Variablen u und v gleich und lauten:

$$
\begin{aligned}
P_1(w) &= (3+w)^3 - 4 \cdot (2+w)^3 + 6 \cdot (1+w)^3 - 4 \cdot w^3 \\
P_2(w) &= \qquad\qquad (2+w)^3 - 4 \cdot (1+w)^3 + 6 \cdot w^3 \\
P_3(w) &= \qquad\qquad\qquad\qquad (1+w)^3 - 4 \cdot w^3 \\
P_4(w) &= \qquad\qquad\qquad\qquad\qquad\qquad w^3
\end{aligned}
\qquad (15.29)
$$

für w = u oder v. Für eine Qualitätsbewertung der vier Verfahren dient die Tabelle 15.5. Als Teststruktur eignet sich eine um einen Winkel von siebzehn Grad zur vertikalen Richtung gedrehte, ein Pixel breite schwarze Linie auf weißem Grund [35].

Tabelle 15.5. Bewertung der im Text beschriebenen Interpolationsverfahren [35]

Nr.	Verfahren	Rechenaufwand	Bildqualität
1	Ausfüllung mit einem Randgrauwert	gering	Auf Linien nur schlecht anwendbar, da Lücken bleiben
2	Nächster-Nachbar-Interpolation	Wegen der vier Abfragen höher als Nr. 1	Linien weisen Treppen und auch Unterbrechungen auf
3	Bilineare Interpolation	höher als Nr. 1 und 2	Testlinie durchgehend, aber verbreitert durch Tiefpasswirkung der Interpolation
4	Bikubische Interpolation	sehr hoch	Beste Darstellung der Testlinie. Tiefpassverhalten geringer als bei Nr. 3

Alle Methoden führen zu einer mehr oder weniger starken Mittelung des Bildes, so dass Kanten verschleifen.

Wenn nur kleine Löcher zu schließen sind, könnte bereits eine Medianfilterung ausreichen.

15.5 Aufgaben

Aufgabe 15.1. Ein Gegenstand der Länge Δx wird senkrecht von einem Parallelstrahlenbündel beleuchtet. Sein Schatten fällt unter dem Einfallswinkel θ auf eine Ebene E. Wie groß ist die Schattenlänge $\Delta x'$?

Aufgabe 15.2. Wie hängen Abbildungsmaßstab $\beta = y'/y$ (Verhältnis zwischen Bildhöhe y' und Objekthöhe y), Abstand d zwischen Röntgenpunktquelle Q und Schirm S sowie Abstand z zwischen Objekt und Schirm miteinander zusammen? y und y' stellen Objekt- bzw. Bildhöhe dar.

Aufgabe 15.3. In einem kartesischen 3D-Koordinatensystem sei eine Ebene E in Normalenform $\vec{n} \cdot (\vec{x} - \vec{a}) = 0$ gegeben. $\vec{n}$ sei der Normalenvektor der Ebene E, die durch den Punkt A mit Ortsvektor $\vec{a}$ verläuft. X sei ein beliebiger Punkt auf E mit Ortsvektor $\vec{x}$. Ferner sei B ein Punkt außerhalb E, der auf E projiziert wird. Die Projektionsrichtung werde durch den Vektor $\vec{v}$ festgelegt. Berechnen Sie den Projektionspunkt B' auf E. Hilfestellung finden Sie z.B. in [16].

Aufgabe 15.4. Geben Sie ein einfaches Beispiel für die Gültigkeit von Gl. (15.7) an.

15.6 Arbeitsblätter

Lineare Bildtransformation
"KoordinatentransformationAffine"

Eingaben: Bild A, Verschiebung um (a_0, b_0), Drehwinkel in Grad: α_{Grad}

Ausgaben: Bild A, transformiertes Bild B

A := BILDLESEN("E:\Mathcad8\Samples\Bildverarbeitung\Textur003.bmp")

Die Koeffizienten a_0 bis a_3 und b_0 bis b_3 bestimmen die affine Transformation. Im Beispiel handelt es sich um eine Drehung um den Winkel α_{Grad}. Die Parameter der Translation (a_0, b_0) werden in Pixel-Einheiten angegeben.

α_{Grad} und die Parameter a_0 bis a_2 und b_0 bis b_2 eingeben:

$$\alpha_{Grad} := 43.7 \quad a_0 := 100 \quad b_0 := 100$$

$$\alpha := \frac{\pi}{180} \cdot \alpha_{Grad} \quad a_1 := \cos(\alpha) \quad a_2 := -\sin(\alpha) \quad b_1 := \sin(\alpha) \quad b_2 := \cos(\alpha)$$

$$P := \begin{pmatrix} a_0 & b_0 & a_1 & b_1 & a_2 & b_2 \end{pmatrix}$$

Kommentar zum Listing Affin(A,P):
Zeilen 1-5: Definition der Konstanten.
Zeilen 8 u. 9: Berechnung der transformierten Koordinaten $it_{i,j}$ und $jt_{i,j}$. Mit i_{Mitte} und j_{Mitte} wird der Nullpunkt in die Bildmitte verschoben.
Zeilen 10-11: Berechnung der maximalen Beträge it_{Max} und jt_{Max} der transformierten Koordinaten. Diese Werte werden zusammen mit den beiden Werten in Faktor (**Zeile 12**) für die Funktion Visual() benötigt, damit die Indizes der Bildmatrix keine negativen Werte annehmen.
Zeile 13: Mit der Funktion Visual(A, it_{Max}, jt_{Max}, it, jt, Faktor) wird das transformierte Bild auf die selbe Größe wie Bild A gebracht und die durch die Transformation entstandenen Bildlücken geschlossen. Die Funktion Visual() wird auf den Arbeitsblättern „Korrektur der Perspektive mit Referenzbild" näher beschrieben.

Seite II

$$\text{Affin}(A,P) := \left| \begin{array}{l} Z \leftarrow \text{zeilen}(A) \\[4pt] S \leftarrow \text{spalten}(A) \\[4pt] \begin{pmatrix} a_0 & b_0 & a_1 & b_1 & a_2 & b_2 \end{pmatrix} \leftarrow P \\[6pt] j_{\text{Mitte}} \leftarrow \text{trunc}\left(\dfrac{S-1}{2}\right) \\[10pt] i_{\text{Mitte}} \leftarrow \text{trunc}\left(\dfrac{Z-1}{2}\right) \\[10pt] \text{for } i \in 0..\,Z-1 \\[4pt] \quad \text{for } j \in 0..\,S-1 \\[4pt] \qquad \left| \begin{array}{l} it_{i,j} \leftarrow a_0 + \left(i - i_{\text{Mitte}}\right)\cdot a_1 + \left(j - j_{\text{Mitte}}\right)\cdot a_2 \\[4pt] jt_{i,j} \leftarrow b_0 + \left(i - i_{\text{Mitte}}\right)\cdot b_1 + \left(j - j_{\text{Mitte}}\right)\cdot b_2 \end{array} \right. \\[10pt] it_{\text{Max}} \leftarrow \max\left(\left|\max(it)\right|, \left|\min(it)\right|\right) \\[4pt] jt_{\text{Max}} \leftarrow \max\left(\left|\max(jt)\right|, \left|\min(jt)\right|\right) \\[8pt] \text{Faktor} \leftarrow \left(\begin{array}{cc} \dfrac{j_{\text{Mitte}}}{jt_{\text{Max}}} & \dfrac{i_{\text{Mitte}}}{it_{\text{Max}}} \end{array}\right)^{T} \\[12pt] \text{Visual}\left(A, it_{\text{Max}}, jt_{\text{Max}}, it, jt, \text{Faktor}\right) \end{array} \right.$$

$$B := \text{Affin}(A,P)$$

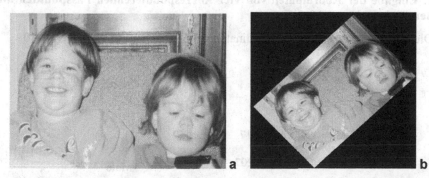

a   b

Abb. 15.22a. Urbild A, **b** transformiertes Bild B (die Bildgröße wurde auf das innere Bild zugeschnitten). Die affine Transformation besteht aus einer Verschiebung und einer Drehung um $\alpha_{\text{Grad}} = 43{,}7°$

Korrektur der Perspektive mit Referenzbild
"KoordinatentransfPerspektiveRück1"

Eingaben: Bild A (verzerrt), Referenzbild A0, interaktive Eingaben der
               Koordinaten von vier korrespondierenden Bildpunkten in A und
               in A0 (Passpunkte)
Ausgaben: Bild B (korrigiert)

Pfad1 := "E:\Mathcad8\Samples\Bildverarbeitung\15_Tabletten02.bmp"

Pfad2 := "E:\Mathcad8\Samples\Bildverarbeitung\15_Tabletten01.bmp"

$$A := BILDLESEN(Pfad1)   A0 := BILDLESEN(Pfad2)$$

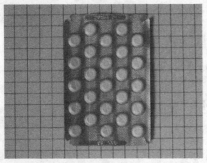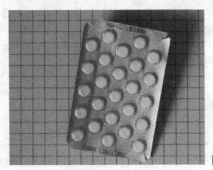

a   b

Abb. 15.23a. Tabletten-Blister auf kariertem Untergrund (Bild A0), **b** Objekt wie (**a**), jedoch gedreht und teilweise aufgerichtet (Bild A)

1. Eingabe der Koordinaten von vier korrespondierenden Passpunkten aus den Bildern A und A0:

Die mit A gekennzeichneten Koordinaten gehören zum unverzerrten Bild A0

$$x_0 := 44 \quad x_1 := 87 \quad x_2 := 409 \quad x_3 := 450 \qquad i_{Mitte} := trunc\left(\frac{Z-1}{2}\right)$$

$$y_0 := 266 \quad y_1 := 510 \quad y_2 := 199 \quad y_3 := 442$$

$$xA_0 := 47 \quad xA_1 := 49 \quad xA_2 := 417 \quad xA_3 := 419$$

$$yA_0 := 210 \quad yA_1 := 450 \quad yA_2 := 207 \quad yA_3 := 453 \qquad j_{Mitte} := trunc\left(\frac{S-1}{2}\right)$$

$$x := x - i_{Mitte} \quad y := y - j_{Mitte} \quad xA := xA - i_{Mitte} \quad yA := yA - j_{Mitte}$$

Seite II

Aufstellung des Vektors V und der Matrix M:
Sie werden für die Lösung des inhomogenen, linearen Gleichungssystems benötigt, das die Polynomkoeffizienten a_0, a_1, ..., b_0, b_1, ... in der Funktion Entzerren() liefert.

$$V := \begin{pmatrix} xA_0 & xA_1 & xA_2 & xA_3 & yA_0 & yA_1 & yA_2 & yA_3 \end{pmatrix}$$

$$M := \begin{pmatrix}
1 & x_0 & y_0 & 0 & 0 & 0 & -x_0{\cdot}xA_0 & -y_0{\cdot}xA_0 \\
1 & x_1 & y_1 & 0 & 0 & 0 & -x_1{\cdot}xA_1 & -y_1{\cdot}xA_1 \\
1 & x_2 & y_2 & 0 & 0 & 0 & -x_2{\cdot}xA_2 & -y_2{\cdot}xA_2 \\
1 & x_3 & y_3 & 0 & 0 & 0 & -x_3{\cdot}xA_3 & -y_3{\cdot}xA_3 \\
0 & 0 & 0 & 1 & x_0 & y_0 & -x_0{\cdot}yA_0 & -y_0{\cdot}xA_0 \\
0 & 0 & 0 & 1 & x_1 & y_1 & -x_1{\cdot}yA_1 & -y_1{\cdot}xA_1 \\
0 & 0 & 0 & 1 & x_2 & y_2 & -x_2{\cdot}yA_2 & -y_2{\cdot}xA_2 \\
0 & 0 & 0 & 1 & x_3 & y_3 & -x_3{\cdot}yA_3 & -y_3{\cdot}xA_3
\end{pmatrix}$$

1. Hilfsfunktion Visual(A, it_{Max}, jt_{Max}, it, jt, Faktor) zur Visualisierung transformierter Bilder

Kommentar zum Listing Visual():
Zeilen 1-3: Bildmatrix B mit Nullen vorbelegen und Definition der Konstanten.
Zeilen 6 u. 7: Einpassung der Koordinaten $it_{i,j}$ und $jt_{i,j}$ in die Bildmatrix B durch Verschiebung in i- und j-Richtung um it_{Max} bzw. jt_{Max} sowie Skalierung um die Faktoren $Faktor_0$ und $Faktor_1$.
Zeilen 8-13: Berechnung der Hilfsvariablen v_{Min}, v_{Max}, u_{Min}, u_{Max} zum Auffüllen der durch die Transformation entstandenen Löcher. Dabei legen du und dv in den **Zeilen 12 u. 13** die Lochgröße in i- und j-Richtung fest.
Zeile 14-18: Auffüllen der Löcher durch überdeckende Rechtecke mit den Kantenlängen du und dv. Die IF-Abfrage in **Zeile 18** verhindert eine eventuell auftretende Überschreitung der Bildmatrix B.

$$\text{Visual}\left(A, it_{Max}, jt_{Max}, it, jt, Faktor\right) :=$$
$$\begin{array}{l}
B \leftarrow A{\cdot}0 \\
S \leftarrow \text{spalten}(A) \\
Z \leftarrow \text{zeilen}(A) \\
\text{for } i \in 0..\, Z-2 \\
\quad \text{for } j \in 0..\, S-2 \\
\qquad ir \leftarrow \text{trunc}\left[\left(it_{i,j} + it_{Max}\right){\cdot}Faktor_0\right] \\
\qquad jr \leftarrow \text{trunc}\left[\left(jt_{i,j} + jt_{Max}\right){\cdot}Faktor_1\right]
\end{array}$$

Seite III

Listing Visual (Fortsetzung)

$$v_{Min} \leftarrow jr$$

$$v_{Max} \leftarrow rund\left[\left(jt_{i,\,j+1} + jt_{Max}\right) \cdot Faktor_1\right]$$

$$u_{Min} \leftarrow ir$$

$$u_{Max} \leftarrow rund\left[\left(it_{i+1,\,j} + it_{Max}\right) \cdot Faktor_0\right]$$

$$dv \leftarrow v_{Max} - v_{Min}$$

$$du \leftarrow u_{Max} - u_{Min}$$

$$for \quad v \in 0..\ 1 \cdot dv$$

$$\qquad for \quad u \in 0..\ 1 \cdot du$$

$$\qquad\qquad B_1 \leftarrow 0 < ir < Z - 1$$

$$\qquad\qquad B_2 \leftarrow 0 < jr < S - 1$$

$$\qquad\qquad B_{(ir+u),\,(jr+v)} \leftarrow A_{i,\,j} \quad if \ \ B_1 \wedge B_2$$

B

2. Entzerren des Bildes A (Abb.15.23b) mit der Funktion Entzerr(A, M, V) nach der Passpunktmethode.

Kommentar zum Listing Entzerr():
Wir verweisen hierzu im Wesentlichen auf das Listing Affin() auf den Arbeitsblättern „Korrektur der Perspektive mit Referenzbild".

Zeilen 5 u. 6: Lösung des inhomogene, lineare Gleichungssystem mit der Mathcad-Funktion llösen() und Übergabe der Komponenten des Lösungsvektors P an die Koeffizienten a_0, a_1, ..., b_0, b_1, ... für die Bildentzerrung in den **Zeilen 9 u. 10**.

$$Entzerr(A, M, V) := \quad Z \leftarrow zeilen(A)$$

$$S \leftarrow spalten(A)$$

$$j_{Mitte} \leftarrow trunc\left(\frac{S-1}{2}\right)$$

$$i_{Mitte} \leftarrow trunc\left(\frac{Z-1}{2}\right)$$

$$P \leftarrow llösen\left(M, V^T\right)^T$$

Seite IV

Listing Entzerr(A, M, V) (Fortsetzung)

$$\left(a_0 \ a_1 \ a_2 \ b_0 \ b_1 \ b_2 \ c_1 \ c_2\right) \leftarrow P$$

for $i \in 0..Z-1$

  for $j \in 0..S-1$

$$it_{i,j} \leftarrow \frac{a_0 + \left(i - i_{Mitte}\right)\cdot a_1 + \left(j - j_{Mitte}\right)\cdot a_2}{1 + c_1\cdot\left(i - i_{Mitte}\right) + c_2\cdot\left(j - j_{Mitte}\right)}$$

$$jt_{i,j} \leftarrow \frac{b_0 + \left(i - i_{Mitte}\right)\cdot b_1 + \left(j - j_{Mitte}\right)\cdot b_2}{1 + c_1\cdot\left(i - i_{Mitte}\right) + c_2\cdot\left(j - j_{Mitte}\right)}$$

$$it_{Max} \leftarrow max\left(\left|max(it)\right|, \left|min(it)\right|\right)$$

$$jt_{Max} \leftarrow max\left(\left|max(jt)\right|, \left|min(jt)\right|\right)$$

$$Faktor \leftarrow \left(\frac{i_{Mitte}-1}{it_{Max}} \ \frac{j_{Mitte}-1}{jt_{Max}}\right)^T$$

$$Visual\left(A, it_{Max}, jt_{Max}, it, jt, Faktor\right)$$

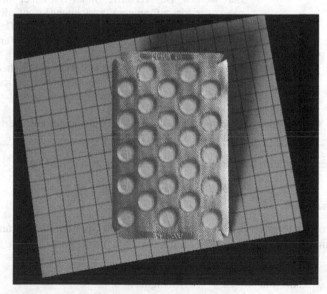

Abb. 15.24. Korrigiertes Bild B aus Abb. 15.23b

Entzerrung eines Bildes mit Ausgleichsrechnung
"Koordinatentransformation-Ausgleichsrechnung"

Eingaben:	Urbild B, Anzahl Gitterpunkte Anz_Pkt pro Zeile bzw. Spalte und Polynomgrad
Ausgaben:	Vektorfelddiagramm der Restfehlervektoren, entzerrtes Bild E, verzerrtes Urbild B

Die Bildentzerrung mit Ausgleichsrechnung wird der Übersichtlichkeit halber in mehrere Teilfunktionen untergliedert, die in der Tabelle 15.5 der Reihenfolge nach aufgelistet sind.

Tabelle 15.6. Folge von Teilfunktionen für die Bildentzerrung mit Ausgleichsrechnung

	Funktion	Kommentar
1.	Koordinaten(B, Anz_Pkt, f, n)	Generiert eine Tabelle, die in den Spalten 0 und 1 die Koordinaten der Referenzgitterpunkte und in den Spalten 2 und 3 die Koordinaten der Gitterpunkte des verzerrten Gitters enthält. Die Zahl der Gitterpunkte beträgt: (Anz_Pkt+1) x (Anz_Pkt+1). Die Zeilenindizes der Tabelle geben die Gitterpunktnummern an, die zeilenweise durchnummeriert werden. Das verzerrte Bild weist dabei tonnen- oder kissenförmige Verzeichnungen auf, die mit den Parametern f und n berechnet werden. Das zu korrigierende Bild B muss die gleiche Verzeichnung aufweisen
2.	Fehler$_{xy}$(A, Anz_Pkt, Tabelle, Polynomgrad)	Erstellt eine Tabelle mit Fehlervektoren zwischen den Ist- und Sollpositionen des entzerrten Bildes. Fehlerangaben an den Orten der Referenzgitterpunkte (Abb. 15.25)
3.	Korrekt(B, Anz_Pkt, Tabelle, Polynomgrad)	Berechnet das mit Ausgleichsrechnung korrigierte Bild (Abb. 15.26b)

Pfad := "E:\Mathcad8\Samples\Bildverarbeitung\SchlüsselVerzerrtf-1E-6n1.bmp"

B := BILDLESEN(Pfad)

0. Eingabe der Parameter:

Anz_Pkt gibt die Anzahl Referenzgitterpunkte in Zeilen- und Spaltenrichtung an. Polynomengrad bestimmt den Grad des Polynoms der Transformationsformeln.

Anz_Pkt := 10   Polynomgrad := 3

Seite II

Mit den Parametern f und n wurde Bild B verzeichnet. Das Referenzgitter muss daher mit den gleichen Werten verzeichnet werden.

$$f := -0.000001 \qquad\qquad n := 1$$

1. Generierung der Referenzgitterpunkte und der korrespondierenden Gitterpunkte des verzerrten Bildes mit der Funktion Koordinaten(B, Anz_Pkt, f, n):

Kommentar zum Listung Koordinaten():
Zeilen 1-6: Definition der Konstanten.
Zeile 7: Gitterpunktzähler m mit −1 vorbelegen.
Zeilen 10: Gitterpunktzähler inkrementieren.
Zeilen 11-16: Koordinaten Gitter_Z_i und Gitter_S_j des Referenzgitters generieren und in Tabelle schreiben. In **Zeilen 15 u. 16** die Gitterkoordinaten um i_{Mitte} in i-Richtung und j_{Mitte} in j-Richtung verschieben. Koordinatenursprung liegt nun in Gittermitte.
Zeilen 17-19: Berechnung des Verzeichnungsfaktors v mit den Parametern f und n. Transformierten Koordinaten Gitt_Z_i·v und Gitt_S_j·v in Tabelle schreiben.
Zeilen 20 u. 21: Bestimmung der maximalen transformierten Koordinaten aus Tabellenspalten Tabelle$^{<2>}$ und Tabelle$^{<3>}$.
Zeilen 22 u. 23: Verschiebung des Nullpunktes der transformierten Gitterkoordinaten Gitt_Z_i·v und Gitt_S_j·v.

$$\text{Koordinaten}(B, \text{Anz\_Pkt}, f, n) := \begin{vmatrix} S \leftarrow \text{spalten}(B) \\ Z \leftarrow \text{zeilen}(B) \\ \Delta S \leftarrow \text{trunc}\left(\dfrac{S}{\text{Anz\_Pkt}}\right) \\ \Delta Z \leftarrow \text{trunc}\left(\dfrac{Z}{\text{Anz\_Pkt}}\right) \\ j_{Mitte} \leftarrow \text{rund}\left(\dfrac{S-1}{2}\right) \\ i_{Mitte} \leftarrow \text{rund}\left(\dfrac{Z-1}{2}\right) \\ m \leftarrow -1 \\ \text{for } i \in 0.. \text{Anz\_Pkt} \\ \quad \text{for } j \in 0.. \text{Anz\_Pkt} \\ \qquad \begin{vmatrix} m \leftarrow m+1 \\ \text{Gitter\_}Z_i \leftarrow i \cdot \Delta Z \\ \text{Gitter\_}S_j \leftarrow j \cdot \Delta S \end{vmatrix} \end{vmatrix}$$

Seite III

Listing Koordinaten(B, Anz_Pkt, f, n) (Fortsetzung)

$$\text{Tabelle}_{m,0} \leftarrow \text{Gitter\_Z}_i$$

$$\text{Tabelle}_{m,1} \leftarrow \text{Gitter\_S}_j$$

$$\text{Gitt\_Z}_i \leftarrow \text{Gitter\_Z}_i - i_{\text{Mitte}}$$

$$\text{Gitt\_S}_j \leftarrow \text{Gitter\_S}_j - j_{\text{Mitte}}$$

$$v \leftarrow \left[1 + f \cdot \left[\left(\left| \text{Gitt\_Z}_i \right| \right)^2 + \left(\left| \text{Gitt\_S}_j \right| \right)^2 \right]^n \right]$$

$$\text{Tabelle}_{m,2} \leftarrow \text{Gitt\_Z}_i \cdot v$$

$$\text{Tabelle}_{m,3} \leftarrow \text{Gitt\_S}_j \cdot v$$

$$\text{GittMax\_I} \leftarrow \max\left(\left| \max\left(\text{Tabelle}^{\langle 2 \rangle} \right) \right|, \left| \min\left(\text{Tabelle}^{\langle 2 \rangle} \right) \right| \right)$$

$$\text{GittMax\_J} \leftarrow \max\left(\left| \max\left(\text{Tabelle}^{\langle 3 \rangle} \right) \right|, \left| \min\left(\text{Tabelle}^{\langle 3 \rangle} \right) \right| \right)$$

$$\text{Tabelle}^{\langle 2 \rangle} \leftarrow \text{Tabelle}^{\langle 2 \rangle} + \text{GittMax\_I}$$

$$\text{Tabelle}^{\langle 3 \rangle} \leftarrow \text{Tabelle}^{\langle 3 \rangle} + \text{GittMax\_J}$$

$$\text{Tabelle}$$

Tabelle := Koordinaten(B, Anz_Pkt, f, n)

2. Berechnung der Fehlervektoren an den Referenzgitterpunkten mit der Funktion Fehler$_{xy}$(B, Anz_Pkt, T, P):

Kommentar zum Listing Fehler$_{xy}$():

Zeilen 1-4: Definition der Konstanten. ΔS und ΔZ sind die Gitterkonstanten des Referenzgitters.

Zeile 5: Bildung der Submatrix xy$_{\text{verz}}$ aus den Spalten 2 und 3 der Tabelle T mit der Mathcad-Funktion submatrix(). xy$_{\text{verz}}$ ist eine zweispaltige Matrix, die in Spalte 0 die i- und in Spalte 1 die j-Koordinaten der verzerrten Gitterpunkte enthält.

Zeilen 6 u. 7: Bestimmung der Parameter für die Ausgleichspolynome Gl. (15.2) mit der Mathcad-Funktion regress(). Mit P Vorgabe des Polynomgrades. Die Parameter a_0, a_1, ...sowie b_0, b_1, ... sind in den Ergebnisvektoren Pa$_x$ und Pa$_y$ zusammengefasst.

Zeilen 8: Gitterpunktzähler m mit –1 vorbelegen.

Zeilen 9 u. 10: FOR-Schleifen für einen zeilenweisen Durchlauf der Gitterpunkte.

Zeile 11: Inkrementierung des Gitterpunktzählers m bei Erreichen eines neuen Gitterpunktes.

Zeilen 12 u. 13: Berechnung der Interpolationswerte I_m und J_m an den Stellen

$$((T^{\langle 2 \rangle})_m, (T^{\langle 3 \rangle})_m)$$

mit der Mathcad-Funktion interp(). Im Idealfall sollten die Referenzgitterpunkte $(i \cdot \Delta Z, \; j \cdot \Delta S)$ für $i = 0$ bis Anz_Pkt und $j = 0$ bis Anz_Pkt und die durch Interpolation erhaltenen korrespondierenden Punkte (I_m, J_m) identisch sein. In der Regel ist die Korrektur der Verzerrung nicht perfekt, so dass vom Nullvektor verschiedene Fehlervektoren Fehler$_{i,j}$ (**Zeile 14**) auftreten.

$$\text{Fehler}_{xy}(B, \text{Anz\_Pkt}, T, P) := \begin{vmatrix} S \leftarrow \text{spalten}(B) \\[4pt] Z \leftarrow \text{zeilen}(B) \\[4pt] \Delta S \leftarrow \text{trunc}\left(\dfrac{S}{\text{Anz\_Pkt}} \right) \\[8pt] \Delta Z \leftarrow \text{trunc}\left(\dfrac{Z}{\text{Anz\_Pkt}} \right) \\[8pt] xy_{\text{verz}} \leftarrow \text{submatrix}\left[T, 0, (\text{Anz\_Pkt} + 1)^2 - 1, 2, 3 \right] \\[4pt] Pa_x \leftarrow \text{regress}\left(xy_{\text{verz}}, T^{\langle 0 \rangle}, P \right) \\[4pt] Pa_y \leftarrow \text{regress}\left(xy_{\text{verz}}, T^{\langle 1 \rangle}, P \right) \\[4pt] m \leftarrow -1 \\[4pt] \text{for } i \in 0 .. \text{Anz\_Pkt} \\[4pt] \quad \text{for } j \in 0 .. \text{Anz\_Pkt} \\[4pt] \quad \begin{vmatrix} m \leftarrow m + 1 \\[6pt] I_m \leftarrow \text{trunc}\left[\text{interp}\left[Pa_x, xy_{\text{verz}}, T^{\langle 0 \rangle}, \begin{pmatrix} (T^{\langle 2 \rangle})_m \\ (T^{\langle 3 \rangle})_m \end{pmatrix} \right] \right] \\[10pt] J_m \leftarrow \text{trunc}\left[\text{interp}\left[Pa_y, xy_{\text{verz}}, T^{\langle 1 \rangle}, \begin{pmatrix} (T^{\langle 2 \rangle})_m \\ (T^{\langle 3 \rangle})_m \end{pmatrix} \right] \right] \\[10pt] \text{Fehler}_{i,j} \leftarrow \begin{pmatrix} i \cdot \Delta Z - I_m \\ j \cdot \Delta S - J_m \end{pmatrix} \end{vmatrix} \\[10pt] \text{Fehler} \end{vmatrix}$$

$$\text{Fehl} := \text{Fehler}_{xy}(B, \text{Anz\_Pkt}, \text{Tabelle}, \text{Polynomgrad})$$

Seite V

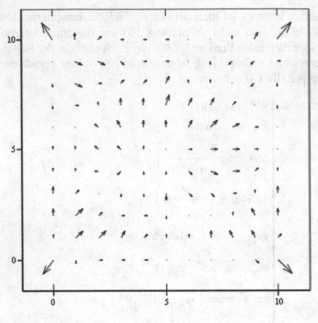

(FehlerX, FehlerY)

Abb. 15.25. Fehlervektoren an den Referenzgitterpunkten nach Verzeichnungskorrektur. Fehlervektorlänge am Ort (10, 10) beträgt 6,4 Pixel.

3. Korrektur des verzeichneten Bildes B mit der Funktion Korrekt(A, Anz_Pkt, T, P):

Kommentar zum Listing Korrekt():

Zeilen 1-3: Entsprechen den Zeilen 5-7 der Funktion Fehler$_{xy}$().

Zeilen 4-7: Entsprechen bis auf dem Gitterpunktzähler m sowie den FOR-Schleifenendwerten den Zeilen 9-13 der Funktion Fehler$_{xy}$(). Da in Korrekt() jeder Bildpunkt interpoliert werden muss, wird $((T^{<2>})_m, (T^{<3>})_m)^T$ in der Mathcad-Funktion interp() durch $(i, j)^T$ ersetzt.

Zeilen 8-9: Berechnung der Maßstabsparameter Faktor_I und Faktor_J für die Darstellung mit der Funktion Visual(). Der Nullpunkt der korrigierten Koordinaten it$_{i,j}$ und jt$_{i,j}$ muss nicht verschoben werden, so dass in der Funktion Visual() die Parameter it$_{Max}$ und jt$_{Max}$ null sind (siehe Kommentar zum Listing Visual() s.o.)

$$
\text{Korrekt}\,(A, \text{Anz\_Pkt}, T, P) := \left| \begin{array}{l} xy_{\text{verzerrt}} \leftarrow \text{submatrix}\left[T, 0, (\text{Anz\_Pkt} + 1)^2 - 1, 2, 3\right] \\[2mm] \text{Parameter}_x \leftarrow \text{regress}\left(xy_{\text{verzerrt}}, T^{\langle 0 \rangle}, P\right) \\[2mm] \text{Parameter}_y \leftarrow \text{regress}\left(xy_{\text{verzerrt}}, T^{\langle 1 \rangle}, P\right) \end{array} \right.
$$

Seite VI

for $i \in 0..$ zeilen$(A) - 1$

 for $j \in 0..$ spalten$(A) - 1$

  $jt_{i,j} \leftarrow \mathrm{trunc}\left[\mathrm{interp}\left[\mathrm{Parameter}_y, xy_{\mathrm{verzerrt}}, T^{\langle 1 \rangle}, \begin{pmatrix} i \\ j \end{pmatrix}\right]\right]$

  $it_{i,j} \leftarrow \mathrm{trunc}\left[\mathrm{interp}\left[\mathrm{Parameter}_x, xy_{\mathrm{verzerrt}}, T^{\langle 0 \rangle}, \begin{pmatrix} i \\ j \end{pmatrix}\right]\right]$

Faktor_I $\leftarrow \dfrac{\text{zeilen}(A)}{\max(it)}$

Faktor_J $\leftarrow \dfrac{\text{spalten}(A)}{\max(jt)}$

$\mathrm{Visual}\left(A, 0, 0, it, jt, (\text{Faktor\_I}\quad \text{Faktor\_J})^T\right)$

   P := Polynomgrad   N := Anz_Pkt

   E := Korrekt(B, Anz_Pkt, Tabelle, Polynomgrad)

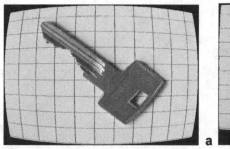

Abb. 15.26a. Verzerrtes Bild B, **b** korrigiertes Bild E

16. Die Farbe Hilft bei der Segmentierung-Farbbildverarbeitung

In Kap. 14 beschäftigten wir uns im Rahmen der Mustererkennung mit der Klassifizierung von Objekten, wozu wir die Merkmale wie Form, Grauwert, Textur benötigen. Das für die Mustererkennung ebenfalls wichtige Merkmal Farbe soll Gegenstand von Kap. 16 sein. Hier sollen Möglichkeiten, aber auch Schwierigkeiten der Farbbildverarbeitung näher untersucht werden. Farbe wird eingesetzt, um Objekte schnell und zuverlässig zu erkennen. Beispielsweise werden Verkehrsschilder farbig gestaltet, Straßenkarten mit farbigen Symbolen versehen und Feuerwehrfahrzeuge rot angestrichen. Die Farbinformation eines jeden Bildpunktes lassen sich mit drei Zahlen darstellen, über deren Bedeutungen wir in der technischen Farbenlehre mehr erfahren.

16.1. Technische Farbenlehre

Aus der Sicht der Bildverarbeitung ist die Farbe ein weiteres Objektmerkmal, das die Mustererkennung erleichtert. Die Farbe ist für uns Menschen jedoch eine Sinnesempfindung wie Geschmack oder Klang. Beim Betrachten einer Farbe kommt es zu physiologischen Vorgängen, die man als Farbwahrnehmung bezeichnet. Von einem beleuchteten, farbigen Objekt reflektiertes Licht löst in uns einen Farbreiz aus, der Ursache von Erregungen ist, die in der Netzhaut entstehen und im Gehirn als Farbe empfunden wird.

Physikalisch setzt sich Licht aus elektromagnetischen Wellen zusammen, wobei sich der sichtbare Wellenlängenbereich von 350nm (violettes Licht) bis 750nm (tief rotes Licht) erstreckt. Natürliches Licht ist immer eine Mischung aus Wellen unterschiedlicher Wellenlängen λ und von ihnen abhängiger Intensitäten $I(\lambda)$. Dieser Sachverhalt wird quantitativ mit der spektralen Verteilung des Lichtes $I(\lambda)$ beschrieben, die je nach ihrer Form für die Auslösung unterschiedlicher Farbreize verantwortlich ist. Die Netzhaut des menschlichen Auges besteht aus ca. 10^8 Stäbchen für das Helligkeitsempfinden (skotopisches Sehen) und etwa 10^7 Zapfen für das Farbensehen (photopisches Sehen). Im Vergleich dazu besitzen die Halbleitersensoren guter Digitalkameras ca. 3 bis 10 Megapixel. Die Zapfen sind, ähnlich den drei Sensoren einer Farbkamera, rot-, grün- oder blauempfindlich. Während die maximale Empfindlichkeit des menschlichen Auges im grünen Bereich (um die Wellenlänge $\lambda=555$nm) liegt, sind Halbeiterkameras im nahen Infrarot-

Gebiet bei Wellenlängen um $\lambda = 800$nm am sensitivsten. Meist wird eine Anpassung an die Empfindlichkeit des Auges mit einem geeigneten Farbfilter vorgenommen. Für unseren Farbeindruck sind nicht nur rein physikalische Gründe maßgebend, sondern es spielen auch neben anderen Farbsuggestion und Farberinnerung mit. Durch Farbsuggestion billigen wir bekannten und vertrauten Objekten bzw. Formen leicht Farben zu, die wir aus unserer Erfahrung mit ihnen in Verbindung bringen. So sind wir beispielsweise leichter zu überzeugen, dass ein weißes bananenförmiges Objekt schwach gelb und nicht leicht bläulich erscheint. Dieser Aspekt der Farbenlehre ist jedoch für die klassische Bildverarbeitung von untergeordneter Bedeutung, so dass wir uns in Abschn. 16.1.1 mit den physikalischen Eigenschaften der Farbe beschäftigen.

Wir sprachen anfangs davon, dass der Mensch lediglich drei unterschiedliche Rezeptortypen für die Farben Rot, Grün und Blau besitzt. Der sich daraus ergebende Widerspruch zu unserer Erfahrung, sehr viele Farben sehen zu können, muss also aufgelöst werden. Wir gehen heute davon aus, dass sich die vielen von uns empfundenen unterschiedlichen Farben durch die Mischung der Signale dieser drei Grundfarben ergeben.

Unser etwas vergröberter Farbsinn hat zur Folge, dass unterschiedlich spektral zusammengesetzte Farben zu einem gleichen Farbempfinden führen können. Durch die im Folgenden zu behandelnde additive Farbmischung wird die Farbentheorie auf eine mathematisch-physikalische Grundlage gestellt, mit der wir in der digitalen Bildverarbeitung das Merkmal Farbe anwenden können.

16.1.1. Additive Farbmischung

Fast jede Farbe lässt sich durch Überlagerung von roter, grüner und blauer Lichtprojektion auf einer weißen Leinwand mischen. Wir nennen dieses Verfahren additive Lichtmischung, weil sich die Intensitäten der einzelnen Farben addieren. Es kommt bei dieser Art der Mischung darauf an, dass sich die Intensitäten der drei Grundfarben an der selben Stelle der Netzhaut überlagern. In der Display- oder Drucktechnik wird diese Mischung erreicht, indem einzelne kleine, unterschiedlich gefärbte Punkte so dicht beieinander liegen, dass sich ihre Bilder auf der Netzhaut durch die begrenzte Auflösung des Auges überlagern.

Alternativ ist eine additive Lichtmischung auch durch eine sehr schnelle zeitliche Abfolge der Grundfarben auf der selben Stelle der Netzhaut zu erreichen. Diese Art der Lichtmischung hat aber für die Bildverarbeitung keine Bedeutung.

Der durch additive Farbmischung neu entstandene Farbreiz wird Farbvalenz F* genannt und lässt sich mathematisch als Linearkombination der Grund- oder Primärvalenzen R*, G* und B*

$$F^* = R \cdot R^* + G \cdot G^* + B \cdot B^* \tag{16.1}$$

beschreiben. Die Koordinaten R, G und B, die für Rot Grün und Blau stehen, werden in der Farbenlehre Farbwerte genannt und legen im RGB-Farbraum den Farbreiz F* fest.

Tabelle 16.1. Grundvalenzen und ihre physikalischen Eigenschaften

Grundvalenz	Lichtwellenlänge λ/nm	rel. Strahlungsleistung
R*	700,0	73,0420
G*	546,0	1,3971
B*	435,8	1,0000

Die Grundvalenzen stehen für die physikalische Realisierung der drei Grundfarben (Tabelle 16.1).

Die Farbvalenz F* lässt sich formal als Skalarprodukt des Farbvektors (R,G,B) (Abb. 16.1) mit dem Vektor der Grundvalenzen (R*,G*,B*) darstellen:

$$F^* = (R, G, B) \cdot \begin{pmatrix} R^* \\ G^* \\ B^* \end{pmatrix} \qquad (16.2)$$

Die Farbvalenzen für sämtliche Grauwerte von Schwarz bis Weiß besitzt die Farbwerte R = G = B = s, mit $0 \le s \le 1$ und liegen daher auf der Würfeldiagonalen im RGB-Farbraum (Abb. 16.1). In Tabelle 16.2 sind die Farbwerte R, G, B der Grundfarben (in der Tabelle grau hinterlegt) und ihrer Mischfarben dargestellt. Den Zusammenhang zwischen den reinen Spektralfarben (eine idealisierte Farbe, die aus Wellen nur einer Wellenlänge besteht) und den Farbwerten entnehmen wir der IBK-Farbmischkurve (Abb. 16.2).

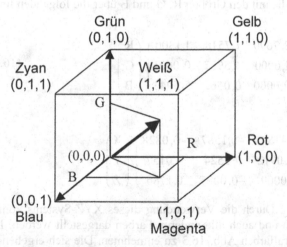

Abb. 16.1. Der RGB-Farbraum mit Farbvektor (R,G,B) für eine Farbvalenz F*. Den Farbwerten R, G und B liegen die komplementären Farbwerte Zyan, Magenta und Gelb diagonal gegenüber

Tabelle 16.2. Farbwerte der Grundfarben (grau unterlegt) und ihrer Mischfarben

Farbe	Farbwerte		
	R	G	B
Weiß	1	1	1
Gelb	1	1	0
Zyan	0	1	1
Grün	0	1	0
Purpur	1	0	1
Rot	1	0	0
Blau	0	0	1
Schwarz	0	0	0

Dort sind an der x-Achse die Wellenlängen der reinen Spektralfarben und an der y-Achse die Farbwerte abgetragen. Um nun z.B. eine Farbvalenz für die reine Spektralfarbe der Wellenlänge 500nm zu erzeugen, müssen sich laut Markierungen in Abb. 16.2 die Farbwerte wie $R : G : B = r : g : b = -0,75 : 0,93 : 0,52$ verhalten. (Bem.: Es können nur Verhältnisse angegeben werden, weil die Intensität nicht festgelegt ist). Aus der Darstellung ersehen wir auch, dass sich die Farbvalenzen zwischen 454nm und 550nm nur durch die Wahl eines negativen Farbwertes für R erreichen lassen. Weil das technisch nicht geht, müsste der negative Farbanteil zu der gewünschten Farbvalenz F* addiert werden (bedenke $-R > 0$).

$$F^{**} = F^* - R \cdot R^* = G \cdot G^* + B \cdot B^* \tag{16.3}$$

Da wir aber die Spektralfarbe F* für $\lambda = 500$nm reproduzieren und nicht zu F** verändern möchte, müssen wir zu geeigneteren Grundvalenzen X*, Y* und Z* anstelle von R*, G* und B* übergehen. Hierdurch gelangen wir zu den **Normfarbwerten** X, Y und Z, die mit den Größen R, G und B über die folgenden linearen Transformationen

$$\begin{pmatrix} X \\ Y \\ Z \end{pmatrix} = \begin{pmatrix} 2,7690 & 1,7518 & 1,1300 \\ 1,0000 & 4,5907 & 0,0601 \\ 0,0000 & 0,0565 & 5,5943 \end{pmatrix} \cdot \begin{pmatrix} R \\ G \\ B \end{pmatrix} \tag{16.4}$$

sowie

$$\begin{pmatrix} R \\ G \\ B \end{pmatrix} = \begin{pmatrix} 0,4184 & -0,1587 & -0,0828 \\ -0,0912 & 0,2524 & 0,0157 \\ 0,0009 & -0,0025 & 0,1786 \end{pmatrix} \cdot \begin{pmatrix} X \\ Y \\ Z \end{pmatrix} \tag{16.5}$$

in Zusammenhang stehen. Durch die Verwendung dieses XYZ-Systems können alle reinen Spektralfarben und auch alle anderen Farben dargestellt werden. Ihre Werte sind für die Spektralfarben Abb. 16.3 zu entnehmen. Die sich ergebenden Funktionen $x^*(\lambda)$, $y^*(\lambda)$ und $z^*(\lambda)$ für die Normfarbwerte der reinen Spektralfarben heißen **Normspektralwertkurven**.

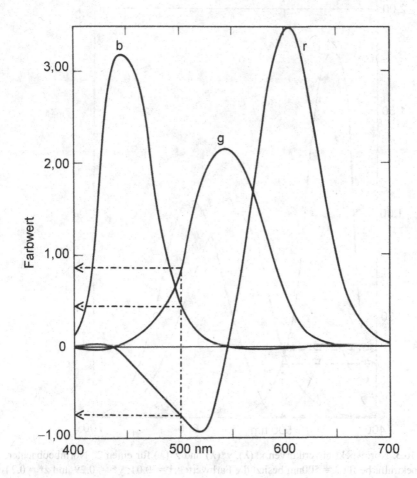

Abb. 16.2. IBK-Farbmischkurven zur Bestimmung der Farbwerte für die reinen Spektralfarben (2° Normbeobachter). Die Spektralfarbe für $\lambda = 500$nm besitzt demnach die Farbwerte r = –0,75, g = 0,93 und b = 0,52 (siehe Schnittpunkte der strichpunktierten Linie mit
den Kurven für die Farbwerte r, g und b) [9]

Für die beispielhafte Realisierung der Spektralfarbe mit der Wellenlänge $\lambda =$
500nm benötigen wir nun entsprechend der strichpunktierten Linien in der Norm-
spektralwertkurve Abb. 16.3 die Werte

$$X : Y : Z = x^* : y^* : z^* = 0{,}02 : 0{,}3535 : 0{,}445.$$

Ein Maß für die Intensität I erhalten wir aus den Normfarbwerten durch die Sum-
menbildung

$$I = X + Y + Z. \qquad (16.6)$$

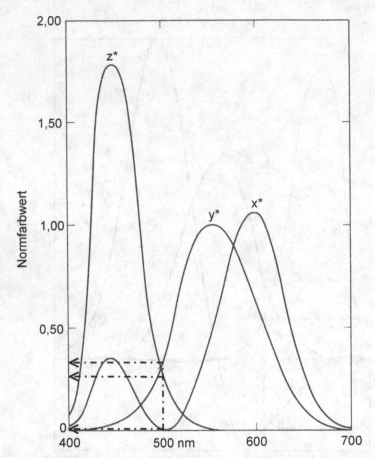

Abb. 16.3. Normspektralwertkurven x*(λ), y*(λ) und z*(λ) für einen 2° Normbeobachter. Die Spektralfarbe für λ = 500nm besitzt die Farbwerte x* = 0,01; y* = 0,29 und z* = 0,24 (siehe Schnittpunkte der strichpunktierten vertikalen Linie mit den Kurven für die Farbwerte x*, y* und z*) [9]

Mit den Normfarbwertanteilen

$$x = X/I \quad \text{und} \quad y = Y/I \tag{16.7}$$

können sämtliche auf I normierte Farben beschrieben werden. Sie sind in der CIE-Normfarbtafel (Abb. 16.4) als Farbkarte dargestellt.

Das XYZ-Farbmodell eignet sich sehr gut für die exakte Beschreibung von Farben, aber es hat den Nachteil, dass es nicht unserem Farbempfinden entspricht. Aus diesem Grund werden in der Farbbildverarbeitung andere Farbmodelle favorisiert, mit denen Farbbildoperationen leichter entwickelt und verstanden werden können. Mit geeigneten Koordinatentransformationen ist der Übergang zum XYZ-Modell gegeben (siehe Abschn. 16.3).

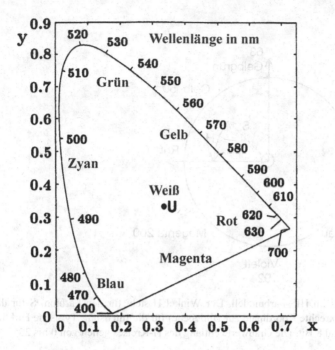

Abb. 16.4. CIE-Normfarbtafel. Eingetragen sind die Wellenlängen der Spektralfarben, die alle anderen Farben umranden. U markiert den Unbuntpunkt Weiß

16.2 Farbmodelle

Wie erwähnt werden die Farben in den meisten Farbmodellen durch drei Zahlen angegeben. Dies geschieht im **RGB-Farbmodell** mit den Farbwerten R, G und B. Dabei ist es in der Bildverarbeitung üblich, für jede der drei Größen einen Zahlenbereich zwischen 0 und 255 zur Verfügung zu stellen. Wir sprechen dann von 24 Bit Farbtiefe (True-Color oder Echtfarbendarstellung). Ein Farbbild setzt sich demnach aus drei Graubildern, den Farbauszügen (englisch: color planes) zusammen. Haben alle drei den Maximalwert, ergibt sich Weiß. Das RGB-Farbmodell kann z.B. von Bildschirmen und Scannern verwendet werden, da diese Geräte Licht aussenden.

Auf der Grundlage der besonderen Farbwahrnehmung durch den Menschen werden Farben beim **HIS-Farbmodell**, manchmal auch HSB-Farbmodell genannt, mit Hilfe der folgenden drei Attribute definiert:

☐ Farbton (Hue - H)
☐ Intensität (Intensity - I)
☐ Sättigung (Saturation - S)

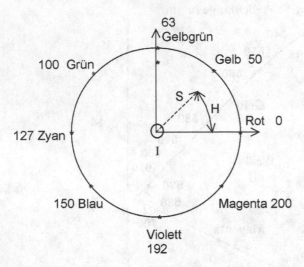

Abb. 16.5. Farbkreis im HIS-Farbmodell. Der Winkel H steht für den Farbton, S für die Sättigung und I (senkrechte Koordinate zur Bildebene) für die Intensität. Typische Farbtiefe pro Koordinate sind 8 Bit. Die Grauwerte entlang des H-Kreises gehen von 0 bis 255

Dieses Modell ist für die Farbbildverarbeitung von Bedeutung, weil die Attribute als Zylinderkoordinaten vorliegen, und die Werte der Winkelkoordinate die uns vertrauten Farbtöne H festlegen. Alle Farbtöne zusammen ergeben den Farbkreis (Abb. 16.5). Die Reihenfolge der Farben auf dem Farbkreis von Rot bis Magenta (Purpur) entspricht der des Weißlichtspektrums. Hierzu zwei Beispiele: Der Farbton einer Zitrone ist Gelb, der einer Kirsche Rot. Die Sättigung (S) gibt die Stärke der Farbkonzentration in einem Objekt an. So enthält beispielsweise eine blasse Banane nur wenig Gelb im Vergleich zur Gelbsättigung der Zitrone. Farben können in helle und dunkle Farben unterschieden werden, womit direkt auf ihre Intensität (I) Bezug genommen wird. Die Intensität einer Farbe sagt also aus, mit welcher Lichtstärke die Farbe zu sehen ist. Wird beispielsweise ein rotes Objekt mit einer schwach weiß leuchtenden Lichtquelle beschienen, so erscheint uns das Rot weniger intensiv als mit einer sehr hellen Lichtquelle. Drucker ermöglichen die Farbwiedergabe auf Papier oder anderen Druckmedien durch reflektiertes Licht. Im Allgemeinen werden Farbbilder auf Papier durch die Kombination von Pigmenten in den Druckfarben Cyan, Magenta, Gelb und Schwarz erzeugt. Diese vier Farben bilden die Komponenten des **CMYK-Farbmodells** (Cyan, Magenta, Gelb (Yellow) und Schwarz (BlacK)). Daneben gibt es auch das **CMY-Farbmodell,** weil im Prinzip die Farbe Schwarz bereits aus den Komponenten C, M und Y reproduziert werden kann.

Im Videobereich haben sich die beiden Farbmodelle **YIQ** und **YUV** durchgesetzt. Dabei wird ersteres durch den U.S. NTSC Videostandard und letzteres durch den Europäischen PAL-Standard festgelegt.

16.3 Koordinatenumrechnungen für wichtige Farbmodelle

In der BV kommt es häufiger vor, dass ein Farbbild eines Farbmodells in ein Bild eines anderen Farbmodells umgerechnet werden muss. Eine Schwellwertoperation lässt sich z.B. bezüglich des Merkmals Farbton im HIS-Bild wesentlich leichter als im RGB-Bild durchführen, weil im ersten Fall der Farbton durch eine Koordinate H repräsentiert wird, währen das im RGB-Bild nur mit allen drei Koordinaten gelingt.

16.3.1 Umrechnung von RGB nach XYZ und zurück

Diese Umrechnungen werden bereits in Abschn. 16.1.1 mit den Transformationen Gln. (16.4) und (16.5) durchgeführt.

16.3.2 Umrechnung von RGB nach HIS und zurück

Die Umrechnung der R-, G- und B-Werte in die Größen H_u, S_u und I_u kann wie folgt durchgeführt werden (Index u steht für unnormiert, d.h. die Größen sind noch nicht auf das Grauwertintervall [0, 255] umgerechnet).

$$H_u = \begin{cases} \delta_u & \text{für } B_u \leq G_u \\ 360^0 - \delta_u & \text{für } B_u > G_u \end{cases} \tag{16.8}$$

mit dem Winkel (in Gradeinheiten)

$$\delta_u = \arccos\left(\frac{\frac{1}{2}\cdot\left[(R_u - G_u) + (R_u - B_u)\right]}{\sqrt{(R_u - G_u)^2 + (R_u - B_u)\cdot(G_u - B_u)}}\right) \tag{16.9}$$

$$S_u = 1 - 3\cdot\frac{\min\{R_u, G_u, B_u\}}{R_u + G_u + B_u} \tag{16.10}$$

und

$$I_u = \frac{R_u + G_u + B_u}{3} \tag{16.11}$$

Die farbtheoretischen Wertebereiche der Farbwerte liegen zwischen 0 und 1. Sie werden in der BV üblicherweise auf die Intervallbreite von 0 bis 255 erweitert. Damit dies auch für H_u, I_u und S_u gilt, müssen folgende Normierungen nach der Berechnung vorgenommen werden:

$$H = H_u \cdot \frac{255}{360} \quad \text{und} \quad S = S_u \cdot 255 \, .$$ (16.12)

Für die Rücktransformation von HIS- in RGB-Koordinaten ist einer der folgenden drei Formelsätze zu verwenden. Er ergibt sich aus dem gültigen Fall für H_u :

Fall 1: $0 \leq H_u \leq 120°$ folgt: B_u ist Minimum und es gilt:

$$\left. \begin{aligned} B_u &= (1-S_u) \cdot I_u \\ G_u &= \left(\frac{3}{2} + \frac{3}{2 \cdot \sqrt{3}} \cdot \tan(Z_{60}) \right) \cdot I_u - \left(\frac{1}{2} + \frac{3}{2 \cdot \sqrt{3}} \cdot \tan(Z_{60}) \right) \cdot B_u \\ R_u &= 3 \cdot I_u - G_u - B_u, \qquad\qquad\qquad \text{mit } Z_{60} = H_u - 60° \end{aligned} \right\}$$ (16.13)

Fall 2: $120° \leq H_u \leq 240°$, folgt: R_u ist Minimum und es gilt:

$$\left. \begin{aligned} R_u &= (1-S_u) \cdot I_u \\ B_u &= \left(\frac{3}{2} + \frac{3}{2 \cdot \sqrt{3}} \cdot \tan(Z_{180}) \right) \cdot I_u - \left(\frac{1}{2} + \frac{3}{2 \cdot \sqrt{3}} \cdot \tan(Z_{180}) \right) \cdot R_u \\ G_u &= 3 \cdot I_u - B_u - R_u, \qquad\qquad\qquad \text{mit } Z_{180} = H_u - 180° \end{aligned} \right\}$$ (16.14)

Fall 3: $240° \leq H_u \leq 360°$, folgt: G_u ist Minimum und es gilt:

$$\left. \begin{aligned} G_u &= (1-S_u) \cdot I_u \\ R_u &= \left(\frac{3}{2} + \frac{3}{2 \cdot \sqrt{3}} \cdot \tan(Z_{300}) \right) \cdot I_u - \left(\frac{1}{2} + \frac{3}{2 \cdot \sqrt{3}} \cdot \tan(Z_{300}) \right) \cdot G_u \\ B_u &= 3 \cdot I_u - R_u - G_u, \qquad\qquad\qquad \text{mit } Z_{300} = H_u - 300° \end{aligned} \right\}$$ (16.15)

Beispiel 1:

Für eine Farbe seien die folgende Werte gegeben: $R_u = 128$; $G_u = 51$ und $B_u = 179$.
Gesucht werden die normierten Werte für H, S und I.
   Da $B_u > G_u$ folgt: $H_u = 360^0 - \delta_u$ mit

$$\delta_u = \arccos \left(\frac{128[77 + (-51)]}{\sqrt{77^2 + (-51) \cdot (-128)}} \right) = 83,4^0$$

und daher gerundet $H = 276 \cdot \dfrac{255}{360} = 196$. Für S ist gerundet

$$S = 255 - 3 \cdot \frac{51}{357} = 145$$

und schließlich erhalten wir für die Intensität

$$I = \frac{357}{3} = 119.$$

Beispiel 2:

Im HIS-Bild habe ein Farbpixel die folgenden Werte: H = 196; S = 145 und I = 119. Gesucht werden die Werte für R, G und B.

Zunächst rechnen wir die Koordinaten in farbtheoretische Werte um, und wir erhalten:

$$H_u = 196 \cdot \frac{360}{255} = 278, \quad S_u = \frac{145}{255} = 0,57, \quad I_u = \frac{119}{255} = 0,47$$

Es liegt also der Fall 3 ($240° \leq H_u \leq 360°$) vor, so dass gilt:

$G_u = (1-S_u) \cdot I_u = (1-0,57) \cdot 0,47 = 0,2$

$$R_u = \left(\frac{3}{2} + \frac{3}{2 \cdot \sqrt{3}} \cdot \tan(278° - 300°) \right) \cdot 0,47 - \left(\frac{1}{2} + \frac{3}{2 \cdot \sqrt{3}} \cdot \tan(278° - 300°) \right) \cdot 0,2$$
$$= 0,5$$

$B_u = 3 \cdot 0,47 - 0,5 - 0,2 = 0,7$.

16.3.3 Arbeitsblätter „Transformation von RGB nach HIS und zurück"

Die Arbeitsblätter führen in der Reihenfolge von Abschn. 16.3 sämtliche Umrechnungen durch. Die drei Farbauszüge eines zu transformierenden RGB-Bildes sind in Abb. 16.11 dargestellt. Auf den Seiten II u. III erfolgen die Umrechnungen und die Darstellung der Ergebnisse in Form der drei Farbauszüge für H, I und S (Abb. 16.12). Ein Vergleich mit den R-, G- und B-Farbauszügen lässt die grundsätzlich anderen Bedeutungen der Farbauszüge erkennen. Auf den Seiten III und IV wird die Rücktransformation von HIS nach RGB durchgeführt. Dabei müssen die drei Fallunterscheidungen bezüglich der Hue-Werte nach Gln. (16.13), (16.14) und (16.15) berücksichtigt werden. Auf Seite IV ist das Ergebnisse der erneuten Transformation dargestellt. Die Transformationen müssen mit hoher Genauigkeit berechnet werden. Bereits kleine Rundungsfehler führen zu Farbverfälschungen.

16.3.4 Umrechnung von RGB nach CMY bzw. CMYK und zurück

Da im RGB-Farbraum die Farben Zyan (Cyan) und Rot, Magenta und Grün sowie Gelb (Yellow) und Blau jeweils diagonal gegenüber angeordnet sind (Abb.16.1 und Tabelle 16.2), lassen sie sich mit

$$
\begin{pmatrix} R \\ G \\ B \end{pmatrix} = \begin{pmatrix} 1 \\ 1 \\ 1 \end{pmatrix} - \begin{pmatrix} C \\ M \\ Y \end{pmatrix}
\tag{16.16}
$$

und

$$
\begin{pmatrix} C \\ M \\ Y \end{pmatrix} = \begin{pmatrix} 1 \\ 1 \\ 1 \end{pmatrix} - \begin{pmatrix} R \\ G \\ B \end{pmatrix}
\tag{16.17}
$$

leicht ineinander umrechnen. Im Fall des CMYK-Modells muss der CMY-Vektor in Gln. (16.16) und (16.17) durch

$$
\begin{pmatrix} C \\ M \\ Y \end{pmatrix} - \begin{pmatrix} K \\ K \\ K \end{pmatrix} \quad \text{mit} \quad K = \min\{C, M, Y\}
\tag{16.18}
$$

ersetzt werden. Die Transformationsgleichungen für die Umrechnung der anderen in Abschn. 16.2 erwähnten Farbmodelle sind z.B. in [1, 27, 35] zu finden. In Abschn. 16.4 behandeln wir eine Reihe von Farbbildoperatoren, die abhängig vom verwendeten Farbmodell unterschiedliche Resultate liefern.

16.4 Operatoren für Farbbilder

Die folgenden Operatoren für Farbbilder basieren auf den Verfahren für Graubilder, die nun allerdings auf die drei Farbauszüge angewendet werden. Analog zu den Graubildern wollen wir zwischen Punktoperatoren und lokale Operatoren unterscheiden und mit ersterem beginnen.

16.4.1 LUT-basierende Operatoren

Die Operatoren Hue-Offset und Farbtonanpassung können wir zur Bild-Vorverarbeitung rechnen, weil sie sich für Farbkorrekturen eignen. An einen automatisierten Einsatz ist dann zu denken, wenn ein gewisses Vorwissen über das Kameraverhalten und über die Beleuchtung vorliegt. Idealerweise sollten aus Vorversuchen die günstigsten Parametereinstellungen bekannt sein. Viel Sorgfalt muss dann allerdings im Routinebetrieb auf die Stabilität der äußeren Bedingungen wie z. B. der Beleuchtung gelegt werden.

Korrektur der Farbwiedergabe mit Hue-Offset

Oft ist eine farbgetreue Bildaufnahme nur mit Hilfe von Korrekturen möglich. Die Ursachen sind meist in der Beleuchtung oder dem Farbsensor der Kamera zu finden. Insbesondere beobachten wir, dass die Bildaufnahme eine Farbtonverschiebung von Rot nach Magenta verursacht. Anstatt des von uns erwarteten niedrigen H-Wertes in der Nähe von 0, welcher der Farbe Rot entspricht, wird ein sehr hoher Wert um 255 beobachtet. Eine Korrektur dieser Farbverfälschung leistet die Funktion Hue-Offset. Sie dreht die Hue-Koordinate (Abb. 16.5) um einen festen vorzugebenden Drehwinkel H_0, wodurch beispielsweise für $H_0 > 0$ Magenta wieder in Rot übergeführt wird (Abb.16.6a). Die Drehung erfolgt durch Addition von H_0 zu dem zu korrigierenden H-Wert.

Korrektur von Farbstichen durch Farbtonanpassung

Bilder können aufgrund fehlerhafter Aufnahmetechnik Farbstiche aufweisen. Im RGB-Modell gelingt die Korrektur durch die Veränderung der LUT für den entsprechenden Farbwert. Eine Krümmung der LUT nach oben beispielsweise für Rot (Abb. 16.6b) erhöht den Rotanteil des Bildes. Dadurch wird ein Blaustich kompensiert. Andere Farbstiche lassen sich selbstverständlich auf analoge Weise beheben. Die LUT kann sowohl nach oben als auch nach unten gekrümmt sein (Abb. 16.6b). Da die Kurvenform durch

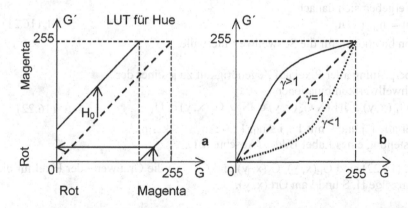

Abb. 16.6a. Eine Drehung der Hue-Ebene um den Winkel H_0 entspricht einer LUT-Verschiebung um H_0. Für $H_0 > 0$ wird aus Magenta der Farbton Rot, **b** Gamma-Korrektur für einen Farbauszug

$$G'(G) = G^{\frac{1}{\gamma}} \cdot \frac{255}{255^{\frac{1}{\gamma}}} \qquad (16.19)$$

festgelegt ist, fällt dem Nenner γ des Exponenten die kurvenbestimmende Rolle zu. Wir sprechen daher von Gamma-Korrektur.

Schwellwertoperation für die Farbsegmentierung im HIS-Farbraum

In Abschn. 8.1.1 lernten wir Schwellwerte aus Histogrammen zu berechnen. Wir werden nun dieses Verfahren auf Farbbilder anwenden. In vielen Fällen reicht eine Segmentierung nach Farbtönen. Dann gehen wir analog zu dem Verfahren in Abschn. 8.1.1 vor, allerdings mit der Nebenbedingung, dass alle Werte für Sättigung S und Intensität I zugelassen sind.

Eine kombinierte Bestimmung der Schwellwerte für alle drei Farbkoordinaten H, S und I ist hingegen sehr schwer. Das liegt daran, dass wir zunächst nicht wissen, welche Minima der drei Histogramme (für jede Farbkoordinate eins) zu einer Farbe gehören. Das folgende Verfahren kann verwendet werden, wenn trotzdem eine automatische Segmentierung mit Histogrammauswertung durchgeführt werden soll.

1. Automatische Schwellwertbestimmung nach Abschn. 8.1.1 für alle drei Histogramme. Ergebnis:

    n_H Intervalle JH_i $i = 1,2,...,n_H$ für Hue (H)

    n_S Intervalle JS_i $i = 1,2,...,n_S$ für Saturation (S) und   Gl. (16.20)

    n_I Intervalle $J\,I_i$ $i = 1,2,...,n_I$ für Intensität (I).

    Es ergeben sich danach

    $n = n_H \cdot n_S \cdot n_I$ Gl. (16.21)

    Kombinationen für die Schwellwertintervalle.

2. Überprüfung aller Pixel auf Zugehörigkeit zu je einer der Schwellwertkombinationen

    $$G_H(x,y) \in JH_i \wedge G_S(x,y) \in JS_j \wedge G_I(x,y) \in J\,I_k \qquad (16.22)$$

    Für alle i, j und k mit $1 \le i \le n_H$, $1 \le j \le n_S$, $1 \le k \le n_I$.
3. Erstellung eines Label-Bildes (Abschn. 6.1).

In Gl. (16.22) sind $G_H(x, y)$, $G_S(x, y)$ und $G_I(x, y)$ die Grauwerte der Pixel für die Farbauszüge H, S und I am Ort (x, y).

Schwellwertoperation für die Farbsegmentierung im RGB-Farbraum

Für uns ist der Zusammenhang zwischen dem Farbton und den dazu gehörenden R-, G- und B-Koordinatenwerten nicht offensichtlich. Aus diesem Grund können wir in diesem Modell nicht einfach nach Farbtönen segmentieren.

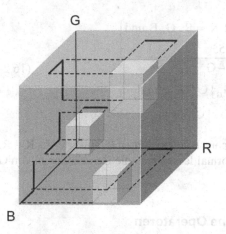

Abb. 16.7. RGB-Farbraum mit drei Farbintervallen

Es bleibt die kombinierte Bestimmung der Schwellwerte für alle drei Farb-koordinaten R, G und B, bei der wir wie im Fall des HIS-Modells vorgehen kön-nen. Aus diesem Grund übernehmen wir das dort beschriebene Prozedere, müssen lediglich die H-, S- und I-Koordinaten durch R, G und B ersetzen. In der Abb. 16.7 sehen wir den Farbraum mit drei Intervallen. Wegen der drei Dimensionen können überlappende Intervalle auf einer Koordinate dennoch zu nicht überlap-penden Intervallen im Farbraum führen.

Farbkontraststeigerung durch Ebenenangleichung

Wir kommen auf Abschn. 5.2.1 zurück, in dem die Funktion „Histogramm ebnen" beschrieben wird. Sie bezieht sich dort auf die Kontraststeigerung von Graubil-dern und ihre Wirkung wird in den Arbeitsblättern „Histogramm ebnen" anhand eines Bildbeispiels deutlich gemacht. Im Fall der Farbbildverarbeitung müssen wir eine Kontraststeigerung bei gleichzeitiger Erhaltung der Farbtöne erreichen. Nun liegen im RGB-Farbraum für bestimmte Farbwerte r, g und b die Orte glei-cher Farbtöne auf einer Geraden

$$g: \begin{pmatrix} R \\ G \\ B \end{pmatrix} = \lambda \cdot \begin{pmatrix} r \\ g \\ b \end{pmatrix}, \lambda \in [0,1] \tag{16.23}$$

durch den Nullpunkt, so dass eine farbtonerhaltende Kontraststeigerung durch gleiche Spreizung aller drei Koordinaten erreicht wird. Sind G_{min} und G_{max} die minimalen (maximalen) von null verschiedenen Grauwerte aller drei Farbwert-Histogramme (Abb. 16.8), so berechnen sich für die drei Farbauszüge die ge-spreizten Grauwerte G'_K aus den ungespreizten nach

$$G'_K = \left[G_K + c_1\right] \cdot c_2 \quad \text{mit } K = R, G, B \text{ und}$$

$$c_1 = -G_{min}, \, c_2 = \frac{255}{G_{max} - G_{min}}, \text{ sowie}$$

$$G_{min} = \min\left(\{G_R\} \cup \{G_G\} \cup \{G_B\}\right) \text{ und} \qquad\qquad (16.24)$$

$$G_{max} = \max\left(\{G_R\} \cup \{G_G\} \cup \{G_B\}\right).$$

Dabei bedeutet $\{G_K\}$ die Menge aller im Bild existenten Grauwerte für $K = R, G$ und B (siehe Abschn. 6.1).Weniger formal lassen sich die Berechnungen von G_{min} und G_{max} mit Abb. 16.8 ausdrücken.

16.4.2 Arithmetische und logische Operatoren

In Kap. 6 werden die arithmetischen und logischen Funktionen zwischen Binär- und Graubildern A und B beschrieben. Wir übernehmen sie direkt für die Farb-bildverarbeitung, indem wir die Operationen zwischen gleichen Farbauszügen (z.B. A_R mit B_R etc.) vornehmen. Wenn eines der beiden Bilder ein Grau- bzw. Binärbild B ist, dann wenden wir die Operationen zwischen diesem und den drei Farbauszügen A_K (mit $K = R, G, B$) an. Der AND-Operator lässt z.B. die Ver-knüpfungen

$$C_K = A_K \quad \text{AND} \quad B_K \quad \text{oder } C_K = A_K \quad \text{AND} \quad B \qquad (16.25)$$

zu. Hierbei stellt K den Index für die Farbauszüge dar und B kann ein Binär- oder Graubild sein. Als Binärbild lässt sich B zum Ausblenden bestimmter Bildregio-nen einsetzen (Abschn. 6.3).

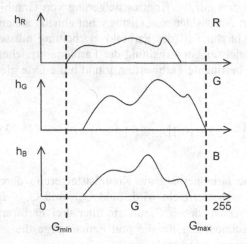

Abb. 16.8. Bestimmung von G_{min} und G_{max} für die Ebenenangleichung

16.4.3 Vorlagen in Farbbildern suchen oder vergleichen

Mit dem Problem der Objektsuche in Graubilder beschäftigt sich der Kap. 12. Die dort beschriebenen Verfahren (Korrelation und morphologische Operationen) lassen sich wieder mühelos übertragen, nur dass die Suche in drei Farbauszügen erfolgt. Wegen des zusätzlichen Merkmals Farbe ergeben sich folgende wichtige Aufgaben der Farbbildverarbeitung.

Suche nach allen Orten gleicher Farbe (englisch: color location)

Hierfür verschaffen wir uns ein Farbtemplate (ein Farbmuster ohne Strukturen) aus einem Musterbild, welches auch das aktuelle Farbbild sein kann, in dem nach den Orten möglichst gleicher Farbwerte gesucht werden soll. Anhand eines Ähnlichkeitsmaßes S (Scoreparameter) Gl. (16.26) erhalten wir Auskunft über den Grad der Farbübereinstimmung. Für die Suche können wir uns einen minimalen Scorewert S_{min} wählen, so dass Orte mit Scorewerten $S < S_{min}$ ignoriert werden. Bei Wahl des HIS-Farbraums können wir für die Berechnung des Scoreparameters die Differenz ΔH der mittleren Hue-Werte zwischen Farbtemplate und Messpunkt heranziehen. Eine geeignete Funktion für die Berechnung des Scorewertes $S(\Delta H)$ zwischen 0 und S_{max} kann dann durch

$$S(\Delta H) = \begin{cases} m \cdot \Delta H + S_{max} & \text{für } 0 \le \Delta H \le \Delta H_{max} \\ -m \cdot \Delta H + S_{max} & \text{für } \Delta H_{max} \le \Delta H \le 0, \\ 0 & \text{sonst} \end{cases} \tag{16.26}$$

$$\text{mit} \qquad m = \frac{S_{max}}{\Delta H_{max}}$$

angegeben werden, wobei ΔH_{max} die maximale Hue-Differenz bedeutet. Die Funktion ist in Abb. 16.9 dargestellt. Für größere Werte ΔH wird S = 0. Die Aufnahmebedingungen für das Musterbild müssen denen der aktuellen Bilder möglichst entsprechen, damit eine Suche sinnvoll durchgeführt werden kann. In bestimmten Situationen lassen sich Objekte bereits durch ihren Farbton klassifizieren. Eine einfache Objektsuche oder Erkennung ist dann möglich. Beispielsweise ließe sich eine derartigen Methode für die Suche nach einer Verkehrsampel in unübersichtlichen Straßenbildern einsetzen. Ihre Anzeige wäre leicht zu bestimmen.

Suche nach Orten gleicher Farbobjekte (englisch: color pattern matching)

Eine etwas kompliziertere Aufgabe stellt die Suche nach farbigen Objekten dar. Beispielsweise könnten mit Farbringen kodierte elektrische Widerstände nach ihren Werten sortiert werden. Da sich das Vorgehen nicht wesentlich vom vorher-

gehenden Fall unterscheidet, außer dass nun das Farbtemplate aus dem zu suchenden Farbobjekt besteht, sei darauf verwiesen.

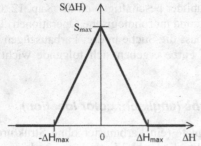

Abb. 16.9. Scoreparameter als Funktion der Farbtondifferenz ΔH zwischen Farbtemplate
und Messpunkt

Farbvergleich (englisch: color matching)

Es gibt Fälle, bei denen die Farbe eines Templates mit der Farbe an einem
vorgegebenen Ort im Bild verglichen werden muss. Dabei kann das Farbtemplate
von dem Bild stammen, in dem der Farbvergleich durchgeführt werden soll. Als
Anwendungsbeispiel können wir uns einen Produktionsprozess mit anschließender Farbkontrolle vorstellen. Da sich eine konstante Beleuchtungsumgebung
über einen längeren Zeitraum schwer realisieren lässt, wird in das Objektfeld
zusätzlich zum Prüfobjekt ein Farbstandard gebracht. Bei gleichmäßiger Beleuchtung von Farbstandard und Prüfobjekt wird ein quantitativer Farbvergleich
möglich, dessen Qualität durch den Wert des Scoreparameters S Gl. (16.26) zum
Ausdruck kommt.

16.5 Allgemeine Operationen mit Farbbildern

In den vorangehenden Abschnitten haben wir uns mit einer Vielzahl von Grau-
wert-Operationen beschäftigt, die uns zum Erreichen der gewünschten Ziele ver-
holfen haben. In Verbindung mit Fragestellungen aus der Farbbildverarbeitung
müssen wir in jedem Einzelfall klären, ob die dort besprochenen Operatoren auch
für die Farbbildverarbeitung sinnvoll einzusetzen sind. Die Tabelle 16.3 enthält
Informationen über die Eignung einiger oft verwendeter Operatoren für die Farbbildverarbeitung.

16.5.1 Arbeitsblätter „Lokale und morphologische Operatoren mit Farbildern"

Mit der Wahl des Filters legen wir die Farbbildoperation fest. Optional können die Glättungsfilter „Mittelwert" und „Gauß" sowie der Differenzenfilter „Sobel" (in Zeilenrichtung) gewählt werden. Natürlich lassen sich auch andere Faltungskerne eingeben. Einzelheiten hierzu finden wir in Abschn. 7.2 und 7.3.

Tabelle 16.3. Aussagen über die Eignung einiger Operatoren für die Farbbildverarbeitung

Operator	Farbraum und Farbauszüge	Resultat/ Bewertung
Glättungsoperatoren Abschn. 7.2	HIS und RGB. Anwendung auf alle drei Farbauszüge sinnvoll	Farbbilder werden geglättet, keine Farbsäume. Siehe Arbeitsblätter „Lokale Operatoren mit Farbildern". Gut zur Rauschunterdrückung geeignet
Differenzoperatoren Abschn. 7.3	HIS und RGB. Anwendung nur auf einen der drei Farbauszüge sinnvoll. Im Fall des RGB-Farbraums ist auch die Intensität $I = 1/3$ (R+G+B) geeignet	Hoher Farbtonsprung zwischen Komplementärfarben $\Delta H = 127$. Es entstehen ausgeprägte und stark verrauschte Farbkonturen
Shadingkorrektur nach Abschn. 10.1	HIS und RGB. Anwendungen nur auf die Intensität I bzw. $I = (R+G+B)/3$ sinnvoll	Verringert Shading im Farbbild

Urbild und gefiltertes Bild sind schließlich zu einer Beurteilung in Abb. 16.14 nebeneinander angeordnet.

16.6 Bestimmung von Körperfarben mit Weißstandards

Die Farbinformationen eines Bildes hängen von der gewählten Beleuchtungsart ab. So wird beispielsweise eine weiße Fläche nur dann ohne Korrekturen als weiße Fläche abgebildet, wenn die Lichtquelle ideal weißes Licht aussendet, d.h. wenn die Lichtintensität für alle Wellenlängen im sichtbaren Wellenlängenbereich gleich groß ist. Dies ist z.B. für Tageslicht näherungsweise erfüllt und als Normlichtart D 65 bekannt. In der Praxis sind derartige Leuchtmittel nicht verfügbar, so dass eine weiße Fläche erst nach einer Korrektur, die Weißabgleich genannt wird, als weiße Fläche im Bild erscheint. Ideal weiße Flächen reflektieren das Licht aller Wellenlängen gleich stark. Weißes Papier stellt bereits eine gute Näherung einer weißen Fläche dar. Für genauere Farbbestimmungen gibt es spezielle Objekte, die als Weißstandards bekannt sind. Auch alle anderen von Weiß verschiedenen Körperfarben werden nach einem Weißabgleich farbgetreu abgebildet. Darin liegt der eigentliche Nutzen dieser Korrektur.

Körperfarben werden ausschließlich durch das spektrale Reflexionsvermögen $Sr(x, y, \lambda)$ bestimmt und können daher nur mit der Normlichtart D 65 (Tageslicht)

direkt gemessen werden. Für viele Anwendungsfälle reicht der automatisch Weißabgleich der Farbkamera für die Abbildung der Körperfarben aus. Für gcnauere
Farbuntersuchungen sollte er jedoch ausgeschaltet und durch einen eigenen (siehe
Arbeitsblätter „Farbenlotto") ersetzt werden. In Abb. 16.15 sind die Größen für
die Bestimmung der Körperfarbe mit Weißstandard dargestellt.

Das von einer Lichtquelle auf den Standard gelangende Licht wird durch die
(reale) spektrale Bestrahlungsstärke Er(λ) beschrieben. Sie gibt die auf das Objekt
fallende Lichtintensität an.

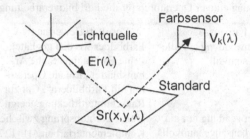

Abb. 16.10. Die physikalischen Größen beim Weißabgleich mit Weißstandard. In diesem
Fall gilt Sr(x,y,λ) = 1

Für Halogenlampen, aber auch für das Tageslicht, können wir Er(λ) als lineare
Kombination einfacher Funktionen wie z.B. Polynome $L_i(\lambda)$ in der Form

$$En(\lambda) = \sum_{i=0}^{2} \varepsilon_i \cdot L_i(\lambda) \quad \text{mit } L_0(\lambda) = 1, \; L_1(\lambda) = \frac{(\lambda - 350)}{300}$$

$$\text{und } L_2(\lambda) = \frac{1}{2}\left(3 \cdot \left(\frac{\lambda - 350}{400}\right)^2 - 1\right) \tag{16.27}$$

annähern [22]. Dabei sind die ε_i zu berechnende Entwicklungskoeffizienten, so
dass En(λ) das Lampenspektrum als Näherung für Er(λ) gut wiedergibt. Durch
diesen Trick wird die Bestimmung von Er(λ) auf das Lösen eines linearen Gleichungssystems zurückgeführt, wie wir weiter unten sehen werden.

Das von dem Weißstandard auf den Kamerasensor gelangende Licht verursacht
die Sensorsignale

$$\rho_k = \int_{350}^{750} V_k(\lambda) \cdot Er(\lambda) \cdot d\lambda \quad \text{mit } k = 0,1,2 , \tag{16.28}$$

aus denen wir Er(λ) berechnen wollen. In Gl. (16.28) haben wir berücksichtigt,
dass das spektrale Reflexionsvermögen für Weißstandards Sr(λ) = 1 ist. Um Er(λ)
berechnen zu können, müssen die drei spektralen Empfindlichkeitskurven $V_{k}(\lambda)$
(k = 0, 1, 2) für die Farbwerte R, G und B bekannt sein. Die Hersteller guter Farbkameras stellen uns diese Kurven zur Verfügung. Für das weitere Vorgehen
müssen wir die Beleuchtungsmatrix $\tilde{A}w$ (englisch: lighting matrix) für Weißstandards berechnen. Hierfür ersetzen wir in Gl. (16.28) Er(λ) durch die Näherung
En(λ) aus Gl. (16.27) und erhalten

$$\rho_k = \int_{350}^{750} V_k(\lambda) \cdot En(\lambda) \cdot d\lambda$$

$$\left. \begin{array}{l} = \sum_{j=0}^{2} \left(\int_{350}^{750} V_k(\lambda) \cdot L_j(\lambda) \cdot d\lambda \right) \cdot \varepsilon_j \\[4mm] = \sum_{j=0}^{2} \Lambda w_{k,j} \cdot \varepsilon_j \end{array} \right\} \quad \text{mit} \quad k = 0, 1, 2. \qquad (16.29)$$

Die Bedeutung der Matrixelemente $\Lambda w_{k,j}$ geht aus dem Klammerausdruck der zweiten Zeile hervor. In Matrixschreibweise wird aus Gl. (16.29)

$$\vec{\rho} = \overset{\leftrightarrow}{\Lambda} w \cdot \vec{\varepsilon}, \qquad (16.30)$$

so dass wir mit Hilfe der invertierten Beleuchtungsmatrix die Entwicklungskoeffizienten für $En(\lambda)$ Gl. (16.27) aus

$$\vec{\varepsilon} = \overset{\leftrightarrow}{\Lambda} w^{-1} \cdot \vec{\rho} \qquad (16.31)$$

erhalten. Nun ersetzen wir den Weißstandard durch das Objekt mit der zu bestimmenden Körperfarbe und nehmen an, dass sich die Beleuchtung nicht geändert hat. Die Farbkamera liefert darauf hin neue Sensorwerte ρs_k, die sich formal aus

$$\rho s_k = \int_{350}^{750} V_k(\lambda) \cdot Er(\lambda) \cdot Sr(\lambda) \cdot d\lambda \qquad (16.32)$$

ergeben. In Gl. (16.32) bedeutet $Sr(\lambda)$ das (reale) spektrale Reflexionsvermögen des Objektes, das die Körperfarbe bestimmt. Zu ihrer Berechnung verfahren wir wie im Fall der spektralen Bestrahlungsstärke. Dazu ersetzen wir in Gl.(16.32) $Sr(\lambda)$ durch den Ansatz

$$Sr(\lambda) \cong Sn(\lambda) = \sum_{j=0}^{2} \sigma_j \cdot L_j(\lambda), \qquad (16.33)$$

so dass wir

$$\left. \begin{array}{l} \rho s_k = \sum_{j=0}^{2} \left(\int_{350}^{750} V_k(\lambda) \cdot En(\lambda) \cdot L_j(\lambda) \cdot d\lambda \right) \cdot \sigma_j \\[4mm] = \sum_{j=0}^{2} \Lambda_{k,j} \cdot \sigma_j \end{array} \right\} \quad \text{mit} \quad k = 0, 1, 2 \qquad (16.34)$$

erhalten. Das Matrixelement $\Lambda_{k,j}$ stellt die Abkürzung des Klammerausdruckes in der ersten Zeile von Gl.(16.34) dar. Auch hier führt die Matrixschreibweise zu der übersichtlichen Darstellung

$$\vec{\rho} s = \overset{\leftrightarrow}{\Lambda} \cdot \vec{\sigma}, \qquad (16.35)$$

aus der wir mit der invertierten Beleuchtungsmatrix $\ddot{\Lambda}^{-1}$ die Entwicklungskoeffizienten für das genäherte Reflexionsvermögen $Sn(\lambda)$ nach

$$\vec{\sigma} = \ddot{\Lambda}^{-1} \cdot \vec{\rho}s \qquad (16.36)$$

berechnen können. Mit diesem Vorgehen haben wir schließlich unser Ziel erreicht, die Körperfarben

$$\rho s_k = \int_{350}^{750} V_k(\lambda) \cdot Sr(\lambda) \cdot d\lambda \cong \int_{350}^{750} V_k(\lambda) \cdot Sn(\lambda) \cdot d\lambda \quad \text{mit} \quad k = 0,1,2 \qquad (16.37)$$

unabhängig von der Beleuchtung zu bestimmen und damit Farbkonstanz
(englisch: color constancy) herzustellen.

16.6.1 Arbeitsblätter „Farbenlotto"

Die Folge der Teilfunktionen auf den Arbeitsblättern entspricht derjenigen von
Abschn. 16.6. Auf Seite II oben werden die Polynome $L_{i,\lambda}$ definiert. Es handelt
sich hierbei um die ersten drei Legendre-Polynome. Andere Funktionen für die
Entwicklung der spektralen Bestrahlungsstärke bzw. des spektralen Reflexionsvermögens sind auch möglich und evtl. noch besser geeignet. Mit der Funktion
Lotto(r) werden zufällige Funktionen für die reale spektrale Bestrahlungsstärke
$Er(\lambda)$ und das spektrale Reflexionsvermögen $Sr(\lambda)$ erzeugt. In der Tabelle v werden für drei Wellenlänge (in Nanometer) 350, 550 und 750 Zufallsfunktionswerte
eingeschrieben, aus denen durch Interpolation mit der Mathcad-Funktion interp()
die Funktionsverläufe resultieren. Sie werden nach jeder Berechnung der Arbeitsblätter (Start mit Strg+F9) mit der Funktion rnd() neu ermittelt. Die drei spektralen Empfindlichkeitskurven $V_{k,\lambda}$ der Kamera (k = R, G und B) werden modellhaft
durch Gaußsche Glockenkurven an den Stellen λm_k (k = 0, 1, 2) modelliert (Abb.
16.15). Nun lassen sich die „detektierten" Farbwerte ρ_k simulieren. Nach Berechnung der Beleuchtungsmatrix für Weißstandards Λw mit der Funktion Beleucht(1)
auf Seite IV werden die Entwicklungskoeffizienten ε_i und damit $En(\lambda)$ ermittelt
und zusammen mit $Er(\lambda)$ grafisch dargestellt (Abb. 16.16). Aus dem Vergleich
der Kurven können wir auf die Qualität der Näherung schließen. Auf Seiten IV
führen wir die gleichen Rechenschritte für die Bestimmung des spektralen Reflexionsvermögens $Sn(\lambda)$ mit Beleucht(En) durch. Auch hier hilft uns die Kurven-
darstellung Abb. 16.17 die Qualität der Näherung zu beurteilen. Mit dem Programm Farbvisual(E,S) (Seite V) werden die Ergebnisse anhand vierer Farbtafeln
(Abb. 16.18a-d) dargestellt. Abb. 16.18a zeigt die (simulierte) reale Farbwiedergabe der Kamera. Abb. 16.18b stellt die Farbwiedergabe für die genäherten spektralen Verläufe $En(\lambda)$ und $Sn(\lambda)$ dar. Abb. 16.18c und d zeigen die reale bzw. be-
rechnete Körperfarbe. In diesen Fällen wird die Bestrahlungsstärke für die
Simulation einer ideal weißen Lichtquelle konstant auf $Ekonst_\lambda = 1$ gesetzt. Die
Qualität der Farbkonstanz ist dann als sehr gut zu bezeichnen, wenn sich die bei-

den zuletzt genannten Tafeln in ihren Farben nicht voneinander unterscheiden. Um dies beurteilen zu können, sollten wir die Arbeitsblätter mit Strg+F9 mehrfach berechnen lassen und die Gleichheit der Farben jeweils kritisch prüfen.

Bem.: Auf den Arbeitsblättern werden der Einfachheit halber die Funktionen $Er(\lambda)$, $Sr(\lambda)$, $En(\lambda)$, $Sn(\lambda)$ etc. als Listen Er_λ, Sr_λ, En_λ, Sn_λ etc. dargestellt.

16.7 Aufgaben

Aufgabe 16.1. In welchen Fällen ist der Gebrauch des HIS-Farbmodells dem des RGB-Farbmodell vorzuziehen?

Aufgabe 16.2. Auf welche Weise können Sie Farbstiche korrigieren?

Aufgabe 16.3. Worin liegt der Unterschied zwischen der Suche nach Orten gleicher Farbe (color location) und dem Farbvergleich (color matching)?

Aufgabe 16.4. Unter welchen Bedingungen ist ein Farbvergleich (color matching) auch bei Variation der Beleuchtung möglich?

Aufgabe 16.5. Durch welchen Trick können wir beim Weißabgleich mit nur drei Farbwerten für R, G und B auf die spektrale Bestrahlungsstärke $E(\lambda)$ schließen?

Aufgabe 16.6. Begründen Sie, warum nach einem Weißabgleich sämtliche Körperfarben $S(\lambda)$ richtig wiedergegeben werden.

Aufgabe 16.7. Aus welchem Grund ist eine Segmentierung nach Farbe derjenigen nach Grauwerten überlegen?

Aufgabe 16.8. Warum sollten wir für die Farbbildverarbeitung vorzugsweise Lichtquellen (z.B. Halogenlampen) mit einem möglichst glatten Spektrum verwenden?

16.8 Arbeitsblätter

Transformation von RGB nach HIS und zurück
"Farbbild_ RGB nach HIS"

Eingaben: Farbbilder RGB,
Ausgaben: HIS-Farbauszüge, Farbbild RGB1 nach Rücktransfor-
                       mation.

Mit der Funktion HIS(RGB) wird das RGB-Bild in ein HIS-Bild umgerechnet.
Anschließend transformiert die Funktion RGB(HIS) das HIS-Bild wieder in ein
RGB-Bild.

Datei := "E:\Mathcad8\Samples\Bildverarbeitung\Farbbild_01"

RGB := RGBLESEN(Datei)

Abb. 16.11. Die drei Farbauszüge (von links) R, G und B des Farbbildes RGB

**Berechnung eines HIS-Bildes aus einem RGB-Bild mit der
Funktion HIS(RGB):**

Kommentar zum Listing HIS():
Zeilen 1-4: HIS-Bildmatrix mit Nullen vorbelegen und die Konstanten definieren.
Mit ε soll ein eventuell auftretender Overflow in **Zeile 13** verhindert werden.
Zeilen 7-17: Berechnung des Farbtons (Hue) nach Gln. (16.8) und (16.9).
Zeile 18: Berechnung der Intensität (I) nach Gl. (16.11).
Zeilen 19 u. 20: Berechnung der Sättigung (S) nach Gl. (16.10).

Seite II

$$\text{HIS(RGB)} := \begin{vmatrix} \text{HIS} \leftarrow \text{RGB} \cdot 0 \\ \varepsilon \leftarrow 0.00000001 \\ Z \leftarrow \text{zeilen(RGB)} - 1 \\ S \leftarrow \text{trunc}\left(\dfrac{\text{spalten(RGB)}}{3}\right) - 1 \end{vmatrix}$$

for $i \in 0..\,Z - 1$

for $j \in 0..\,S - 1$

$$BR \leftarrow RGB_{i,\,j}$$

$$BG \leftarrow RGB_{i,\,j+S}$$

$$BB \leftarrow RGB_{i,\,j+2\cdot S}$$

$$\text{sum1} \leftarrow (BR - BG)^2$$

$$\text{sum2} \leftarrow (BR - BB)\cdot(BG - BB)$$

$$\text{sum} \leftarrow |\text{sum1} + \text{sum2}|$$

$$\text{Wert} \leftarrow \frac{[(BR - BG) + (BR - BB)]}{\left(\sqrt{\text{sum}} + \varepsilon\right)\cdot 2}$$

$$\delta_{i,\,j} \leftarrow \text{acos(Wert)}$$

$$HIS_{i,\,j} \leftarrow \delta_{i,\,j} \quad \text{if } BB \leq BG$$

$$HIS_{i,\,j} \leftarrow \left(2\cdot\pi - \delta_{i,\,j}\right) \quad \text{if } BB > BG$$

$$HIS_{i,\,j} \leftarrow \frac{HIS_{i,\,j}}{2\cdot\pi}\cdot 255$$

$$HIS_{i,\,j+S} \leftarrow \frac{BR + BG + BB}{3}$$

$$HIS_{i,\,j+2\cdot S} \leftarrow 1 - 3\cdot\frac{\min((BR \quad BG \quad BB))}{BR + BG + BB + \varepsilon}$$

$$HIS_{i,\,j+2\cdot S} \leftarrow HIS_{i,\,j+2\cdot S}\cdot 255$$

HIS

$$\text{HIS} := \text{HIS(RGB)}$$

Seite III

Abb. 16.12. Die drei Farbauszüge H, I, S (von links nach rechts) bilden das Farbild HIS

Berechnung eines RGB-Bildes aus einem HIS-Bild mit der Funktion RGB(HIS):
Kommentar zum Listing RGB():
Zeilen 1-3: RGB-Bildmatrix mit Nullen vorbelegen und die Konstanten definieren.
Zeilen 6-11: Berechnung der RGB-Werte für den Fall $0 \leq \text{HIS} \leq 85$ nach GL. (16.13). Dabei entspricht dem Grauwert 85 der Winkel 120°.
Zeilen 12-17: Berechnung der RGB-Werte für den Fall $85 < \text{HIS} \leq 170$ nach GL. (16.14). Dabei entspricht dem Grauwert 170 der Winkel 240°.
Zeilen 18-23: Berechnung der RGB-Werte für den Fall $170 < \text{HIS} \leq 255$ nach GL. (16.15). Dabei entspricht dem Grauwert 255 der Winkel 360°.

$$
\begin{aligned}
&\text{RGB(HIS)} := \Big| \quad \text{RGB} \leftarrow \text{HIS}\cdot 0 \\
&\qquad\qquad Z \leftarrow \text{zeilen(HIS)} - 1 \\
&\qquad\qquad S \leftarrow \text{trunc}\left(\frac{\text{spalten(HIS)}}{3}\right) - 1 \\
&\qquad\qquad \text{for } i \in 0.. \, Z - 1 \\
&\qquad\qquad\quad \text{for } j \in 0.. \, S - 1 \\
&\qquad\qquad\qquad \text{if } 0 \leq \text{HIS}_{i,j} \leq 85 \\
&\qquad\qquad\qquad\quad \text{RGB}_{i,j+2\cdot S} \leftarrow \left(1 - \frac{\text{HIS}_{i,j+2\cdot S}}{255}\right)\cdot \text{HIS}_{i,j+S} \\
&\qquad\qquad\qquad\quad K1 \leftarrow \left[\frac{3}{2} + \frac{3}{2\cdot\sqrt{3}}\cdot\tan\left[\left(\frac{\text{HIS}_{i,j}}{255} - \frac{1}{6}\right)\cdot 2\cdot\pi\right]\right]\cdot \text{HIS}_{i,j+S} \\
&\qquad\qquad\qquad\quad K2 \leftarrow \left[\frac{1}{2} + \frac{3}{2\cdot\sqrt{3}}\cdot\tan\left[\left(\frac{\text{HIS}_{i,j}}{255} - \frac{1}{6}\right)\cdot 2\cdot\pi\right]\right]\cdot \text{RGB}_{i,j+2\cdot S} \\
&\qquad\qquad\qquad\quad \text{RGB}_{i,j+S} \leftarrow K1 - K2 \\
&\qquad\qquad\qquad\quad \text{RGB}_{i,j} \leftarrow 3\cdot\text{HIS}_{i,j+S} - \text{RGB}_{i,j+S} - \text{RGB}_{i,j+2\cdot S}
\end{aligned}
$$

Seite IV

Listing RGB(HIS) (Fortsetzung)

if $85 < \text{HIS}_{i,j} \le 170$

$$\text{RGB}_{i,j} \leftarrow \left(1 - \frac{\text{HIS}_{i,j+2\cdot S}}{255}\right) \cdot \text{HIS}_{i,j+S}$$

$$K1 \leftarrow \left[\frac{3}{2} + \frac{3}{2\cdot\sqrt{3}}\cdot\tan\left[\left(\frac{\text{HIS}_{i,j}}{255} - \frac{1}{2}\right)\cdot 2\cdot\pi\right]\right]\cdot\text{HIS}_{i,j+S}$$

$$K2 \leftarrow \left[\frac{1}{2} + \frac{3}{2\cdot\sqrt{3}}\cdot\tan\left[\left(\frac{\text{HIS}_{i,j}}{255} - \frac{1}{2}\right)\cdot 2\cdot\pi\right]\right]\cdot\text{RGB}_{i,j}$$

$$\text{RGB}_{i,j+2\cdot S} \leftarrow K1 - K2$$

$$\text{RGB}_{i,j+S} \leftarrow 3\cdot\text{HIS}_{i,j+S} - \text{RGB}_{i,j+2\cdot S} - \text{RGB}_{i,j}$$

if $170 < \text{HIS}_{i,j} \le 255$

$$\text{RGB}_{i,j+S} \leftarrow \left(1 - \frac{\text{HIS}_{i,j+2\cdot S}}{255}\right) \cdot \text{HIS}_{i,j+S}$$

$$K1 \leftarrow \left[\frac{3}{2} + \frac{3}{2\cdot\sqrt{3}}\cdot\tan\left[\left(\frac{\text{HIS}_{i,j}}{255} - \frac{30}{36}\right)\cdot 2\cdot\pi\right]\right]\cdot\text{HIS}_{i,j+S}$$

$$K2 \leftarrow \left[\frac{1}{2} + \frac{3}{2\cdot\sqrt{3}}\cdot\tan\left[\left(\frac{\text{HIS}_{i,j}}{255} - \frac{30}{36}\right)\cdot 2\cdot\pi\right]\right]\cdot\text{RGB}_{i,j+S}$$

$$\text{RGB}_{i,j} \leftarrow K1 - K2$$

$$\text{RGB}_{i,j+2\cdot S} \leftarrow 3\cdot\text{HIS}_{i,j+S} - \text{RGB}_{i,j} - \text{RGB}_{i,j+S}$$

RGB

$$\text{RGB1} := \text{RGB(HIS)}$$

Abb. 16.13. Farbbild RGB1 (s/w-Druck)

Lokale Operationen mit Farbbildern
"Farbbild_Lokale_Operatoren"

Eingaben: Farbbilder RGB, Operatorfenster h.
Ausgaben: Farbbild RGB, Faltungsbild RGB1

Datei := "E:\Mathcad8\Samples\Bildverarbeitung\Farbbild_01'

RGB := RGBLESEN(Datei)

Operator für die Farbbildverarbeitung auswählen:

Glättungsfilter: Mittelwert, Gauß
Differenzenfilter: Sobel.

Definition der Operatorfenster:

$$h_{Mittel} := \begin{pmatrix} 1 & 1 & 1 & 1 & 1 \\ 1 & 1 & 1 & 1 & 1 \\ 1 & 1 & 1 & 1 & 1 \\ 1 & 1 & 1 & 1 & 1 \\ 1 & 1 & 1 & 1 & 1 \end{pmatrix} \quad h_{Gauß} := \begin{pmatrix} 1 & 4 & 6 & 4 & 1 \\ 4 & 16 & 24 & 16 & 4 \\ 6 & 24 & 36 & 24 & 6 \\ 4 & 16 & 24 & 16 & 4 \\ 1 & 4 & 6 & 4 & 1 \end{pmatrix}$$

$$h_{Sobel} := \begin{pmatrix} 1 & 0 & -1 \\ 2 & 0 & -2 \\ 1 & 0 & -1 \end{pmatrix}$$

Berechnung der Faltung von Bild RGB mit der gleichnamigen Funktion Faltung(RGB, Operatorfenster):
Siehe hierzu Arbeitsblätter „Faltung" in Abschn. 7.5.

$$RGB1 := Faltung(RGB, h_{Gauß})$$

a   b

Abb. 16.14a. Farbbild RGB unbearbeitet, **b** Farbbild RGB1 nach Glättung aller drei Farbauszüge mit dem Gauß-Operator $h_{Gauß}$. In (**b**) sind keine Farbsäume entstanden (s/w-Druck)

Farbenlotto

"Farbenlotto_neu"

Eingaben: Keine. Die spektrale Bestrahlungsstärke Er_λ und das spektrale Reflexionsvermögen Sr_λ werden für jede neue Berechnung der Arbeitsblätter mit einem Zufallsgenerator (in Listenform) bestimmt.

Ausgaben: Die spektralen Empfindlichkeitskurven $V_{0,\lambda}$, $V_{1,\lambda}$, $V_{2,\lambda}$ für die Farbkanäle R, G und B. Grafische Darstellung von Er_λ und En_λ (Näherung von Er_λ), grafische Darstellung von Sr_λ und Sn_λ (Näherung von Sr_λ) und vier Farbtafeln (sämtliche Funktionen werden der Einfachheit halber in Listenform angegeben).

Das Farbenlotto zur Simulation der Farbkonstanz nach Weißabgleich wird der Übersichtlichkeit halber in mehrere Teilfunktionen untergliedert, die in der Tabelle 16.4 der Reihe nach aufgelistete sind.

Tabelle 16.4. Folge von Teilfunktionen für das Farbenlotto

	Funktion	Kommentar
1.	Er = Lotto(1), Sr = Lotto(2)	Lotto(r) übergibt ein Array, dessen Indexintervall von 0 bis 750 reicht. Die Arrayelemente geben die Funktionswerte zu den Indizes an. Sie werden aus drei mit einem Zufallsgenerator rnd() ermittelten Stützwerten für $\lambda = 350$, 550 und 750 berechnet.
2.	$V_{k,\lambda}$	Stellt drei modellhafte Empfindlichkeitskurven einer fiktiven Farbkamera für die Farbkanäle Rot (k = 0), Grün (k = 1) und Blau (k = 2) dar.
3.	ρ = Farbsignal(Er, 1), ρs = Farbsignal(Er, Sr)	Berechnet einen Vektor aus drei Farbwerten, die die fiktive Kamera für Er und Sr liefert. Sr = 1 simuliert den Weißstandard.
4.	Λw = Beleucht(1), Λ = Beleucht(En)	Bestimmt eine 3x3-Beleuchtungmatrix. Für En = 1 wird sie für den Weißstandard nach Gl. (16.29) berechnet, sonst für eine beliebige Körperfarbe nach Gl. (16.34).
	Bem.: zu 3. und 4.	Aus ρ und Λw bzw. ρs und Λ werden die Entwicklungskoeffizienten der Näherungsfunktionen En_λ nach Gl. (16.27) bzw. Sn_λ nach Gl. (16.33) berechnet.
5.	Farb = Farbvisual(E,S)	Ermittelt ein Farbbild konstanter Farbe, das sich aus der spektr. Beleuchtungsstärke E und dem spektr. Reflexionsvermögen S berechnet.

Seite II

0. Definition der ersten drei Entwicklungspolynome:

$$L_{0,\lambda} := 1, \qquad L_{1,\lambda} := \frac{(\lambda - 350)}{400}, \qquad L_{2,\lambda} := \frac{1}{2} \cdot \left[3 \cdot \left[\frac{(\lambda - 350)}{400} \right]^2 - 1 \right]$$

1. Erzeugung zufälliger Funktionen für Er und Sr mit der Funktion Lotto(r):

Kommentar zum Listing Lotto():
Zeile 1: Anfangswert Anfang des Wellenlängenintervall definieren.
Zeile 2: Durch Eingabe unterschiedlicher r-Werte wird Lotto(r) veranlasst, zu jedem Funktionsaufruf eine neue Zufallsfunktion zu generieren.
Zeilen 3-5: Zufällige Generierung von Funktionswerten an den Stellen $v_{0,0} = 350$, $v_{1,0} = 550$ und $v_{2,0} = 750$.
Zeilen 6-8: Berechnung der interpolierten Funktionswerte mit den Mathcad-Funktionen lspline() und interp(). Die Berechnungen entsprechen denen in der Funktion Korrekt() auf den Arbeitsblättern „Entzerrung eines Bildes mit Ausgleichsrechnung".

$$\text{Lotto}(r) := \begin{array}{|l} r \\ \text{for } i \in 0..2 \\ \quad \begin{array}{|l} v_{i,0} \leftarrow 350 + \text{trunc}(i \cdot 200) \\ v_{i,1} \leftarrow \text{rnd}(2) \end{array} \\ vspl \leftarrow \text{lspline}\left(v^{\langle 0 \rangle}, v^{\langle 1 \rangle}\right) \\ \text{for } \lambda \in 350..750 \\ \quad \begin{array}{|l} \text{Fkt}_\lambda \leftarrow \text{interp}\left(vspl, v^{\langle 0 \rangle}, v^{\langle 1 \rangle}, \lambda\right) \end{array} \\ \text{Fkt} \end{array}$$

Bem.: Lotto(r) wird nach jedem Start "Arbeitsblatt berechnen" (Strg+F9) neu berechnet.

$$\text{Er} := \text{Lotto}(1) \qquad \text{Sr} := \text{Lotto}(2)$$

2. Festlegung der modellhaften Empfindlichkeitskurven $V_{k,\lambda}$ einer Farbkamera:

Eingabe der Wellenlängen λm_k (k = 0, 1, 2) maximaler Empfindlichkeit für die Farbkamera (Einheit: nm):

$$\lambda m_0 := 650, \qquad \lambda m_1 := 550, \qquad \lambda m_2 := 450 \qquad V_{k,\lambda} := e^{\frac{-1}{2}\left(\frac{\lambda m_k - \lambda}{35}\right)^2}$$

Seite III

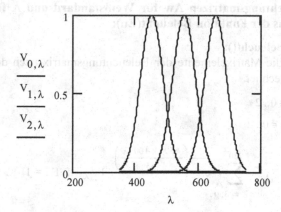

Abb. 16.15. Grafische Darstellung der spektralen Empfindlichkeitskurven $V_{k.\lambda}$ der Farb-kamera

3. Berechnung der Farbwerte ρ und ρs einer fiktiven Farbkamera in Abhängigkeit von Er und Sr mit der Funktion Farbsignal(E,S):

Kommentar zum Listing Farbsignal():

Zeile 2: Die Mathcad-Funktion IsArray(S) hat den Wert 1, wenn S ein Array ist, ansonsten den Wert 0.

Zeilen 3 u. 4: Berechnung der Farbwerte nach Gl.(16.28) oder Gl.(16.32).

$$\text{Farbsignal}(E, S) := \begin{vmatrix} \text{for } k \in 0..2 \\ \quad C \leftarrow \text{IsArray}(S) \\ \quad \text{Farb}_k \leftarrow \sum_{\lambda = 350}^{750} e^{\frac{-1}{2}\left(\frac{650 - k \cdot 100 - \lambda}{35}\right)^2} \left(E_\lambda \cdot S_\lambda\right) \quad \text{if } C = 1 \\ \quad \text{Farb}_k \leftarrow \sum_{\lambda = 350}^{750} e^{\frac{-1}{2}\left(\frac{650 - k \cdot 100 - \lambda}{35}\right)^2} \cdot E_\lambda \quad \text{if } C = 0 \\ \text{Farb} \end{vmatrix}$$

$$\rho := \text{Farbsignal}(Er, 1) \qquad \rho s := \text{Farbsignal}(Er, Sr)$$

Seite IV

4. Berechnung der Beleuchtungsmatrizen Λw für Weißstandard und Λ für beliebige Körperfarben aus der Funktion Beleucht(En):

Kommentar zum Listing Beleucht():

Zeilen 3 u. 4: Es werden die Matrixelemente der Beleuchtungsmatrix nach den Gln.(16.29) und (16.34) berechnet.

$$\text{Beleucht(En)} := \begin{array}{|l} \text{for } k \in 0..2 \\ \quad \text{for } j \in 0..2 \\ \qquad \begin{array}{|l} \Lambda_{k,j} \leftarrow \sum_{\lambda=350}^{750} e^{\frac{-1}{2}\left(\frac{650-k\cdot100-\lambda}{35}\right)^2} \cdot L_{j,\lambda} \quad \text{if En} = 1 \\ \\ \Lambda_{k,j} \leftarrow \sum_{\lambda=350}^{750} e^{\frac{-1}{2}\left(\frac{650-k\cdot100-\lambda}{35}\right)^2} \cdot En_\lambda \cdot L_{j,\lambda} \quad \text{otherwise} \end{array} \\ \Lambda \end{array}$$

Berechnung der Entwicklungskoeffizienten ε_i und σ_i $(i = 0, 1, 2)$ für En_λ und Sn_λ:

$$\Lambda w := \text{Beleucht}(1) \qquad \Lambda := \text{Beleucht}(En)$$

$$\varepsilon := \Lambda w^{-1} \cdot \rho \qquad \sigma := \Lambda^{-1} \cdot \rho s$$

$$En_\lambda := \sum_{i=0}^{2} \varepsilon_i L_{i,\lambda} \qquad Sn_\lambda := \sum_{i=0}^{2} \sigma_i L_{i,\lambda}$$

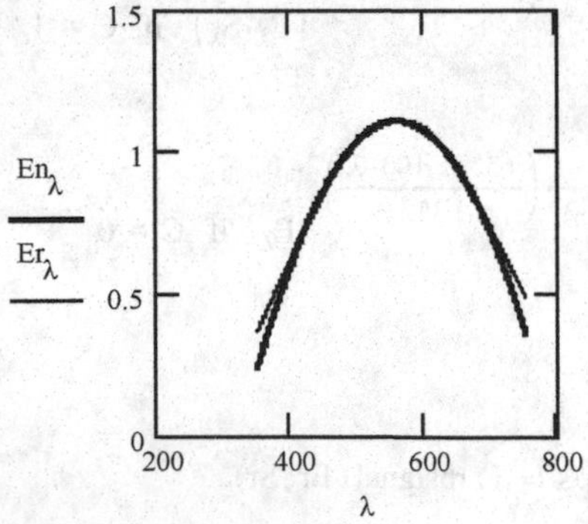

Abb. 16.16. Darstellung der realen und genäherten spektralen Bestrahlungsstärke Er_λ bzw. En_λ

Seite V

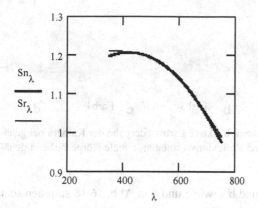

Abb. 16.17. Darstellung des realen und genäherten spektralen Reflexionsvermögens Sr_λ bzw. Sn_λ

5. Berechnung eines Farbbildes mit der sich aus der spektr. Beleuchtungsstärke E und des spektr. Reflexionsvermögens S ergebenden Farbe mit der Funktion Farbvisual(E,S):

Kommentar zum Listing Farbvisual():
Zeile 1-5: Berechnung der drei Farbwerte ρ_k nasch Gl.(16.32).

$$
\text{Farbvisual}(E, S) := \left|
\begin{array}{l}
\text{for } k \in 0..\,2 \\
\quad \left|
\begin{array}{l}
\rho_k \leftarrow \text{trunc}\left(\displaystyle\sum_{\lambda = 350}^{750} V_{k,\lambda} \cdot S_\lambda \cdot E_\lambda \right) \\
\text{for } i \in 0..\,ZT - 1 \\
\quad \text{for } j \in 0..\,ST - 1 \\
\qquad F_{i,\,j+k\cdot ST} \leftarrow \rho_k
\end{array}
\right. \\
M \leftarrow \max(\rho) \\
\dfrac{F}{M} \cdot 200
\end{array}
\right.
$$

$\text{Farb1} := \text{Farbvisual}(Er, Sr) \quad \text{Farb2} := \text{Farbvisual}(En, Sn) \quad \text{Ekonst}_\lambda := 1$

$\text{Farb3} := \text{Farbvisual}(\text{Ekonst}, Sr) \quad \text{Farb4} := \text{Farbvisual}(\text{Ekonst}, Sn)$

Seite VI

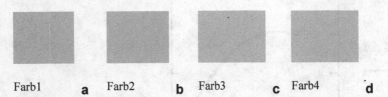

Abb. 16.18a. Farbwiedergabe der Kamera, **b** fiktive Farbwiedergabe der Kamera bei genäherter spektraler Bestrahlungsstärke und Reflexionsvermögen, **c** reale Körperfarbe, **d** genäherte Körperfarbe (s/w-Druck)

Bem.: Die Farben der Tafeln a und b sowie c und d in Abb. 16.18 stimmen sehr gut überein.

17. Bildverarbeitungsprojekte

Aus der Praxis ergeben sich häufig Probleme, die mit Hilfe der Bildverarbeitung zuverlässig und kostengünstig gelöst werden können. Hierfür stehen zahlreiche BV-Operatoren zur Verfügung, die in den vorangehenden Kapiteln beschrieben wurden. Im Allgemeinen müssen die Aufgaben innerhalb eines vorgegebenen Zeitrahmens gelöst werden, so dass wir auf bereits existierende Programmpakete für die Bildverarbeitung zurückgreifen müssen, die neben den üblichen Ablaufstrukturen wie FOR-, WHILE-Schleifen etc. bereits über sehr umfangreiche Bibliotheken mit vielen BV-Funktionen verfügen. Für eine effiziente Lösung sollten wir einen Überblick über die gebräuchlichen Funktionen haben und ihre Wirkungen kennen. An den folgenden einfachen Beispielen sehen wir, dass sich die Projekte typischerweise immer wieder in die gleichen Verarbeitungsschritte wie

- Bildaufnahme und Beleuchtung
- Bildvorverarbeitung
- Setzen von einem oder mehreren Arbeitsbereichen (ROI)
- Erzeugung von Objekten durch Segmentierung
- Berechnung von Objekteigenschaften bzw. Merkmalen
- Auswertung und ggf. Entscheidung

unterteilen lassen. Um einen Eindruck von den möglichen Einsatzgebieten der BV zu bekommen, sind die Beispiele aus den sehr verschiedenen Anwendungsbereichen Anwesenheitskontrolle (Abschn. 17.1), Lageerkennung (Abschn. 17.2) und Objektidentifizierung (Abschn. 17.3) gewählt worden. Jedes der Pragramme ist beispielhaft für eine bestimmte Technik in der BV.

So wird für die lageunabhängige Überprüfung der Flüssigkristall-Bildpunkte eines LC-Displays ein zweites mit dem Objekt starr verbundenes Koordinatensystem eingeführt.

Für die Positionsbestimmung der Rohrstöße im zweiten Beispiel benötigen wir eine komplexe Mustererkennung mit einer großen Redundanz, um die Erkennungssicherheit auch bei schwierigen Bildern so groß wie möglich zu machen. Im letzen Programmbeispiel wird die Flaschenerkennung mit morphologischen Operationen durchgeführt, mit denen sich leicht zu erkennende Umrisse bilden lassen.

17.1 Defekterkennung von LC-Displays

Die Qualitätssicherung von Massenprodukten kann aus Gründen der Wirtschaftlichkeit nur automatisch erfolgen. Wir wollen uns am Beispiel der automatischen Defekterkennung von LC-Displays etwas näher mit dem Thema beschäftigen. Zur Überprüfung werden vom Programm Zeichen für die Darstellung auf dem Display vorgegeben, die über Bildverarbeitung mit den tatsächlich angezeigten Zeichen verglichen werden.

Aufgabenstellung

Es sollen im Rahmen der Qualitätssicherung ein vorgegebener Ausschnitt aus einem LC-Display gesucht und die darin generierten Zeichen erkannt werden. Die Orientierung des Displays soll innerhalb eines vorgegebenen Winkelintervalls von einigen Grad in beiden Richtungen variieren dürfen. Die Lagebestimmung soll dabei anhand des ersten Zeichens, das in Form eines T gegeben ist, erfolgen.

Bildaufnahme und Beleuchtung

Wie wir Abb. 17.1 entnehmen, erfolgte die Beleuchtung des Objektes parallel zur Blickrichtung der Kamera. Dieses Verfahren muss angewendet werden, da Versuche mit anderen Beleuchtungstechniken Reflektionen oder Schatten auf dem Display hervorriefen. Durch Wahl einer hohen Vergrößerung können die einzelnen LC-Bildpunkte auf dem Display gut detektiert werden (Abb. 17.2 und 17.3).

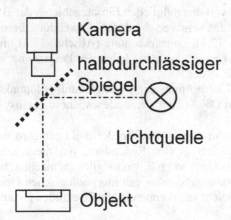

Abb. 17.1. Anordnung von Beleuchtung und Kamera

a

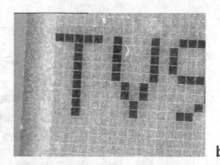
b

Abb. 17.2. Zwei Ausschnitte von LC-Displays unterschiedlicher Orientierungen und mit verschiedenen Zeichen. Das erste Zeichen ist jedoch zur Orientierung immer ein T

Beschreibung des Algorithmus

Das Programm lässt sich in vier Schritte untergliedern:

1. Lagebestimmung des Referenzpunktes
2. Erstellung eines Koordinatensystems, das sich an der Ausrichtung der LC-Pixel des Displays orientiert
3. Erkennung der LC-Pixelzustände
4. Zeichenerkennung anhand von Mustertabellen.

Lagebestimmung des Objekt-Koordinatenursprunges

Zur Erkennung der Kantelage des senkrechten T-Striches (Abb. 17.3) werden zwei Linescans in y-Richtung durchgeführt. Dabei werden ihr Abstand und ihre Positionen auf dem Display so gewählt, dass der senkrechte Strich des T mit hoher Sicherheit geschnitten wird und der Winkel α zwischen dem T-Strich und der x-Achse ermittelt werden kann. Es muss Sorge dafür getragen werden, dass nicht in den Pixellücken gemessen wird. Wenn dies trotzdem sein sollte, werden die Linescans gering verschoben, und die Kantendetektion von neuem gestartet. Sind die Kantenlage und der Winkel bekannt, wird eine Linie genau in der Mitte entlang des senkrechten T-Strichs gezogen. Analog dazu wird eine Linie längs der Mitte des waagerechten T-Balkens gebildet, so dass mit den beiden Linien die Achsen eines zweiten Koordinatensystems entstehen. Der Achsenschnittpunkt (x_0, y_0) stellt den Ursprung dieses so entstandenen Objekt-Koordinatensystems dar.

Erstellung eines Objekt-Koordinatensystems

Mit Hilfe der beiden senkrecht aufeinanderstehenden Achsen werden die Längen der beiden T-Striche ermittelt und jeweils durch die Anzahl der Bildpunkte dieser Striche dividiert. Damit haben wir den LC-Bildpunktabstand in Pixeleinheiten des Bildes festgelegt und können jeden Bildpunkt des Displays ansteuern und seinen Grauwert messen.

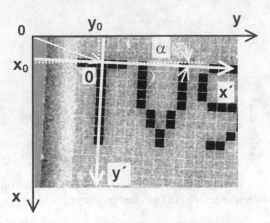

Abb. 17.3. Zur Bestimmung des zweiten Koordinatensystems x´ und y´ mit Nullpunkt x_0, y_0

Die Transformationsformeln zwischen dem Objekt-Koordinatensystem mit den Koordinaten x´ und y´ und dem Bildkoordinatensystem mit x und y lauten:

$$\begin{pmatrix} x \\ y \end{pmatrix} = \begin{pmatrix} x_0 \\ y_0 \end{pmatrix} + \begin{pmatrix} \cos(\alpha) & -\sin(\alpha) \\ \sin(\alpha) & \cos(\alpha) \end{pmatrix} \cdot \begin{pmatrix} x' \\ y' \end{pmatrix}, \tag{17.1}$$

sowie

$$\begin{pmatrix} x' \\ y' \end{pmatrix} = \begin{pmatrix} \cos(-\alpha) & -\sin(-\alpha) \\ \sin(-\alpha) & \cos(-\alpha) \end{pmatrix} \cdot \begin{pmatrix} x-x_0 \\ y-y_0 \end{pmatrix}. \tag{17.2}$$

Dabei bedeuten x_0 und y_0 die Bildkoordinaten des Nullpunkts für das Objekt-Koordinatensystem und α der Winkel zwischen den x- und x´-Achsen (Abschn. 15.2.1). Wenn also der Ort (x´, y´) für ein LC-Bildpunkt auf dem Display bekannt ist, können wir seine Position (x, y) im Bild mit Gl. (17.1) berechnen und seinen Schaltzustand unabhängig von der Lage des Displays ermitteln.

Erkennung der Pixelzustände des Displays

Die gemessene Grauwerte der LC-Bildpunkte werden einer Schwellwertabfrage unterzogen. Liegt der Grauwert unterhalb des Schwellwertes, ist der Bildpunkt aktiv, andernfalls inaktiv. Eine gewisse Stabilität gegenüber Schwankungen der Beleuchtungsintensität wird dadurch erhalten, dass nicht der Grauwert des LC-Bildpunktes direkt, sondern das Grauwertverhältnis aus LC-Bildpunkt und seiner inaktiven Nachbarschaftspixel herangezogen wird.

Zeichenerkennung anhand von Mustern in einer Zustandsmatrix

Die Pixelzustände werden für jedes Zeichen in einer Zustandsmatrix mit 5x9 Elementen an den passenden Stellen registriert. Aktiven Bildpunkten wird die 1,

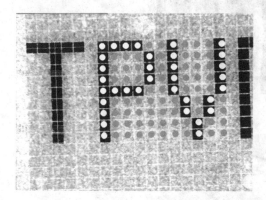

Abb. 17.4. Ergebnisdarstellung mit Einblendung der aktiven und inaktiven LC-Punkte

inaktiven die 0 zugeordnet. Mit Hilfe einer Tabelle werden die Zustandsmatrizen entschlüsselt.

Benutzerinterface

Eine Anzeigentafel sowie die Darstellung der LC-Matrix mit Überlagerung der Ergebnismatrix (Abb. 17.4) informieren den Benutzer über den aktuellen Programmstatus.

17.2 Rohrstoßerkennung

Bestimmte Fertigungsverfahren für die Röhrenherstellung erfordern eine genaue und extrem zuverlässige Erkennung der Stellen, an denen die Rohre über Koppelelemente miteinander verbunden sind. In der Fachsprache nennt man sie Rohrstöße. Bisherige Verfahren arbeiten mit induktiven Sensoren, die jedoch nicht zuverlässig genug sind und bei jeder Änderung des Rohrtyps neu ausgerichtet werden müssen. Aus diesem Grund hat man sich für den Einsatz eines Bildverarbeitungssystems entschieden. Aus Abb. 17.5 gewinnen wir einen Eindruck darüber, wie unterschiedlich die Erscheinungsformen der Rohrstöße sein können.

Aufgabenstellung

Für die Fertigung soll eine Rohrstoßerkennung basierend auf der Bildverarbeitung entwickelt werden, die mit einer sehr hohen Zuverlässigkeit die Rohrstöße erkennt. Dabei soll die Anlage ohne großen Aufwand auf Rohrstoßwechsel angepasst werden können. Außerdem soll das System in einer rauen Fertigungsumgebung zuverlässig arbeiten.

Abb. 17.5. Beispiele für typische Rohrstöße (Pfeile). Sie bilden die Verbindungsstücke zwischen zwei Rohren

Kameraposition und Beleuchtung

Zwei Halogenscheinwerfer befinden sich rechts und links von der Kamera in einem staubdichten Gehäuse, das in der Höhe justierbar ist (Abb.17.6). Damit lässt sich die Anordnung leicht an unterschiedliche Rohrdurchmesser anpassen. Zur besseren Kontrastierung mancher Rohrstoßtypen können die Scheinwerfer wahlweise ausgeschaltet werden, so dass Schatten entstehen, die eine Erkennung erleichtern.

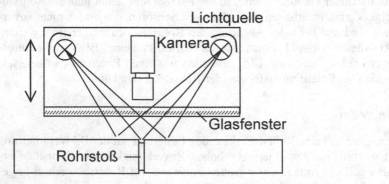

Abb. 17.6. Anordnung von Beleuchtung und Kamera

Bildaufnahme

Alle 30ms wird ein Bild von den durchlaufenden Röhren aufgenommen. Dementsprechend stehen für die Verarbeitungszeit je Bild weniger als 30ms zur Verfügung. Daher wird zur Beschleunigung des Algorithmus ein Bildausschnitt (ROI) in Form eines langgestreckten Rechtecks gebildet, das mit seiner langen Seite parallel zur Rohrachse orientiert ist.

Berechnung von Rohrstoßmerkmalen

Zur Ermittlung der Rohrstöße werden die Grauwertübergänge herangezogen. Dabei erweist es sich als notwendig, einen gemittelten Linescan längs des ROI zu bilden und daraus Informationen über den Intensitätsverlauf I(x), seine Ableitung D(x) und die Oberflächentextur der Rohre S(x) zu gewinnen. Der Intensitätsverlauf I(x) wird durch Mittelung aller Grauwerte senkrecht zur Rohrachse nach

$$I(x) = \sum_{y=0}^{Y-1} \hat{I}(x,y) \tag{17.3}$$

gebildet, damit zufällige, lokale Variationen der Oberflächenstrukturen nicht zu Fehlinterpretationen führen. Y gibt die Anzahl Zeilen an, über die gemittelt wird. Aus I(x) berechnet sich die Ableitung zu

$$D(x) = I(x+1) - I(x) \,. \tag{17.4}$$

Für die Charakterisierung der Oberflächentextur wird die Größe

$$S(x) = \sum_{y=0}^{Y-2} \left| \hat{I}(x,y) - \hat{I}(x,y+1) \right| \tag{17.5}$$

eingeführt. Aus I(x) und D(x) ergeben sich in üblicher Weise die Mittelwerte $\overline{I}$ und $\overline{D}$, das Maximum I_{max} sowie die Varianz s^2_D von D(x).

Am vergleichsweise großen Rohr in Abb. 17.5 erkennen wir, dass sich die Koppelelemente durch geringere Grauwerte vom übrigen Rohr unterscheiden. Dies ist darauf zurückzuführen, dass die Koppelelemente glättere Oberflächen als die mit Sandstrahl behandelten Rohre aufweisen.

Wir wenden uns nun der Beschreibung des Algorithmus zur Rohrstoßerkennung zu. Dabei lernen wir, wie eine Mustererkennung funktioniert. Wir müssen möglichst **mehrere unabhängige Merkmale** für eine Objektidentifizierung heranziehen und dem Test unterwerfen, ob sie sich sämtlich innerhalb vorgegebener Intervalle, deren Größe durch empirischen Schwellen festgelegt sind, befinden. Wenn das der Fall ist, gilt das Objekt als erkannt.

Beschreibung des Algorithmus

Für die Beschreibung des Algorithmus wollen wir uns auf die schematische Darstellung in Abb. 17.7. beziehen. Da die Rohrstöße sehr verschieden aussehen können, haben wir zu ihrer Erkennung geeignete Schwellwerte für die Rohrstoßmerkmale anzugeben. Der Algorithmus zur Rohrstoßerkennung führt im Wesentlichen diese Abfragen durch, die auf der rechten Seite der Tabelle 17.1 zusammengefasst sind.

Die gewünschte, extrem hohe Sicherheit für die Erkennung der Rohrstöße wird erst dadurch sichergestellt, dass mindestens zwei von drei hintereinander ausgewerteter Bilder auf einen Rohrstoß schließen lassen. Die Vorschubgeschwindigkeit der Röhren reicht in jedem Fall für die Aufnahme dreier Bilder aus.

Tabelle 17.1. Fünf Entscheidungskriterien für eine sichere Rohrstoßerkennung. Die linke Spalte nummeriert die Programmschritte, die mittlere listet die Schwellwerte auf und die rechte beschreibt die Kriterien für die Existenz eines Rohrstoßes, die mit dem Algorithmus abgefragt werden

	Schwellwert	Test auf Existenz eines Rohrstoßes
1.	Steigungsfaktor	Steigungsfaktor$\cdot s^2_D$ bildet eine Schwelle für $|D(x)|$. Im Fall des Überschreitens am Ort x ist ein Kriterium für die Existenz eines Rohrstoßes erfüllt und es gilt $x = x_K$, mit x_K als mögliche Rohrstoßposition. Weitere Tests müssen nun dieses Indiz erhärten.
2.	Δ	Halbe Intervallbreite um die Rohrstoßposition x_K. Im Intervall $I(x_K) = [x_K - \Delta, x_K + \Delta]$ werden die maximale und minimale Steigung D_{max} bzw. D_{min} ermittelt.
3.	MaxMin	MaxMin$\cdot s^2_D$ bildet eine Schwelle für $D_{max} - D_{min}$. Im Fall des Überschreitens ist ein weiteres Kriterium für die Existenz eines Rohrstoßes am Ort x_K erfüllt.
4.	Kontrastfaktor	Gibt die Schwelle für den Kontrast $|(I_{Rohr} - I_{Rohrstoß})/(I_{Rohr} + I_{Rohrstoß})|$ zwischen Rohrstoß und Rohr an. Im Fall des Überschreitens liegt ein zusätzliches Indiz für die Existenz des Rohrstoßes am Ort x_K vor.
5.	p	Gibt das Vorzeichen der Steigung beim Übergang Rohr zu Rohrstoß an. $p = 1$, positive Steigung, d.h. Rohrstoß heller als Rohr, $p = -1$, negative Steigung. Mit p wird überprüft, ob das Vorzeichen des Kontrastes $(I_{Rohr} - I_{Rohrstoß})/(I_{Rohr} + I_{Rohrstoß})$ einem Rohrstoß an der Stelle x_K entspricht.

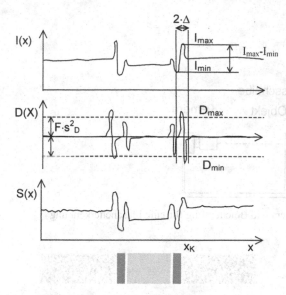

Abb. 17.7. Das Graubild (unten) stellt schematisch den Rohrstoß dar. Darüber befinden sich die Linescans für die Intensität I(x), Ableitung D(x) sowie die Oberflächentextur S(x)

17.3 Erkennung von Flaschen

Eine automatische Erkennung von Gegenständen anhand ihrer Konturen ist in vielen Bereichen von Industrie und Handel möglich. So lassen sich z. B. Werkstücken automatisch Werkzeugnummern zuordnen und dadurch das Risiko von Fehlzuweisungen signifikant verringern. Anhand eines einfachen Beispiels zur Flaschenerkennung soll gezeigt werden, wie mit Hilfe der BV derartige Probleme im Prinzip gelöst werden können.

Aufgabenstellung

Es soll ein Software-Modul entwickelt werden, mit dessen Hilfe bei Zurücknahme von Leergut verschiedene Flaschentypen automatisch erkannt werden. Darüberhinaus soll die Software so konzipiert sein, dass neue Flaschentypen eingelernt werden können.

Bildaufnahme und Beleuchtung

Die Flaschen stehen für die Bildaufnahme vor einer rückwärtig beleuchteten Milchglasscheibe (Abb. 17.8). Der Hintergrund erscheint gleichmäßig hell, so dass eine Konturerkennung durch Schwellwertbildung leicht möglich ist. In Abb. 17.9 sind beispielhaft Flaschentypen dargestellt, die später erkannt werden müssen.

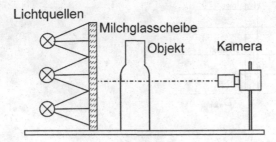

Abb. 17.8. Anordnung von Kamera und Beleuchtung für eine Flaschenerkennung

Abb. 17.9. Urbilder einiger Flaschentypen, wie sie bei der automatischen Flaschenerkennung vorkommen

Beschreibung des Algorithmus

Dieses einfache Programm zur Flaschenerkennung basiert auf der Teilchenanalyse, wie wir sie in Kap. 11 und 13 kennen gelernt haben. Da wir eine Farbkamera verwenden, wird das Farbbild zunächst in ein Graubild umgewandelt und der Kontrast mit der Funktion Histogrammebnen (Kap. 5) optimiert und mit einem geeigneten Schwellwert binarisiert (Kap. 6). Daran schließt sich eine Kette von Funktionen zur Teilchenanalyse an (Abb. 17.10 und 17.11):

Löcherschließen, Flaschenauflagefläche entfernen, größtes Objekt finden, Teilchenmerkmale wie Massenschwerpunkt, Breite, Höhe, Fläche berechnen und in eine Tabelle eintragen. Mit der morphologischen Operation Gradient out (Kap. 8) wird die Objektkontur gebildet und der Bildanteil oberhalb des Massenschwerpunkts der Flasche für ein binäre Korrelation (Kap. 12) ausgeschnitten. Ein Vergleich zwischen aktuellen und eingelernten Daten führt zu einer sicheren Flaschenerkennung, wenn ein zuvor festgelegtes Ähnlichkeitsmaß überschritten wird.

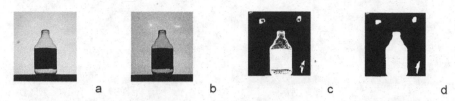

Abb. 17.10a. Farbbild einer Flasche (s/w-Druck), **b** Intensitätsbild von (**a**), **c** Binärbild von (**b**) nach „Histogramm ebnen" und Schwellwertbildung, **d** Bild (**c**) nach Löcherschließen. Fortsetzung der Algorithmenkette für die Flaschenerkennung: s. Abb.17.11

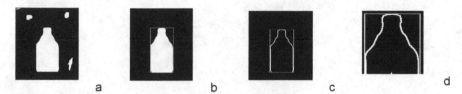

Abb. 17.11a. Binärbild nach Abzug der Unterlage in Abb. 17.10d, **b** Bild (**a**) nach Ausfilterung kleiner Teilchen. In (**b**) werden die Merkmale Breite, Höhe, Fläche sowie die Lage des Flächenschwerpunktes bestimmt und in eine Merkmalsliste eingetragen. **c** Bild (**b**) nach „Gradient out", **d** Ausschnitt von (**c**) vom Objektschwerpunkt zum oberen Rand. Dieser Ausschnitt dient zum Vergleich mit Referenzbildern

Abb. 2 ...

Abb. 3 ...

18. Beleuchtung

Erfahrene Organisatoren von Lifeveranstaltung mit Tanz- oder Musikgruppen wissen, welchen Einfluss eine gute Bühnenbeleuchtung auf die Stimmung des Publikums ausübt. Entsprechend hoch wird daher der Aufwand getrieben. Oberhalb und seitlich der Bühne sind Tragekonstruktionen aufgestellt, an denen sich eine Vielzahl von Leuchten befinden, deren Helligkeit und Farbe von einem zuvor gut ausgeklügelten Computerprogramm gesteuert werden.

Die richtige Wahl der Beleuchtung trägt auch wesentlich zum Gelingen eines Bildverarbeitungsprojektes bei. So können z.B. feine Kratzer auf polierten, metallischen Oberflächen nur durch streifenden Lichteinfall sichtbar gemacht werden. Die Messgenauigkeit, die Zuverlässigkeit und der Softwareaufwand eines BV-Systems werden durch die richtige Beleuchtung sehr positiv beeinflusst.

18.1 Beispiele und Ratschläge zur Objektbeleuchtung

Wie erwähnt, wird durch die Beleuchtung der Bildkontrast bestimmt. Hierzu wollen wir uns einige lehrreiche Beispiele aus den vielen möglichen Kombinationen zwischen den verschiedensten Objekten und Beleuchtungsverfahren herausgreifen. In Abb. 18.1 sind zwei Bilder zu sehen, die mit unterschiedlichen Beleuchtungen aufgenommen wurden. In Abb. 18.1a hebt die Beleuchtung die Beschriftung sehr gut hervor, während in Abb. 18.1b die kristalline Struktur der beschichteten Leiterplatte gut sichtbar wird. In dem Beispiel sollte die Beschriftung erkannt werden, so dass sich hierfür eine „Beleuchtung im Strahlengang" (Abb. 18.19) sehr gut eignet. Die Vorhersage einer optimale Beleuchtung für eine bestimmte Anwendung ist meist schwierig. Erst durch Experimentieren mit verschiedenen Beleuchtungsverfahren gelangen wir zu akzeptablen Ergebnissen.

18.1.1 Quantisierungsbereich der Kamera gut nutzen

Eine gut angepasste Beleuchtung zeichnet sich durch Nutzung des gesamten Quantisierungsbereichs der Kamera aus. Dann verteilen sich sämtliche im Bild vorkommende Grauwerte auf das Intervall von 0 bis 255. Bei Kameras mit einer 10-Bit Auflösung liegt der Bereich entsprechend zwischen 0 und 1023.

a   b

Abb. 18.1. Verschiedene Beleuchtungstechniken führen zu unterschiedlichen Bildern. **a** Diffuses Auflicht im Strahlengang, **b** seitliches, diffuses Auflicht (siehe Abschn. 18.3)

Für die optimale Nutzung der Kameradynamik stehen mehrere Einstellmöglichkeiten zur Verfügung. Über den Blendenring und die Objektbeleuchtung wird die auf den Kamerachip fallende Lichtmenge gesteuert. Die interne Kameraverstärkung beeinflusst hingegen das elektrische Signal. In Abb. 18.2 sind drei Beleuchtungszustände anhand von Bildbeispielen mit den jeweiligen Histogrammen dargestellt. In Abb. 18.2a erstreckt sich der genutzte Grauwertbereich über das Intervall von 50 bis 180. Hier wird die Leistungsfähigkeit der Kamera nicht vollständig ausgeschöpft, denn von den 256 vorhandenen Quantisierungsstufen werden nur 120 genutzt. Der dadurch erzielte Bildkontrast ist als flau zu bezeichnen. Abb. 18.2b zeigt einen in die andere Richtung weisenden Beleuchtungsfehler. Der Kontrast des Bildes ist so groß, dass die 256 Graustufen für die Wiedergabe nicht ausreichen. In diesem Fall haben eine große Anzahl von Bildpunkten den maximal darstellbaren Grauwert 255. Es liegt also eine Übersteuerung des Sensors vor, die zu Informationsverlusten in den hellen Bildbereichen führt. Abb. 18.2c schließlich ist ein Beispiel für optimal gewählte Einstellungen. Die Grauwerte sind hierbei auf den gesamten Quantisierungsbereich verteilt. An dem zugehörigen Histogramm ist dies zu erkennen.

18.1.2 Intensitätsschwankungen der Lichtquellen vermeiden

Intensitätsschwankungen von Leuchtmitteln sollten möglichst vermieden werden, andernfalls führen z.B. fest eingestellte Schwellwerte zu variierenden Objektgrenzen. Strukturbreitemessungen werden hierdurch z.B. unbrauchbar. Die Ursachen für Intensitätsschwankungen liegen oft an einem alterungsbedingtem Verschleiß oder am Wechselspannungsbetrieb. Mit etwas höherem technischen Aufwand lassen sich diese Helligkeitsschwankungen unterdrücken. Leuchtstoffröhren können beispielsweise mit sehr hohen Frequenzen angesteuert werden, so dass sich die Intensitätsschwankungen über die zumeist viel längeren Belichtungszeiten der Kameras mitteln. Auch ist das Betreiben dieser Leuchtmittel mit konstanter Spannung eine Möglichkeit. In beiden Fällen werden spezielle Vorschaltgeräte benötigt. Lichtquellen, die aufgrund ihrer Bauart zu Intensitätsschwankungen

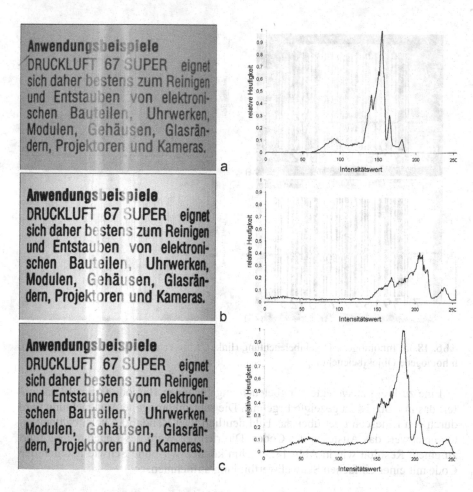

Abb. 18.2a. Genutzter Quantisierungsbereich zu klein, **b** Quantisierungsbereich wird überschritten. Hierdurch geht Bildinformation verloren. **c** Bild mit optimal genutztem Quantisierungsbereich

neigen, wie beispielsweise Halogenlampen, müssen mit einer Intensitätsrege-
lung versehen werden.

18.1.3 Für eine homogene Objektausleuchtung sorgen

In Abschn. 10 beschäftigten wir uns mit der Korrektur inhomogen ausgeleuchteter
Bilder, die einen zusätzlichen Rechenaufwand bedeuten. Im Hinblick auf eine Optimierung der gesamten Bildverarbeitungskette sollten wir für eine möglichst homogene Objektausleuchtung sorgen.

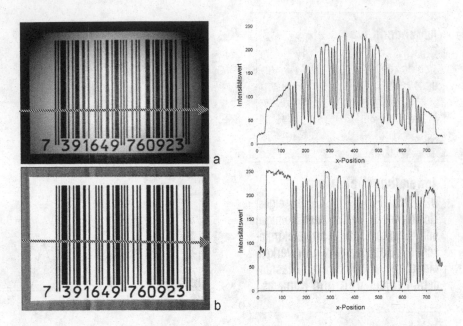

Abb. 18.3a. Inhomogene Objektbeleuchtung (links), Linescans entlang der Pfeile (rechts),
b homogene Objektbeleuchtung

Eine zu klein ausgelegte Ringbeleuchtung für einen Barcode (Abb. 18.4a) liefert das in Abb. 18.3a gezeigte Ergebnis. Die sehr inhomogene Ausleuchtung wird
durch den Linescan quer über das Bild deutlich. Der Randabfall nach beiden Seiten erschwert das Auslesen des Codes. Die richtige Wahl des Leuchtmittels führt
zu einem Resultat wie in Abb. 18.3b. Nun können wir ohne Schwierigkeiten den
Code mit einer einfachen Schwellwertbildung aufnehmen.

18.2 Leuchtmittel

Als Leuchtmittel sind spezielle Leuchtstoffröhren, Halogenlampen, Leuchtdioden
und Laser (meist in Form von Laserdioden) gebräuchlich, die wir nun näher betrachten. Gewöhnliche Glühlampen für die Raumbeleuchtung werden wegen ihrer
Bauform und der großen Glühwendel selten verwendet. Eine wichtige, die Lichtquellen charakterisierende strahlungsphysikalische Größe ist der spektrale Strahlungsfluss $\Phi_e(\lambda)$ [33, 38], der in Zusammenhang mit den Lichtquellen angegeben
wird. Er informiert darüber, wie sich die emittierte Lichtleistung auf die Lichtwel-
lenlängen verteilt und besitzt die Dimension Watt/Nanometer (W/nm). Mit weiteren für die BV relevanten strahlungsphysikalischen Größen beschäftigen wir uns
in Abschn. 18.4.

a   b

Abb. 18.4a. Ringlichtvorsatzes mit Kamera **b** zwei verschieden große Flächenleuchten

18.2.1 Leuchtstoffröhren

Leuchtstoffröhren liefern ein helles, homogenes Licht. Um wechselstrombedingte Helligkeitsschwankungen auszuschließen, empfiehlt sich die Verwendung von Hochfrequenz-Vorschaltgeräten. Übliche Beleuchtungsanordnungen sind Leuchtflächen, bei denen mehrere Röhren hinter lichtstreuenden Kunststoffplatten montiert sind sowie Ringleuchten. Abb. 18.4 zeigt hierfür Beispiele. Zur Anregung der Leuchtstoffe, die als dünne Schicht an der Rohrinnenwand aufgebracht sind, dient das UV-Licht einer Quecksilberdampfentladung. Sie brennt in einem Röhrenkolben zwischen zwei als Drahtwendeln ausgebildete Elektroden. Abb. 18.5 zeigt den relativen spektralen Strahlungsfluss einer solchen Leuchtstoffröhre. Dabei fällt auf, dass das Spektrum neben einem kontinuierlichen Untergrund mehrere Linien aufweist. Aus diesem Grund ist dieser Lampentyp für die Farbbildverarbeitung weniger gut geeignet.

18.2.2 Halogenlampen

Halogenglühlampen zeichnen sich durch kleine Abmessungen bei vergleichsweise hoher Lichtausbeute (abgestrahlter Lichtstrom (Abschn. 18.4) pro aufgewendeter elektrischer Leistung) aus. Wegen ihrer großen Wärmeentwicklung werden sie üblicherweise in Verbindung mit Glasfaserlichtleitern benutzt. Dabei werden die Halogenlampen mit einer stabilisierten Gleichspannungsversorgung in einem Gehäuse neben dem eigentlichen Bildverarbeitungssystem betrieben. Das Licht wird mit einem Glasfaserlichtleiter an die gewünschte Objektstelle geleitet. Spezielle optische Vorsätze ermöglichen eine punktförmige (Spotlight), ringförmige oder zeilenförmige Lichtverteilung bei kompakter Bauform. Um den Einfluss von alterungs- und widerstandsbedingten Helligkeitsänderungen zu minimieren, werden Halogenlampen oft mit einer Helligkeitsregelung betrieben. Abb. 18.6 zeigt als Beispiel eine geregelte Kaltlichtquelle und den zugehörigen Linienlicht-Vorsatz. Der relative spektrale Strahlungsfluss einer Halogenleuchte ist in Abb. 18.7 dargestellt. Für spezielle Applikationen, bei denen sich die Wärmestrahlung der Lichtquelle störend auswirkt, gibt es sogenannte Kaltlichtfilter.

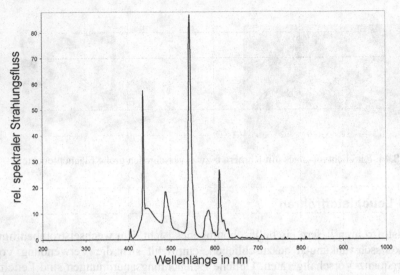

Abb. 18.5. Relativer spektraler Strahlungsfluss eines Leuchtstoffröhren-Ringlichtes zwischen 200 und 1000nm (Spektrum unkorrigiert). Starke Linien treten auf bei den Wellenlängen $\lambda = 436$nm (blau), $\lambda = 490$nm (blau-grün) $\lambda = 546$nm (grün), $\lambda = 578$nm (gelb) und $\lambda = 620$nm (orange)

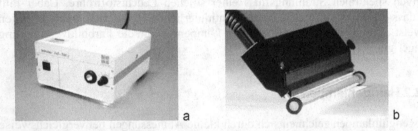

a   b

Abb. 18.6a. Versorgungsgerät einer geregelten Kaltlichtquelle, **b** Linienlichtvorsatz zu (**a**)

Diese lassen das sichtbare Licht passieren, wohingegen die Wärmestrahlung absorbiert bzw. reflektiert wird.

18.2.3 Leuchtdioden

Leuchtdioden (LED) können aufgrund ihrer kompakten Bauform auf verschiedenste Weise angeordnet werden. Dadurch lassen sich Ringlichter und Flächenbeleuchtungen realisieren, bei denen die LED in Reihen angeordnet sind (Abb. 18.8). Ein großer Vorteil von LED gegenüber anderen Lichtquellen ist, dass nahezu keine alterungsbedingten Ausfälle eintreten. Die emittierte Lichtleistung reduziert sich zwar mit zunehmender Betriebsdauer, ihre Funktion bleibt aber erhalten.

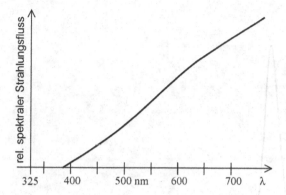

Abb. 18.7. Qualitativer Verlauf des rel. spektralen Strahlungsflusses einer Halogenglüh-lampe bei ca. 2800K Glühwendeltemperatur. Den Wellenlängen λ (Einheit Nanometer) entsprechen folgende Farben: 450nm blau, 550nm grün und 650nm rot

Daher besitzen LED-Blitzbeleuchtungen eine besonders hohe Zuverlässigkeit. Insbesondere lassen sich mit LED Infrarot-Blitzbeleuchtungen ohne Personenbe-einträchtigung realisieren. Aufgrund der geringen spektralen Bandbreite her-kömmlicher LED können sie nicht für die Farbbildverarbeitung eingesetzt werden (Abb. 18.9). Bei Verwendung z.B. rot leuchtender LED ergeben sich in Graustu-fenbildern starke Intensitätsunterschiede zwischen roten und grünen Objekten, wohingegen der Intensitätsunterschied zwischen blauen und grünen Objekten eher gering ausfällt. Dieser Effekt kann auch zum selektiven Hervorheben von Farben ausgenutzt werden. In Abb. 18.10 wird dies anhand eines Beispiels dargestellt, bei dem der obere Text schwarz, der mittlere blau und der untere grün ist. Der Bild-hintergrund ist rot mit abnehmender Farbsättigung von links nach rechts. Seit ei-nigen Jahren sind auch weiße Leuchtdioden auf dem Markt erhältlich. Sie beste-hen aus einer blau oder auch UV emittierenden LED, die mit einem Lumineszenz-farbstoff kombiniert ist. Das kurzwellige und damit energiereichere blaue Licht regt den Farbstoff zum Leuchten an. Dabei wird langwelligeres gelbes Licht abge-geben.

a   b

Abb. 18.8a. LED-Ringlicht für Auflichtbeleuchtung und **b** für Dunkelfeldbeleuchtung. Die LED-Arrays sind hier mit Streugläsern zur Lichthomogenisierung abgedeckt

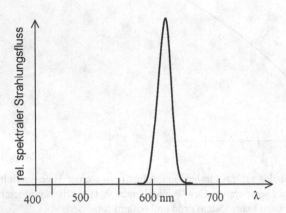

Abb. 18.9. Qualitativer Verlauf des relativen spektralen Strahlungsflusses einer roten LED

Da nicht das gesamte blaue Licht umgewandelt wird, ergibt die additive Farb-mischung (Abschn. 16.1.1) aus Blau und Gelb weißes Licht. Der Farbton der Weißlichtdiode ist über Wahl und Dosierung des Farbstoffes einstellbar. Typische weiße LED besitzen ein breites Spektrum von 450nm bis ca. 700nm (Abb. 18.11). Aufgrund des starken Blauanteils sind sie für die Farbbildverarbeitung nur bedingt geeignet.

Bei Verwendung von IR (Infrarotstrahlung) emittierenden LED lassen sich Fremdlichteinflüsse aufgrund sichtbaren Lichtes mit Hilfe eines Daylight-Cut-Filters beseitigen. In Verbindung mit einer IR-Beleuchtungstechnik ist allerdings zu beachten, dass die spektrale Empfindlichkeit normaler Kameras dem menschli-chen Auge nachempfunden ist, also das IR-Licht mit optischen Filtern gesperrt wird.

Bei Verwendung von Infrarotbeleuchtung müssen daher spezielle IR-Kameras Verwendung finden. Abb. 18.12 zeigt die spektrale Empfindlichkeit einer Standardkamera im Vergleich zu einer IR-Kamera.

Abb. 18.10. Beispiel zum selektiven hervorheben von Farben. **a** s/w Aufnahme bei weißer Ringbeleuchtung, **b** s/w Aufnahme bei roter LED-Ringbeleuchtung. Der blaue und grüne Text heben sich im Fall (**b**) fast so kontrastreich vom roten Hintergrund ab, wie der schwarze Text

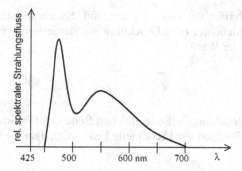

Abb. 18.11. Qualitativer Verlauf des rel. spektralen Strahlungsflusses einer weißen LED

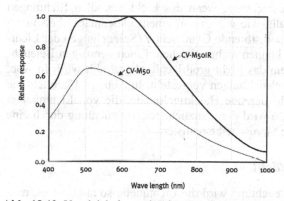

Abb. 18.12. Vergleich der spektralen Empfindlichkeit (rel. response) einer Standardkamera (JAI CV-M50) mit der einer speziellen IR-Kamera (JAI CV-M50IR) im Wellenlängenintervall von 400 bis 1000nm

18.2.4 Laser

Ein Laser liefert ein kohärentes Lichtbündel. Dabei bezeichnet ‚kohärent' die Eigenschaft des Laserlichtes, eine einheitliche Wellenlänge und Phasenlage zu besitzen. Dieses monochromatische Lichtbündel (monochromatisches Licht: Licht, bei dem die spektralen Anteile in einem sehr eng begrenzten Wellenlängenbereich liegen) eignet sich aufgrund seiner guten Fokussiereigenschaft besonders für strukturierte Beleuchtung. Ein typisches Anwendungsgebiet ist die Projektion von Laserlinien zur Bestimmung von Bauteilgeometrien [14].

18.3 Beleuchtungstechniken

Die Beleuchtungsverfahren lassen sich grob in Auf- und Durchlichtmethoden unterteilen. Die Auflichtbeleuchtung wird für nicht transparente Objekte verwendet, deren Gestalt und Oberflächenbeschaffenheit von Interesse sind. Sollen andererseits transparent Gegenstände durchleuchtet oder Objektumrisse dargestellt werden, ist das Durchlicht die Methode der Wahl.

18.3.1 Auflichtbeleuchtung

Beim Auflicht befindet sich die Beleuchtung auf der gleichen Seite des Objektes wie die Kamera. Je nach Form und Position der Lichtquelle lassen sich damit sehr unterschiedliche Effekte erzielen.

Diffuses Auflicht

Wir sprechen von diffuser Beleuchtung, wenn das Licht aus allen Richtungen gleichmäßig auf das Objekt fällt, wie wir es von einem gleichmäßig bewölkten Himmel her kennen. Schatten und störende Glanzlichter (Spiegelungen der Lichtquelle auf Objektoberflächen) können nicht entstehen. Einen derartigen Beleuchtungseffekt erreichen wir, indem das Licht großflächig abgestrahlt wird. In Abb. 18.13 werden zwei derartige Beleuchtungen vorgestellt. In Abb. 18.13a blickt die Kamera durch eine diffus reflektierende Halbkugelschale, die von Lichtquellen beleuchtet wird. In Abb. 18.13b wird die glanzlichtfreie Beleuchtung durch eine transparente, halbkugelförmige Streuscheibe realisiert.

Seitliches, gerichtetes Auflicht

Bei dieser Art von Auflichtbeleuchtung wird die Lichtquelle so angeordnet, dass direkte Reflexionen von einer völlig glatten Oberfläche nicht ins Objektiv fallen. Man erreicht dies durch flachen, seitlichen Einfall eines möglichst parallelen Lichtbündels (Abb. 18.14). Da eine völlig glatte, spiegelnde Oberfläche dann dunkel erscheint, wird dieses Verfahren auch Dunkelfeldbeleuchtung genannt.

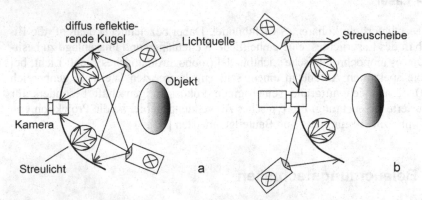

Abb. 18.13. Zwei verschiedene Anordnungen für eine diffuse Auflichtbeleuchtung, **a** mit diffus reflektierender Kugelschale, **b** mit rückwärtig beleuchteter Streuscheibe

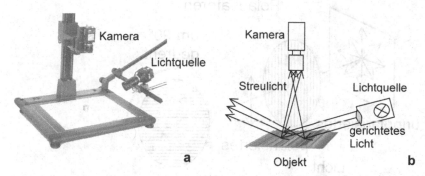

Abb. 18.14. Seitliches, gerichtetes Auflicht in Dunkelfeldanordnung. **a** Realisierung mit einer Projektionsleuchte, **b** Prinzipskizze zu (**a**)

Eine gleichmäßig strukturierte Oberfläche, beispielsweise ein Metall einer bestimmten Rauhigkeit, erscheint bei seitlicher, diffuser Beleuchtung annähernd gleichmäßig strukturiert (Abb. 18.15a). Das sehr streifend einfallende, gerichtete Auflicht aus Abb. 18.14 hingegen liefert trotz der rauen Metalloberfläche einen annähernd dunklen Hintergrund. Es wird aber an Stellen, wo Vertiefungen oder Erhebungen durch Prägung alphanumerischer Zeichen entstanden sind, durch das Streulicht hell (Abb. 18.15b). Es ist zu erwähnen, dass ein Vergleich der Abb. 18.1a mit der Abb. 18.15b sehr eindrucksvoll den Unterschied zwischen Hellfeld- und Dunkelfeldbeleuchtung aufzeigt. Auf beiden Bildern sind gleichartige Objekte zu sehen. Abb. 18.1a ist jedoch mit einem diffusen Auflicht im Strahlengang aufgenommen worden und zeigt Hellfeldkontrast. Der Hintergrund erscheint dabei hell, wo hingegen sich die durch Prägungen hervorgerufenen Störungen der Oberfläche dunkel abheben. Das hierbei erwähnte diffuse Auflicht im Strahlengang wird weiter unten beschrieben.

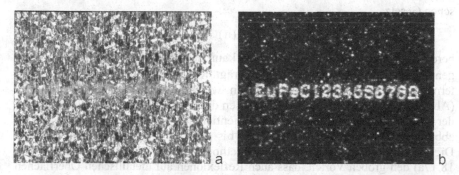

Abb. 18.15a. Oberfläche mit seitlichem, diffusem Auflicht beleuchtet, **b** Oberfläche von (**a**) mit seitlichem, gerichtetem Auflicht beleuchtet

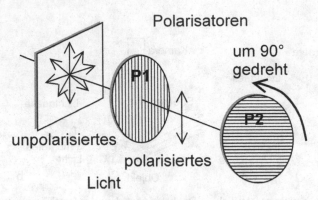

Abb. 18.16. Anordnung mit zwei Polarisatoren P1 und P2. Das von links einfallende Licht ist unpolarisiert und nach P1 polarisiert (Polarisationsrichtung gemäß Doppelpfeil). Polarisator P2 stoppt das polarisierte Licht, da er um 90° gegenüber P1 gedreht ist

Polarisiertes Licht

Polarisationsfilter können zur Vermeidung von störenden Reflexionen auf leitenden und nichtleitenden (d.h. sog. dielektrischen) Oberflächen mit Erfolg eingesetzt werden.Polarisiertes Licht schwingt nur in einer einzigen Richtung quer zu seiner Ausbreitungsrichtung (Abb. 18.16) [33, 38]. Wenn eine nichtleitende Oberfläche mit unpolarisiertem Licht beleuchtet wird, sind alle durch spiegelnde Reflexion zurückgeworfene Strahlen polarisiert (Abb. 18.17a). Durch einen direkt vor der Kamera angeordneten, im rechten Winkel zu dieser Polarisationsrichtung orientierten Polarisationsfilter, lassen sich diese Lichtstrahlen zurückhalten. Die Reflexionen sind dann im Kamerabild nicht sichtbar. Unter dem sog. Polarisationswinkel α_p tritt die Polarisation sogar zu 100% ein. Wenn der Brechungsindex n der nichtleitenden Oberfläche bekannt ist, kann dieser Winkel nach dem Brewsterschen Gesetz

$$\alpha_p = \arctan(n) \qquad (18.1)$$

berechnet werden. Für viele Materialien kann der Brechungsindex mit n =1,5 angenommen werden, so dass α_p=56,3° beträgt. Reflexionen in Form von Glanzlichtern lassen sich noch effektiver beseitigen, wenn die Beleuchtung polarisiert wird (Abb. 18.17b und c). In diesem Fall müssen die Polarisatoren der Beleuchtung und der Abbildung gegeneinander um 90° orientiert sein. In der Praxis dreht man den abbildungsseitigen Polarisator so lange, bis die Reflexionsintensität minimal ist. Dieses Verfahren hat gegenüber der Methode mit nur einem Polarisator (Abb. 18.17a) den großen Vorteil, dass auch Reflexionen auf metallischen Oberflächen beseitigt werden können. Abb. 18.18 zeigt Beispiele für die Anwendung polarisierter Beleuchtung.

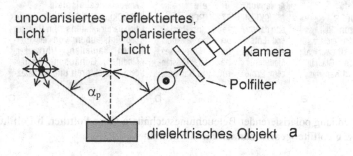

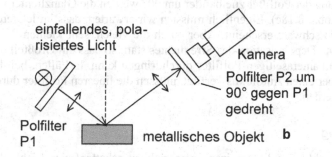

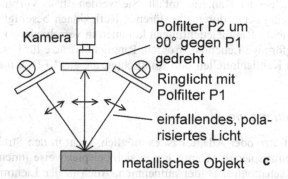

Abb. 18.17a. Unpolarisiertes Licht wird nach Reflexion von einer nichtleitenden Schicht (z.B. Kunststoff, Farbe, Wachs, Öl, Gummi, Glas, Keramik) polarisiert (Richtung der Polarisation senkrecht zur Zeichenebene). Ein senkrecht dazu orientierter Polfilter stoppt das Licht. **b** Polarisiertes Licht wird von Metallen reflektiert. Ein um 90° zur Polarisationsrichtung des einfallenden Lichts gedrehter Polfilter stoppt das Licht. Auf Metalloberflächen depolarisierende Bereiche werden aber abgebildet. Dazu zählen raue oder verschmutzte Stellen. **c** Eine Anwendung des unter (**b**) beschriebenen Prinzips kommt als Ringlichtbeleuchtung mit Polfilteraufsatz zur Anwendung. Als Ringlicht dienen ringförmige Leuchtstoffröhren oder LED. In Abb. 18.18a ist die Seite einer stark reflektierenden Sprühdose zu sehen. Aufgrund der gekrümmten Oberfläche ergeben sich unerwünschte Glanzlichter. Abb. 18.18b und c zeigen das selbe Objekt mit polarisierender Beleuchtungstechnik. Wenn beide Polfilter parallel ausgerichtet sind, verstärken sich die Glanzlichter (Abb. 18.18b)

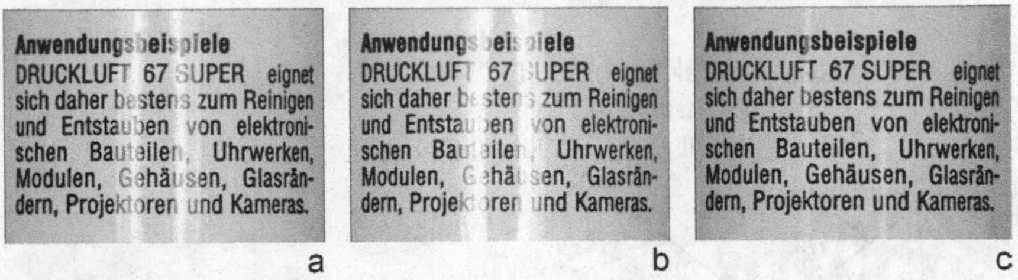

Abb. 18.18. Anwendung polarisierender Beleuchtungstechnik. **a** Ohne Polfilter, **b** Polfilter in Parallelstellung, **c** Polfilter gegeneinander um 90° gedreht

Durch Verdrehung der Polfilter zueinander um 90° werden die Glanzlichter nahezu eliminiert (Abb. 18.18c). Eigentlich müssten wir erwarten, dass im letzteren Fall das ganze Bild schwarz erscheint. Aber durch die vielen, sehr kleinen Farbpigmente findet eine Depolarisation des Streulichtes statt, so dass ein Großteil der Lichtintensität den kameraseitigen Polfilter durchdringen kann. In Fällen, bei denen die Kamera über einen Autofokus verfügt, müssen die linearen Polfilter durch zirkulare ersetzt werden.

Ringbeleuchtung

Ringförmige Beleuchtungen liefern intensives, nahezu schattenfreies Licht, das entlang der optischen Achse der Kamera einfällt. Sie werden oft in Verbindung mit Polarisationsfiltern eingesetzt, durch die störende Reflexionen beseitigt werden (vgl. polarisiertes Licht). Ringbeleuchtungen kommen in verschiedenen Bauformen vor. Es gibt ringförmige Leuchtstoffröhren, Ringlichtaufsätze für Faseroptiken zum Anschluss an Kaltlichtquellen und Ringlichter, die aus LED aufgebaut sind (Abschn. 18.2).

Beleuchtung im Strahlengang

Mit Hilfe spezieller Aufsätze oder Adapter ist es möglich, Licht in den Strahlengang eines Objektives einzuspiegeln. Damit lassen sich beispielsweise Innenbohrungen beleuchten und schattenfrei Bilder aufnehmen. Auch in der Lichtmikroskopie bedient man sich dieser Methode, um Licht an das Objekt zu führen. Die Prinzipskizze eines einfachen derartigen Kameravorsatzes ist in Abb. 18.19 dargestellt. In Abb. 18.1 können wir die unterschiedlichen Kontraste sehen, die mit dem Kameravorsatz nach Abb. 18.19 und mit seitlichem diffusen Auflicht erzielt werden.

Strukturierte Beleuchtung

Mit strukturierter Beleuchtung werden Linien, Gitter oder Kreise auf ein Objekt projiziert. Es lassen sich hierdurch Informationen über die räumliche Gestalt von Gegenständen gewinnen sowie Vermessungen und Anwesenheitskontrollen auch bei Fehlen von Helligkeitskontrasten vornehmen.

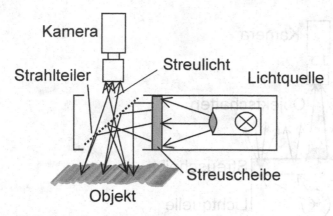

Abb. 18.19. Beleuchtung im Strahlengang der Kamera

Neben speziellen Linienprojektoren werden hierfür oft Diodenlaser mit licht-auffächernden Vorsätzen verwendet. Die gute Fokussierbarkeit von Laserlicht er-möglicht sehr feine und intensive Projektionen.

18.3.2 Durchlicht

Beim Durchlicht befindet sich das Objekt zwischen Lichtquelle und Kamera. Die Kamera erfasst daher nur den Schattenriss des Objektes, so dass sich große Kon-traste bilden, die für Vermessungsaufgaben notwendig sind.

Diffuse Hintergrundbeleuchtung

Ähnlich wie beim diffusen Auflicht (Abb. 18.13b) werden auch bei der diffusen Hintergrundbeleuchtung große Streuscheiben verwendet. Die Lichtquellen sind dabei mit halbtransparenten Kunststoff- oder Glasplatten abgedeckt. Als Leucht-mittel kommen Leuchtstoffröhren oder Kaltlichtquellen in Frage. In Verbindung mit stabilisierten Vorschaltgeräten sind letztere für hochgenaue Messungen geeig-net. In Abb. 18.20 ist der prinzipielle Aufbau dargestellt. Das Objekt hält Licht von der Leuchtplatte zurück und erscheint im Kamerabild als Schatten.

Gerichtete Hintergrundbeleuchtung

Ein Problem bei der diffusen Hintergrundbeleuchtungen stellt das Auftreten eines Seitenlichts dar, das in Abb. 18.21a exemplarisch an einer Schraube gezeigt wird. In Abb. 18.21b ist die selbe Schraube mit einem gerichteten, d.h. telezentrischen Durchlicht (Abschn. 19.5) aufgenommen worden. Es tritt dabei kein Seitenlicht mehr auf, wodurch die Kontur mit deutlich höherem Kontrast erscheint und sehr genaue Längenmessungen ermöglicht werden.

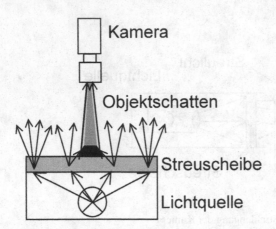

Abb. 18.20. Aufbau eines Lichtkastens für diffuse Hintergrundbeleuchtung

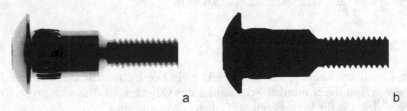

a   b

Abb. 18.21a. Seitenlicht bei diffuser Hintergrundbeleuchtung. **b** Kein störendes Seitenlicht bei gerichteter, d.h. telezentrischer Hintergrundbeleuchtung

Das telezentrische Durchlicht wird mit Hilfe einer Sammellinse (Kollimator) zwischen Lichtquelle und Objekt realisiert, die das Bild der Lampe nach unendlich abbildet, also ein paralleles Strahlenbündel erzeugt (Abb. 18.22).

Polarisierte Hintergrundbeleuchtung

Der Einsatz von Polfiltern im Durchlicht kann in einigen Fällen Strukturen erst sichtbar machen. Dies gilt z.B. für transparente Objekte unter mechanischen Spannungen (Spannungsoptik) [33, 38]. Die Anordnung der beiden Polarisatoren P1 und P2 entspricht derjenigen in Abb. 18.16, aber mit dem Unterschied, dass sich nun zwischen P1 und P2 das Objekt befindet. Ohne Krafteinwirkung auf das Objekt bleibt das gesamte Licht gesperrt. Erst die mechanischen Spannungen rufen eine Spannungsdoppelbrechung hervor, die den Polarisationszustand des transmittierten Lichts ändert. Jetzt gelangt Licht durch den Polarisator P2 und die Sicht auf das Objekt wird frei. Bei dieser Kontrastart werden die transparente Gegenstände, meist Kunststoffmodelle, von hellen und dunklen Streifen durchzogen, welche die lokalen Spannungszustände in den Proben zu erkennen geben.

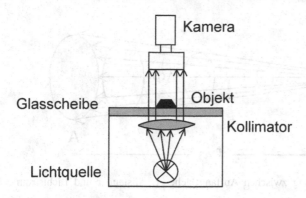

Abb. 18.22. Prinzipieller Aufbau eines Lichtkastens für telezentrisches Durchlicht. Dabei muss der Durchmesser des Objektives (genauer: der Eintrittspupille des Objektives) der Objektgröße angepasst sein

18.4 Einiges über lichttechnische Größen

In der BV treten immer wieder Fragen zu Lichtquellen und Empfängern auf, die wir nur bei Kenntnis einiger wichtiger lichttechnischer Zusammenhänge richtig beantworten können.

Lichtstrom (Strahlungsfluss) Φ

In Verbindung mit den Leuchtmitteln (Abschn. 18.2) haben wir zur Charakterisierung der Lichtquellen den spektralen Strahlungsfluss $\Phi_e(\lambda)$ eingeführt [33, 38]. Durch Integration über alle sichtbaren Wellenlängen erhalten wir daraus den Strahlungsfluss Φ_e, der die gesamte abgegebene Strahlungsleistung in Einheiten Watt angibt. Führen wir die gleiche Integration unter Berücksichtigung der dimensionslosen Augenempfindlichkeitskurve $V(\lambda)$ durch, erhalten wir die zum Strahlungsfluss äquivalente lichttechnische Größe

$$\Phi = K_m \cdot \int_{350nm}^{750nm} \Phi_e(\lambda) \cdot V(\lambda) \cdot d\lambda \, , \qquad (18.2)$$

die als Lichtstrom bezeichnet wird. $V(\lambda)$ gibt an, wie hell das menschliche Auge Licht der Wellenlänge λ im Vergleich zum Licht gleicher Intensität bei der Wellenlänge $\lambda_0 = 555nm$ empfindet (grünes Licht). Das Maximum der Funktion $V(\lambda)$ liegt auch bei $\lambda_0 = 555nm$ und ihre Kurvenform ähnelt derjenigen von $Y(\lambda)$ in Abb. 16.3. Der Faktor K_m wird photometrisches Strahlungsäquivalent genannt und besitzt den Wert $K_m = 673 Lumen/Watt$. Damit hat der Lichtstrom die Dimension Lumen. Die folgenden Überlegungen gelten sowohl für die lichttechnischen als auch für die strahlungsphysikalischen Größen, wobei letztere nicht weiter erwähnt werden. Von jeder Lichtquelle geht ein Lichtstrom Φ aus, der die abgegebene Lichtmenge in Lumen angibt.

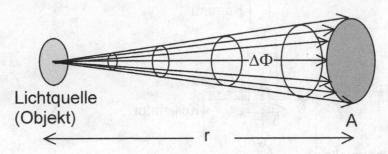

Abb. 18.23. Zusammenhang zwischen Auffangfläche A, Abstand r und Lichtstrom $\Delta\Phi$ vom Objekt nach A

Meist strahlen die Quellen nicht gleichmäßig in alle Raumrichtungen, so dass wir uns dann nur für den Lichtstrom $\Delta\Phi$ in eine Richtung interessieren. Der Zusammenhang zwischen der Auffangfläche A, dem Abstand r von der Lichtquelle zur Auffangfläche und dem Lichtstrom $\Delta\Phi$ lautet (Abb. 18.23)

$$\Delta\Phi = I \cdot \frac{A}{r^2}. \qquad (18.3)$$

Der konstante Faktor I in Gl. (18.3) wird Lichtstärke genannt und weiter unten behandelt.

Die Lichtströme $\Delta\Phi$ gängiger Video- oder Datenprojektoren liegen zwischen 750 und 5000 lm. In Zusammenhang mit diesen Geräten wird die Einheit des Lichtstroms meist in ANSI Lumen angegeben. Dabei ist ANSI die Abkürzung für American National Standard Institute und besagt, dass bei der Messung nach bestimmten Vorgaben verfahren werden muss, damit eine Vergleichbarkeit der Werte garantiert ist.

Lichtstärke I

Die bereits in Zusammenhang mit Gl. (18.3) eingeführte Lichtstärke I ist ein Maß für die Effizienz der Lichtbündelung. Sie wird daher zur Charakterisierung von Reflektorlampen herangezogen. In der Lichttechnik ist I als Basisgröße mit der Einheit Candela (cd) gebräuchlich. Eine 12V/100W Halogenlampe besitzt beispielsweise eine Lichtstärke von 239 cd, dies entspricht einem über alle Winkel gleichmäßig abgegebenen Lichtstrom von

$$\Phi = 4 \cdot \pi \cdot I = 4 \cdot \pi \cdot 239 \text{ cd} \cdot \text{sr} = 3003 \text{ lm}$$

(sr ist die Abkürzung für die Raumwinkeleinheit Steradian) [33, 38].

Beleuchtungsstärke E

Die Beleuchtungsstärke $E = \Delta\Phi/A$ gibt an, wie groß der auf die Auffangfläche A fallende Lichtstrom ist. Ihre Einheit ist demzufolge Candela pro Quadratmeter (cd/m^2), wofür meist die Abkürzung Lux (lx) verwendet wird.

Tabelle 18.1. Beleuchtungsstärken E unterschiedlicher Lichtsituationen in lx

Art der Lichtsituation	Beleuchtungsstärke E/lx
Sonnenlicht im Sommer	100000
Bedeckter Himmel im Sommer	5000 bis 20000
Arbeitsplatzbeleuchtung	100 bis 1000
Allgemeinbeleuchtung in Wohnräumen	40 bis 150
Grenze der Farbwahrnehmung	ca. 3
Nachts bei Vollmond	0,2

Da die Lichtstärke I nicht vom Abstand zur Lichtquelle abhängt, zeigt die Beleuchtungsstärke E eine mit dem Quadrat der Entfernung abnehmende Abhängigkeit. Wir können nach Gl. (18.3) also auch $E = I/r^2$ schreiben. Die oben erwähnte Halogenlampe liefert beispielsweise im Abstand r = 2m eine Beleuchtungsstärke von $E = I/r^2 = 239cd/(2m)^2 = 60lx$. Damit wir eine Vorstellung von der Größe E bekommen, sind in Tabelle 18.1 einige im täglichen Leben anzutreffende Beleuchtungsstärken aufgelistet. Weiter oben haben wir erfahren, dass ein typischer Datenprojektor einen Lichtstrom von 1600ANSI Lumen besitzt, so dass wir nun auch seine Beleuchtungsstärke E für einen speziellen Anwendungsfall berechnen können. Wir gehen von einer $A = 4m^2$ großen Projektionsfläche aus und erhalten:

$$E = \Phi/A = 1600Lumen/(4m^2) = 400lx.$$

Die sich ergebende Beleuchtungsstärke E = 400lx kann als ausreichend bewertet werden, da sie laut Tabelle 18.1 derjenigen einer mittleren Arbeitsplatzbeleuchtung entspricht.

18.5 Aufgaben

Aufgabe 18.1. Wir stellen uns eine ideal monochromatische Lichtquelle vor, beispielsweise einen Laser, dessen Wellenlänge λ innerhalb des sichtbaren Spektralbereichs einstellbar ist. Bei welcher Wellenlänge entspricht der Strahlungsfluss Φ_e dem 673-fachen Wert seines Lichtstroms Φ in Lumen, d.h.

$$\Phi(\lambda = ?) = 673 \cdot \frac{Lumen}{Watt} \cdot \Phi_e(\lambda = ?).$$

Aufgabe 18.2. Zeigen Sie, dass sich die Objekthöhe h bei schräger Beleuchtung mit einer Spaltlampe (Einfallswinkel ε) in Abhängigkeit von der Bildkoordinate y′ aus

$$h(y') = \frac{-y' \cdot a_0}{a' \cdot \tan(\varepsilon) + y'} \approx \frac{-y' \cdot a_0}{f' \cdot \tan(\varepsilon) + y'}$$

berechnet (Abb. 18.24).

Warum ist die Ersetzung von a′ durch f′ im Fall $|a| \gg f'$ gerechtfertigt?

Bem.: Diskutieren Sie hierfür die Abbildungsgleichung aus Tabelle 19.2.

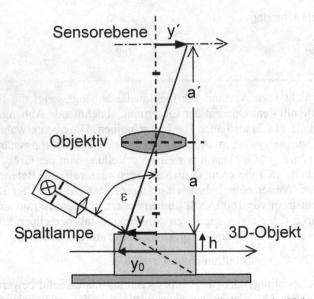

Abb. 18.24. Geometrische Verhältnisse bei der Erfassung der Höhe h mit einer Spaltlampe

19. Auswahl von Objektiven für die Bildverarbeitung

Die meisten höheren Lebewesen wurden von der Natur mit Augen ausgestattet, wohl um sich in ihrer Umwelt besser behaupten zu können. Ein wesentlicher Bestandteil des evolutionsgeschichtlich modernen Auges stellt neben der besseren Verarbeitung der optischen Sinneseindrücke im zentralen Nervensystem die Augenlinse mit ihren vielfältigen Nebenstrukturen wie Hornhaut, Augenvorkammer, Glaskörper etc. dar, die ein reelles, umgekehrtes Bild auf die Netzhaut (Retina) entwirft. Bei der technischen Umsetzung dieses Vorbildes aus der Natur übernehmen das Objektiv die Funktion der Augenoptik und der CCD-Chip die Aufgabe der Netzhaut. Wir wollen uns nun mit wichtigen Tatsachen aus der Optik vertraut machen, um die mit unterschiedlichen Eigenschaften und Leistungsdaten versehenen Objektive für anstehende BV-Aufgaben optimal einsetzen zu können.

19.1 Abbildungsgleichung

Die Abbildungsgleichung [38] stellt einen Zusammenhang zwischen der Brennweite f' des Objektivs, der Objektweite a und der Bildweite a' her und lautet

$$\frac{1}{a'} - \frac{1}{a} = \frac{1}{f'}, \quad f' > 0. \tag{19.1}$$

Nach allg. Konvention ist die Objektweite a stets als negativer Wert anzugeben, weil das Objekt vor dem Objektiv liegt.

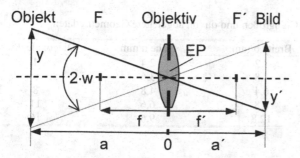

Abb. 19.1. Die wichtigen Größen bei der Abbildung mit einem Objektiv. Die Größen mit nach links und unten gerichteten Pfeilen sind negativ

Für reelle Bilder, mit denen wir es in der BV stets zu tun haben, ergibt sich immer eine positive Bildweite a′. In Abb. 19.1 sind die relevanten optischen Größen dargestellt. Objekthöhe y und Bildhöhe y′ weisen in unterschiedliche Richtungen. Der Quotient aus beiden Werten β′= y′/y wird Abbildungsmaßstab genannt. In der Tabelle 19.2 finden wir sämtliche Größen, die sich aus der Abbildungsgleichung Gl.19.1 ergeben.

19.2 Informationen zur Objektivauswahl

Wichtige Objektivparameter sind die Brennweite f′ > 0 und die Blendenzahl k [38]. Beide Größen sind deshalb auf jedem Objektiv eingraviert. Allerdings wird nach DIN 4521 anstelle von k die relative Öffnung 1/k, statt z.B. k = 5,6 vielmehr 1:5,6 angegeben. Die Brennweite f′ legt zusammen mit der Chipgröße (Tabelle 19.1) den Feldwinkel 2·w fest (Tabelle 19.2), woraus sich mit der Gegenstandsweite a die Objektfeldweite 2·y berechnen lässt. Als Feldwinkel 2·w wird der Winkel zwischen den beiden äußeren, das Objektfeld begrenzenden, Strahlen bezeichnet (Abb.19.1). Als Maß für die Lichtstärke eines Objektivs dient die Blendenzahl k. Hier gilt, je größer k ist, desto geringer ist der Strahlungsfluss Φ (Abschn. 18.4), der durch das Objektiv fällt. Wenn D den Durchmesser des objektseitigen Objektivblendenbildes darstellt, sie wird im Fachjargon Eintrittspupille genannt, dann kann die Blendenzahl durch k = f′/D ausgedrückt werden.

Sämtliche für die BV relevanten Formeln finden sich in Tabelle 19.2. Bei der Verwendung der Formeln muss die bereits erwähnte Vorzeichenkonvention genau beachtet werden. Beträgt beispielsweise der Abstand zwischen Objekt und Objektiv 1m, so muss a = –1m in die Formel eingesetzt werden. Wie einleitend erwähnt, ist die Lichtstärke eines Objektivs um so größer, je kleiner die Blendenzahl k gewählt wird. Umgekehrt erhöht sich die Tiefenschärfe mit zunehmenden k-Werten, wie aus der Fotografie her bekannt ist.

Die Blendenzahl k wird mit den Werten der Normreihe 1 / 1,4 / 2 / 2,8 / 4 / 5,6 / 8 / 11 / 16 / 22 angegeben. Dies hat die praktische Konsequenz, dass bei Zunahme von k um jeweils eine Stufe sich die Belichtungszeit um den Faktor zwei erhöhen muss, damit die gleiche Lichtmenge auf den Sensor fällt.

Tabelle 19.1. Die gängigen Chipgrößen und davon abgeleitete Geometriedaten

Chipgröße in Zoll	Breite b/mm	Höhe h/mm	Diagonale d/mm
1/4	3,2	2,4	4
1/3	4,8	3,6	6
1/2	6,4	4,8	8
2/3	8,8	6,6	11
1	12,8	9,6	16

Tabelle 19.2. Wichtige Umrechnungsformeln für die Objektivauswahl. Die einzelnen Größen werden im Text erklärt [33, 38]

Abbildungsparameter	Formel
Abbildungsgleichung	$\dfrac{1}{a'} - \dfrac{1}{a} = \dfrac{1}{f'}$ mit a' und f' > 0, a < 0
Vergrößerung β'	$\beta' = \dfrac{y'}{y} = \dfrac{a'}{a} < 0$
Brennweite f'	$f' = \dfrac{-a}{1 - \dfrac{1}{\beta'}}$
Blendenzahl k	$k = \dfrac{f'}{D}$ mit D : Durchmesser der Blende EP
Feldwinkel 2·w	$\begin{cases} 2 \cdot w = 2 \cdot \arctan\left(\dfrac{y'}{a'}\right) \approx 2 \cdot \arctan\left(\dfrac{y'}{f'}\right) \text{ oder} \\ 2 \cdot w = 2 \cdot \arctan\left(\dfrac{y}{|a|}\right) \end{cases}$
Objektgröße y	$y = \left(\dfrac{a}{f'} + 1\right) \cdot y'$
Bildgröße y'	$y' = \dfrac{1}{\dfrac{a}{f'} + 1} \cdot y$
Objektweite a	$a = \left(\dfrac{1}{\beta'} - 1\right) \cdot f'$
Bildweite a'	$a' = (1 - \beta') \cdot f'$

Von Interesse ist auch der Feldwinkel 2·w, aus dem sich z.B. für einen bekannten Objektabstand |a| die Objektfeldgröße nach

$$2 \cdot y = 2 \cdot |a| \cdot \tan(w) \qquad\qquad (19.2)$$

berechnen lässt. Die Objektive werden abhängig vom Feldwinkels 2·w in verschiedene Objektivtypen untergliedert (Tabelle 19.3). Wir erkennen, dass für feste Feldwinkel die Brennweiten f' direkt proportional zur Sensorgröße sind. Die Brennweiten f' aus Tabelle 19.3 sind demnach für einen 2/3"-Sensor nur ¼ so groß wie diejenigen für das Kleinbildformat.

Tabelle 19.3. Einteilung der Objektive nach Feldwinkeln [38].

Objektivtyp	Feldwinkelbereich	Kleinbildformat, Breite b = 36 mm	2/3"-Sensor
Teleobjektiv	$2 \cdot w < 20°$	f' >100 mm	f' > 25 mm
Objektiv langer Brennweite	$20° < 2 \cdot w < 40°$	50 mm < f' <100 mm	12 mm < f' <25 mm
Normalobjektiv	$40° < 2 \cdot w < 55°$	34 mm < f' < 50 mm	8,5 mm < f' < 12 mm
Weitwinkel	$55° < 2 \cdot w$	f' < 34 mm	f' < 8,5 mm

Die Objektivtypen sind noch um die Makro- und Mikroobjektive zu ergänzen. Sie werden aufgrund ihres Abbildungsmaßstab β' eingeteilt. Gilt

$$0,1 \leq \beta' \leq 10,$$

so liegt ein Makroobjektiv vor. Mikroobjektiven hingegen weisen in der Regel Abbildungsmaßstäbe über 10 auf.

Die Standardobjektive für die BV verfügen über ein C-Mount-Gewinde. Es hat einen Durchmesser von 1" und eine Ganghöhe von 32 Windungen/inch. Weitere wichtige Objektivmaße sind das Auflagenmaß und die Eintauchtiefe.

Unter Ersterem verstehen wir den Abstand zwischen der Objektivanschlagfläche und dem Brennpunkt. Das zweite Maß gibt die Gewindelänge an. Einige Objektive verfügen über ein sog. CS-Mount-Gewinde, das sich allerdings vom C-Mount-Gewinde lediglich durch ein unterschiedliches Auflagenmaß unterscheidet. Es beträgt 17,5mm für C-Mount- und 12,5mm für CS-Mount-Objektive.

Beispiel zur Objektivauswahl

Für eine Anwendung sind vorgegeben: Gegenstandsweite a = –600mm, Objektfelddurchmesser $2 \cdot y$ = 300mm und 1/3" Chipgröße. Wie groß ist die Objektivbrennweite f' zu wählen?

Feldwinkelbestimmung: $2 \cdot w = 2 \cdot arctan(y/|a|) = 2 \cdot arctan(150/600) = 28°$.

Brennweitenberechnung: Tabelle 19.1 entnehmen wir für einen 1/3"-Chip $2 \cdot y'$ = 3,6mm, so dass nach Tabelle 19.2 folgt:

$$f' = \frac{y'}{\tan(w)} = \frac{3,6mm}{\tan(14°)} = 14,4mm .$$

Das Objektiv muss eine Brennweite von f' = 14,4mm aufweisen, damit das Objektfeld vom Sensor ganz erfasst wird.

19.3 Gütekriterien für Objektive

Zur Beschreibung der Abbildungsqualität von Objektiven dienen hauptsächlich die Modulationsübertragungsfunktion (MTF) und die Verzeichnung V. Die MTF gibt an, mit welchem Kontrast K schwarz-weiße Gitter (Stegbreite gleich Lückenbreite) als Funktion des Kehrwertes der Gitterkonstanten g (Abstand zwischen zwei gleichen Gitterlinien in mm) abgebildet werden. Die Dimension dieser Größe 1/g wird in Linienpaaren pro Millimeter (Lp/mm) angegeben. Bedeuten I_{max} und I_{min} die Bildintensitäten zwischen und auf den Gitterstegen, so ist der Kontrast durch

$$K = \frac{I_{max} - I_{min}}{I_{max} + I_{min}} \qquad (19.3)$$

definiert. Bei allen Objektiven nimmt K mit zunehmendem 1/g ab. In der Regel erfolgt die Kontrastverringerung in der Bildmitte langsamer als am Bildrand, was auf bessere Abbildungseigenschaften im Zentrum schließen lässt. Bei einem guten Objektiv erfolgt der Kontrastabfall bei zunehmend feiner werdendem Gitter langsamer als bei einem schlechten. Zur Messung der MTF eignen sich spezielle Testtafeln, wie z.B. die in Abb. 19.2. Von Objektiven für die Längenmesstechnik müssen wir fordern, dass sich ihr Abbildungsmaßstab β' innerhalb des Messfeldes nicht wesentlich ändert. Ein Maß hierfür ist die Verzeichnung V, welche die relative Abweichung des Abbildungsmaßstabs β' als Funktion der Bildhöhe y′

$$V(y') = \frac{\beta'(y') - \beta'(0)}{\beta'(0)} = \frac{\Delta\beta'(y')}{\beta'(0)} \qquad (19.4)$$

angibt. Bei einer Verzeichnung am Bildrand von 1% würde die Breite einer Struktur beispielsweise in der Bildmitte zu 1μm und am Rand zu 1,01μm gemessen werden. Je nach der Anforderung an die Messgenauigkeit wäre dieser Unterschied zu tolerieren oder aber inakzeptabel.

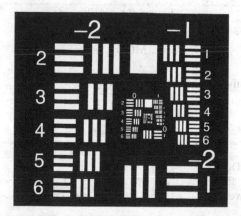

Abb. 19.2. Testtafel mit Linien zur Auflösungsbestimmung

19.4 Nahlinsen und Distanzringe zur Verringerung des Objektabstandes

In der BV haben wir es oft mit Anwendungen zu tun, bei denen kleine Objektabstände |a| verlangt werden. Dies kann trotz richtig gewählter Objektivparameter dazu führen, dass das Bild nicht mehr scharf eingestellt werden kann, weil die sog. minimale Objektdistanz MOD (in den Formeln als negative Größe einzusetzen) unterschritten wird.

Oft wird die MOD vom Hersteller angegeben. Andernfalls müssen wir sie experimentell bestimmen, indem wir zunächst den minimalen Objektabstand am Objektiv einstellen und dann die Kamera dem Objekt so lange nähern, bis sich das Bild nicht mehr scharf einstellen lässt. Der dabei erreichte Abstand ist die experimentell ermittelte minimale Objektdistanz MOD. Eine weitere Verkürzung des Abstands lässt sich mit Zwischenringen oder Nahlinsen erreichen. Die Formeln zur Berechnung der reduzierten minimalen Objektdistanz mit Zwischenring MOD_{ZR} bzw. Nahlinse MOD_{NL} sind in Tabelle 19.4 aufgeführt. MOD_{ZR} oder MOD_{NL} werden von der Anwendung gefordert, MOD und f' sind durch das Objektiv vorgegeben und die Zwischenringdicke d bzw. die Brechkraft $D_{NL} = 1/f_{NL}$ sind zu bestimmen.

Beispiele für die Auslegung von Zwischenring und Nahlinse

Es steht ein Objektiv mit der Brennweite f' = 20mm und der minimalen Objektdistanz MOD = –600mm zur Verfügung. Welche Dicke d muss ein Zwischenring haben, damit sich die minimale Objektdistanz auf MOD_{ZR} = –350mm verringert? Nach der Formel aus Tabelle 19.4 berechnet sich die Hilfsgröße zu b = 20,6897mm, so dass wir für die Zwischenringdicke d = 0,522mm erhalten.

Tabelle 19.4. Formeln für die Berechnung der minimalen Objektdistanz mit Zwischenring MOD_{ZR} und Nahlinse MOD_{NL}

Abbildungsparameter	Formel für Zwischenring
Minimale Objektdistanz mit Zwischenring der Dicke d. MOD ist der minimale Objektabstand des Objektivs. MOD, MOD_{ZR} und MOD_{NL} sind negative Größen.	$d = \dfrac{f' \cdot MOD_{ZR}}{MOD_{ZR} + f'} - b$ mit $b = \dfrac{f' \cdot MOD}{MOD + f'}$

Abbildungsparameter	Formel für Nahlinsen
MOD mit Nahlinse der Brechkraft D_{NL}. D_{NL} in Dioptrie (dpt), wenn die Angaben für MOD und MOD_{NL} in Meter gemacht werden.	$D_{NL} = \dfrac{1}{MOD} - \dfrac{1}{MOD_{NL}}$

Es sei ein Objektiv mit einer minimalen Objektdistanz von MOD = −1000mm gegeben. Für eine Applikation wird jedoch ein minimaler Objektabstand von −500mm verlangt. Wie groß ist die Brechkraft der Nahlinse zu wählen?
Da wir die Größen in Meter eingeben müssen gilt:

$$D_{NL} = (-1m)^{-1} - (-0,5m)^{-1} = 1dpt.$$

Die Nahlinse muss die Brechkraft $D_{NL} = 1dpt$ besitzen. Beim Einsatz von Zwischenringen oder Nahlinsen ist zu berücksichtigen, dass sich die Abbildungsqualität des Objektivs etwas verschlechtert.

19.5 Telezentrische Objektive

Einige Aufgaben der Messtechnik lassen sich nur mit speziellen Objektiven zufriedenstellend lösen. Hierzu gehören die Vermessung räumlicher Objekte, Werkstücke etwa, die Abbildung sehr kleiner Gegenstände, wie z.B. Bauteile der Mikromechanik und die Bilderfassung schwer zugänglicher Objektstellen, wie beispielsweise bei einer Bohrlochinspektion. Hier wollen wir uns auf die für die Messtechnik besonders wichtigen telezentrische Objektive beschränken.

Durch die räumliche Ausdehnung der Objekte ist die Gegenstandsweite a von der Lage des Objektpunktes abhängig, so dass bei normalen Objektiven näher gelegene Stellen mit einem größeren Abbildungsmaßstab erfasst werden als weiter entfernte. Dadurch kommt es zu Verzerrungen, die eine präzise Messtechnik unmöglich machen. In solchen Fällen empfiehlt sich der Einsatz eines sog. telezentrischen Objektivs, dessen Abbildungsmaßstab von der Gegenstandsweite a unabhängig ist. In Abb. 19.3 ist der Strahlengang eines normalen Objektivs dem eines telezentrischen gegenübergestellt.

Aufgrund der speziellen Strahlführung bei telezentrischen Objektiven kann das Objektfeld nie größer als die Objektivfrontlinse (genauer: die Eintrittspupille des Objektivs) sein. Beim Einsatz derartiger Optiken sind außerdem die lange Bauform und das relativ hohe Gewicht mit zu berücksichtigen.

19.6 Bildentstehung bei Zeilenkameras

Die Art der Abbildung ist bei Zeilenkameras parallel und senkrecht zum Sensor unterschiedlich. Während sie parallel zur Zeilenrichtung wie üblich mit dem Abbildungsmaßstab β' erfolgt (Abb. 19.4a), ist ihr Abbildungsmaßstab senkrecht dazu nicht vom Objektabstand a, sondern nur von der Vorschubgeschwindigkeit v des Objektes und der Zeilenauslesefrequenz $f = 1/T$ abhängig.

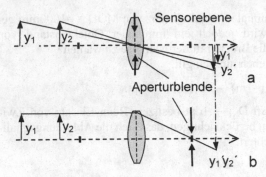

Abb. 19.3a. Abbildung mit normalem Objektiv und **b** mit telezentrischem Objektiv

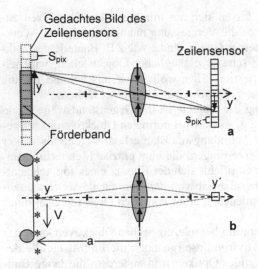

Abb. 19.4. Unterschiedliche Abbildung bei einem Zeilensensor längs und quer zur Zeilenrichtung. **a** Abbildung parallel zur Zeile, **b** senkrecht zur Zeile

Mit diesen Größen berechnet sich der Verschiebeweg S des Objekts während der Zeilenbelichtungszeit T zu

$$S = \frac{v}{f} = v \cdot T \,. \tag{19.5}$$

Eine verzerrungsfreie Abbildung liegt vor, wenn die auf das Objekt projiziert gedachte Pixelbreite $S_{pix} = s_{pix}/|\beta'|$ exakt dem Verschiebeweg S entspricht, d.h. die Bedingung

$$S_{pix} = \frac{s_{pix}}{|\beta'|} = \frac{v}{f} \tag{19.6}$$

eingehalten wird. Dabei hat s_{pix} die Bedeutung der Pixelbreite des Sensors (Abb. 19.4a). Siehe hierzu auch Aufgabe 19.7.

19.7 Aufgaben

Aufgabe 19.1. Es soll ein Objektiv für eine 1/2″-CCD-Kamera ausgewählt werden. Die zugrunde liegende Messaufgabe verlangt eine Objektweite $a = -1000mm$ und ein Objektfeld $2 \cdot y = 200mm$. Welche Brennweite sollte das Objektiv besitzen?

Aufgabe 19.2. Für die Messaufgabe steht eine 2/3″-CCD-Kamera mit einem Objektiv der Brennweite $f' = 44mm$ zur Verfügung. Die Größe des zu vermessenden Objektes beträgt 200mm. Wie groß ist die Objektweite a dafür zu wählen?

Aufgabe 19.3. Eine 1/2″-CCD-Kamera ist mit einem Objektiv der Brennweite $f' = 10mm$ ausgerüstet. Die Objektweite sei vorgegeben und betrage $a = -1500mm$. Wie groß darf das Objekt dann höchstens sein, damit es von der Kamera noch ganz erfasst werden kann?

Aufgabe 19.4. Gegeben sei ein Objektiv der Brennweite $f' = 20mm$. Die minimale Objektdistanz betrage $MOD = -450mm$.
Wie groß muss die Dicke d eines Zwischenringes sein, damit die minimale Objektdistanz $MOD_{ZR} = -200mm$ beträgt?

Aufgabe 19.5. Die minimale Objektdistanz betrage $MOD = -800mm$. Wie groß muss die Brechkraft einer Nahlinse sein, damit die minimale Objektdistanz $MOD_{NL} = -350mm$ beträgt?

Aufgabe 19.6. Es soll die Brennweite f' eines unbekannten Objektivs bestimmt werden. Dazu wird es an eine CCD-Kamera geschraubt, deren Pixelgröße $11 \times 11 \ \mu m^2$ beträgt. Bei einer Gegenstandsweite $a = -1000mm$ wird ein Maßstab angeordnet. Wir stellen fest, dass 1 cm auf dem Maßstab 18 Pixel auf dem Kamerachip entsprechen.

Aufgabe 19.7. Aufgabe zur Zeilenkamera: Gegeben sei die Pixelbreite einer Zeilenkamera von $s_{pix} = 14 \mu m$, die Objektivbrennweite $f'_{Obj} = 50mm$, die Objektweite $a = -1m$ sowie die Objektgeschwindigkeit $v = 300mm/s$. Wie groß muss die Zeilenauslesefrequenz f gewählt werden, damit wir eine verzerrungsfreie Abbildung erhalten?

20. Bildsensoren

Für die Bildverarbeitung werden oft Flächen- und Zeilenkameras eingesetzt, die fast ausschließlich mit Halbleitersensoren bestückt sind. Halbleitersensoren haben kleine Abmessungen, besitzen eine hohe Empfindlichkeit, können schnell ausgelesen werden, sind sehr robust und zudem kostengünstig. Ihr Empfindlichkeitsbereich erstreckt sich vom nahen UV (ultravioletter Spektralbereich ab ca. 350nm) bis hin ins nahe IR (infraroter Spektralbereich bis ca. 1000nm). Meist wird die Kameraempfindlichkeit mit einem Filter auf das sichtbare Wellenlängenintervall, also von 350nm bis 750nm, eingeschränkt. Dadurch wird die menschliche Augenempfindlichkeitskurve (Abschn. 18.4) nachgeahmt und eine Anpassung des Spektralbereichs an die chromatische Korrektion von Standardobjektiven vorgenommen. Neben den Standardkameras gibt es spezielle Bildsensoren für ausgefallene Anwendungen. Hierzu gehören z.B. Bildverstärkerkameras für geringe Beleuchtungsstärken, Bildwandlerkameras für besondere Spektralbereiche, Wärmebildkameras und sogar Miniaturkameras, die z.B. für Darmspiegelungen eingesetzt werden. Diese Pill-Size-Videokameras sind mit kleinen Sendern ausgestattet, welche die Bildsignale direkt aus dem Körperinneren senden. In Kap. 20 beschäftigen wir uns mit den für die BV wichtigen Flächen- und Zeilenkameras [14].

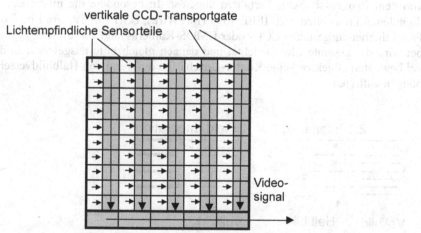

Abb. 20.1. Interline Transfer-CCD

20.1 Eigenschaftes von Flächen-CCD-Kameras

Interline-Transfer CCD

In den Halbleiter-Kameras werden meistens Interline-Transfer-CCD (CCD steht für charged coupled device) eingesetzt. Lichtempfindliche und -unempfindliche Pixelreihen wechseln sich einander ab, wobei die lichtunempfindlichen CCD für den Transport der Bildinformationen zuständig sind (Transfergates in Abb. 20.1).

Nach jeder Belichtung werden die elektrischen Ladungen, welche das Maß für die aufgetroffene Lichtmenge sind, in die vertikalen Transportgates verschoben und von dort weiter über das horizontale Ausleseregister zum Signalausgang des Chips geführt.

Auslesearten von CCD-Kameras

CCD-Kameras werden zeilenförmig ausgelesen. Bei dem **2:1 Interlaced**-Verfahren (Standardvideoformat, welches das Bildflackern vermeiden soll) werden im Wechsel die Zeilen mit ungeraden Zeilennummern im 1. Halbbild und diejenigen mit geraden Zeilennummern im 2. Halbbild dargestellt (Abb.20.2a). Daneben gibt es das **Noninterlaced**-Verfahren. Hierbei wird immer nur eine Zeilenart (mit gerader oder ungerader Zeilennummer) im 1. Halbbild zur Darstellung gebracht. Das 2. Halbbild entspricht dabei dem ersten.

Beim noninterlaced Betrieb wird die Hälfte der Bildinformation nicht genutzt. Dieser Nachteil wird durch die **Field Integration** Methode teilweise überwunden. Hierbei werden immer zwei benachbarte Zeilen zu einer neuen zusammengefasst (Abb. 20.2b).

Die bisher genannten Ausleseverfahren haben Nachteile und werden deshalb von dem **Progressiv-Scan**-Verfahren abgelöst. Insbesondere die modernen, mit digitalen Schnittstellen nach IEEE 1394 (FireWire), USB 2.0, Camera Link® oder Fast Ethernet ausgestatten CCD- oder CMOS-Kameras sind von diesem Typ. Dabei wird der gesamte Chip belichtet und danach gleichzeitig ausgelesen, so dass bei bewegten Objekten keine Kontur-Unschärfen aufgrund von Halbbildverschiebungen auftreten.

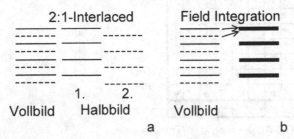

Abb. 20.2. Ausleseverfahren von Videokameras. **a** 2:1-Interlaced, **b** Field Integration

Synchronisationsarten

Die interne Synchronisation (z.B. für die Ladungsverschiebungen in den Transportregistern der CCD-Kamera) wird von der Kameraelektronik durchgeführt. Bei der externen Synchronisation (z.B. Auslösen der Kamera, wenn eine Lichtschranke die Existenz eines bewegten Objektes im Bildfeld signalisiert) übernehmen von außen zugeschaltete Geräte wie beispielsweise weitere Kameras, Lichtschranken, Blitzgeräte etc. diese Aufgabe. Einige Kameras akzeptieren die horizontale und vertikale Synchronisation mit TTL-Impulsen. Im Laborjargon spricht man in dem Zusammenhang von HD- und VD-Sync. Impulsen (englisch: horizontal deflection und vertical deflection).

Restart/Reset

Kameras mit derartigem Eingang sind für die Einzelbildausgabe geeignet.

Interne Signalaufbereitung

Hierzu gehört die sog. Gammakorrektur, die die Beleuchtungsstärke E standardmäßig nicht linear, sondern in Form einer Potenzfunktion in Grauwerte G umwandelt. Üblicherweise besteht der Zusammenhang

$$G \sim E^{\gamma}. \tag{20.1}$$

Standardmäßig wird $\gamma = 0,45$ gesetzt. Dic Kameras können aber auch oft auf $\gamma = 1$ umgestellt werden. Der letztere Wert ist für die quantitative Bildverarbeitung in Hinblick auf densitometrische (d.h. die Intensität messende) Anwendungen zu wählen (Abb. 20.3a).

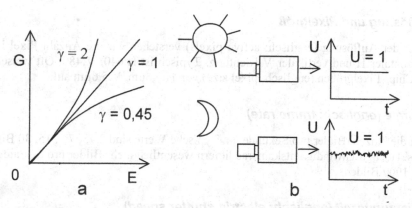

Abb. 20.3a. LUT für verschiedene Gamma-Korrekturen. **b** Auswirkung des Automatic Gain Control (AGC) für zwei unterschiedliche Beleuchtungszustände. Im Falle geringer Lichtintensitäten wird die Verstärkung so angehoben, dass das Ausgangssignal wieder um 1V schwankt

Automatic Gain Control (AGC)

Hierbei stellt sich die Kamera auf die wechselnden Lichtverhältnisse selbst ein, so dass das Ausgangssignal stets um einen festen Mittelwert schwankt (Abb. 20.3b). Da das AGC manchmal störend sein kann, lässt es sich abschalten.

IR-Filter

Wie bereits in Verbindung mit der Beleuchtung (Abschn. 18.2.3) erwähnt, werden CCD-Kameras oft mit IR-Filtern versehen, damit die spektrale Chipempfindlichkeit derjenigen des Auges entspricht. Ohne IR-Filter erstreckt sich die relative Empfindlichkeit eines typischen CCD-Sensors von ca. 350nm bis 1000nm (Abb. 18.12). Mit IR-Filter reduziert sich der Bereich auf 350nm bis 750nm.

Kameraschnittstellen zum Rechner

Ältere oder Sonderkameras benötigen für die Bilddatenübertragung zum Rechner eine spezielle Schnittstellenkarte, die im Fachjargon Frame-Grabber genannt wird. Die modernen Kameras liefern bereits digitalisierte Bilddaten, so dass der Datentransfer über eine Schnittstelle nach IEEE 1394 (sog. FireWire-Schnittstelle), USB 2.0, Camera Link® oder Fast Ethernet erfolgt. Die Entwicklungen auf diesem Gebiet gehen zügig voran.

20.2 Leistungsdaten von CCD-Kameras

Die Bedeutung einiger Leistungsdaten von s/w- oder Farbkameras sind nicht generell bekannt, so dass sie erklärt werden müssen.

Auflösung und Pixelgröße

Unter der Auflösung (englisch: active pixels) verstehen wir die Anzahl Pixel in horizontaler H und vertikaler V Richtung. Typisch ist H:640, V:480. Oft weisen die Chips Pixelgrößen (englisch: pixel size) von H:5,6µm, V:5,6µm auf.

Bildrate (englisch: frame rate)

Gibt die Anzahl Bilder pro Sekunde an. Typische Werte sind 3,75, 7,5, 15, 30 Bilder/s. Hochgeschwindigkeitskameras liefern wesentlich mehr Bilder pro Sekunde, z.B. 1000 Bilder/s.

Belichtungszeit (englisch: electric shutter speed)

Ist die von der Elektronik ausgeführte Verschlusszeit der Kamera, die zur Vermeidung von Bewegungsunschärfe und Übersteuerung eingestellt werden kann. Typische Werte gehen von 1/30s bis hin zu 1/3300s. Hochleistungskameras weisen sogar Werte bis 1/50000s und mehr auf. Wie aus der Fotografie her bekannt, verlangen kurze Belichtungszeiten hohe Beleuchtungsstärken.

Empfindlichkeit (englisch: minimum sensitivity)

Als Maß für die Lichtempfindlichkeit einer Kamera wird oft die Beleuchtungsstärke E (in Lux) angegeben, die für ein rauscharmes Bildsignal bei Blendenzahl k = 1,4 mit AGC, ohne IR-Filter und mit ausgeschaltetem elektronischen Verschluss benötigt wird.

Farb-CCD-Kameras

Es gibt drei Sorten von Farb-CCD-Kameras. Wie der Name sagt, besteht die Sensorik einer Drei-Chip-Kamera aus drei CCD-Chips, so dass für jeden der drei Farbauszüge R, G und B ein CCD-Array zur Verfügung steht (Abb. 20.4a). Hierdurch ist die volle räumliche Auflösung für alle drei Farbwerte gegeben. Nicht so hochwertige Farbkameras haben CCD-Sensoren mit Streifen- oder Mosaikfilter für die Komplementärfarben Rot, Grün und Blau bzw. Zyan, Gelb und Magenta. (Abb. 20.4b bzw. 20.4c). Nachteilig kann sich bei den Streifenfilter-Farbkameras die Rechteckform der Pixel auswirken. Beide Farbkameratypen haben eine im Vergleich zur Drei-Chip-Kamera geringere Ortsauflösung.

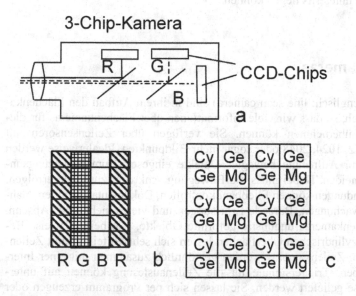

Abb. 20.4a. 3-Chip-Farbkamera, **b** Streifenfilter-CCD-Array, **c** Mosaik-Filter-CCD. Cy: Zyan, Ge: Gelb, Mg: Magenta

CMOS-Bildsensoren

Neben den in der BV etablierten CCD-Kameras werden für extremere Anwendungen CMOS-Kameras angeboten. Sie zeichnen sich gegenüber den CCD-Bildsensoren auf einigen Gebieten durch erhöhte Leistungsmerkmale aus. Hierzu gehört eine weitaus höhere Helligkeitsdynamik, die im Fall der CCD-Kameras mit typisch 50dB und für CMOS-Sensoren mit bis zu 120dB angegeben werden. Die Helligkeitsdynamik stellt das logarithmische Maß für die Graustufenauflösung eines Sensors dar. Werden von einer Kamera S_N Graustufen aufgelöst, so berechnet sich ihre Grauwertdynamik S_N^* zu

$$S_N^* = 20dB \cdot \log_{10}(S_N) \, . \tag{20.2}$$

Umgekehrt erhalten wir aus S_N^* die Zahl der auflösbaren Graustufen, indem wir

$$S_N = 10^{\frac{S_N^*}{20dB}} \tag{20.3}$$

setzen. Für typische CCD-Sensoren erhalten wir nach Herstellerangaben $S_N{=}316$ und mit der CMOS-Technologie bis zu $S_N{=}10^6$ unterscheidbare Graustufen. Weitere Vorteile von CMOS-Sensoren gegenüber CCD-Sensoren sind ihr geringerer Leistungsverbrauch, kein Blooming, d.h. Überlaufen der Ladungen übersteuerter Bildpunkten in Nachbarbildpunkte, geringere Ausleseverluste und eine hohe Unempfindlichkeit gegenüber Temperatureinflüssen. So können CMOS-Kameras bis 125°C und CCD-Kameras nur bis 50°C sinnvoll eingesetzt werden. Schließlich sind noch die sehr kurzen Verschlusszeiten (Shutterzeiten) von CMOS-Sensoren zu erwähnen, die unter 1µs liegen können.

20.3 Zeilenkameras

Zeilenkameras (englisch: line scan camera) sind in ihrem Aufbau den Flächenkameras sehr ähnlich, so dass wir viele Informationen über Flächenkameras für diesen Kameratyp übernehmen können. Sie verfügen über Zeilensensoren mit N = 128, 256, 512, 1024, 2048 oder sogar mehr Bildpunkten. Idealerweise werden Zeilenkameras zur Aufnahme bewegter Objekte eingesetzt, um Bewegungsunschärfen zu vermeiden. Dabei muss die Bewegung senkrecht zur Zeile erfolgen. Derartige Anwendungen können Fließbandkontrollen, Dokumentaufnahmen, Nahrungsmittelüberwachungen, Barcode-Erfassungen und vieles mehr sein (Abschn. 19.6). Für Flächenkameras ungünstig geformte Objekte, wie beispielsweise Bedruckungen auf zylindrischen Oberflächen lassen sich sehr vorteilhaft mit Zeilenkameras erfassen. Zeilenkameras werden gewöhnlich zusammen mit einer Interfacekarte betrieben. Triggersignale für die Zeilenauslesung können auf unterschiedliche Weise geliefert werden. Sie lassen sich per Programm erzeugen oder von externen Quellen (Längen- oder Winkelschrittgeber, Blitzlicht, Lichtschranke etc.) generieren. In unkritischen Fällen kann die Zeilenkamera auch freilaufend,

also nur mit dem Zeilentakt der Kamera, getriggert werden. Das Video-Aus-
gangssignal ist bei moderneren Ausführungen oft nach dem Camera Link® Standard genormt, so dass es dann in digitaler Form vorliegt. Bezüglich der Bildentstehung bei Zeilenkameras sei auf Abschn. 19.6 verwiesen.

Arten der Signalverarbeitung von Zeilenkameras

Die zeilenweise Verarbeitung stellt die einfachste Art der Signalauswertung dar.
Sie ist mit einer intelligenten Lichtschranke vergleichbar. Bei einem weitergehen-
den Verarbeitungsmodus werden eine bestimmte Anzahl Zeilen zu einem Bild zusammengefasst, das dann auf übliche Weise verarbeitet werden kann. Die Auslösung der Bildaufnahme erfolgt über ein Triggersignal, z.B. von einer Lichtschranke. Die technologisch aufwendigste Art stellt die kontinuierliche Verarbeitung dar.
Hierbei wird ein mit der Zeilenfrequenz durchlaufendes Bild vorgegebener Größe
generiert, indem die älteste Zeile am Bildende entfernt und die aktuell erfasste
Zeile am Bildanfang angefügt wird. Die Verarbeitung derartiger Bilder verlangt
eine extrem hohe Geschwindigkeit und lässt sich derzeit nur mit Parallelrechnern
bewerkstelligen. Hierdurch entstehen sehr kostenintensive Problemlösungen, die
ihre Anwendungen in der Stahl- und Textilindustrie finden. Also dort, wo band-
förmige Produkte hoher Qualität hergestellt werden, die einer ständigen Qualitäts-
kontrolle bedürfen.

20.4 Bildverarbeitungssysteme mit mehreren Kameras

Das Ziel einer jeden Projektplanung muss die Auswahl von Komponenten unter
Kosten-Nutzen-Gesichtspunkten sein. In der Tabelle 20.1 sind in der linken Spalte
Anforderungsstufen von 1 bis 4 aufgeführt, die in der folgenden Spalte „Aufgaben" definiert und in der dritten Spalte durch Beispiele beschrieben werden. Die
darauffolgenden Spalten enthalten den jeweils erforderlichen Bildaufnahmemo-
dus, die Kamera, den Framegrabber sowie die Kosten, die grob in gering (+), mittel (0) und hoch (–) abgestuft sind. Die folgenden Beschreibungen beziehen sich
auf die Tabelle 20.1 und führen die knappen Einträge näher aus. Aufgaben der
Stufe 1 liegen vornehmlich im Bereich Videoüberwachung, bei der die Kamera
kontinuierlich Bilder übermittelt. Ein einfacher Framegrabber mit analoger Kamera oder eine digitale Kamera mit einer Schnittstelle nach IEEE 1394 zum Rechner
erfüllen diese Aufgabe.

Die Erfassung stationärer oder auf einem langsam laufenden Fließband liegen-
der Objekte zählen wir zur Anforderungsstufe 2. Die Bilderfassung kann bei
stehenden Objekten manuell und bei bewegten durch eine Lichtschranke ausgelöst
werden (Abb.20.5). Die Bildübertragung dauert für ein Komplettbild im 2:1
Interlaced-Modus 40ms.

Anforderungen der Stufe 3 sind an Systeme zu stellen, mit denen schnell be-
wegte Objekte mit mehreren Kameras am selben Ort aus unterschiedlichen Per-
spektiven synchron aufgenommen werden (Abb. 20.6).

Tabelle 20.1. Auswahlkriterien für die Komponenten eines BV Systems

*) FIFO-Puffer (Abk. für first in first out) ist ein Speicher, bei dem das zuerst eingeschrie-

Anforderung	Aufgabe	Beispiel	Bildaufnahme-modus	Kamera **)	Framegrabber	Kosten ***)
1	Überwachungsaufgaben	Videoüberwachung, Positionskontrolle	permanent	il	ohne Bildspeicher	+
2	BV ohne zeitkritischer Bildaufnahme	Vermessung stehender oder sich langsam bewegender Objekte	Einzelbildaufnahme, Softwaretrigger	il	ohne Bildspeicher	+
3	BV mit zeitkritischer, synchroner Bildaufnahme	Gleichzeitige Bildaufnahme sich schnell bewegender Objekte von mehreren Kameraperspektiven aus, aber an gleicher Objektposition	Einzelbildaufnahme, Hardwaretrigger	psc oder nil	mit mehreren Eingängen; Bildspeicher für 1 Bild pro Kamera	0
4	BV mit zeitkritischer, asynchroner Bildaufnahme	Bildaufnahme sich schnell bewegender Objekte an unterschiedlichen Objektpositionen und bei unterschiedlichen Objektabständen	Einzelbildaufnahme, Hardwaretrigger	psc oder nil	mit asynchron triggerbaren Eingängen oder jeweils ein Framegrabber pro Kamera mit FIFO-Puffer*) für die Speicherung mehrerer Bilder bezüglich jeder Kamera	–

bene Bild den Speicher auch als erstes wieder verlässt. **) il: interlaced, nil: noninterlaced,, psc: Progressiv Scan. ***) +: gering, 0: mittel, –: hoch

Anwendungen finden derartige Systeme in der Qualitätssicherung von Produkten aus der Massenfertigung, etwa von Werkstücken mit Gewindebohrungen. Kamera 1 erfasst z.B. die Außenkontur des Werkstücks in Draufsicht, während Kamera 2 zum selben Zeitpunkt das Gewinde in Seitenansicht aufnimmt.

Rechner mit Framegrabber FG

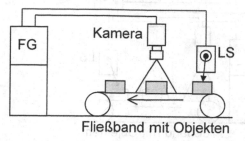

Fließband mit Objekten

Abb. 20.5. Erfassung langsam bewegter Objekte auf einem Fließband. Anwesenheitsprüfung mit Lichtschranke LS. LS-Signal generiert einen Softwaretrigger, da Anwendung nicht zeitkritisch

Rechner mit Framegrabber FG

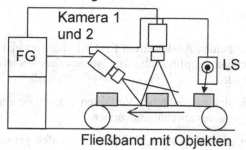

Fließband mit Objekten

Abb. 20.6. Erfassung schnell bewegter Objekt mit einem Mehrkamerasystem. Eine Anwesenheitsprüfung erfolgt mit Lichtschranke LS. Das LS-Signal generiert einen Hardwaretrigger, weil die Anwendung zeitkritisch ist

Die Bilddaten werden mit einem Framegrabber für mehrere Kameras aufgezeichnet. Außerdem sollte der Framegrabber über Bildspeicher für jede Kamera verfügen. Zur Vermeidung von Bewegungsunschärfen müssen Progressiv-Scan-Kameras verwendet werden, die über Hardwaretriggerung zu synchronisieren sind. Eine weitere Steigerung des Aufwands wird nötig, wenn das System Bilder von mehreren Kameras zu unterschiedlichen Zeiten und Orten, also asynchron, verarbeiten soll (Abb. 20.7). Die Schwierigkeit liegt bei solchen Anwendungen darin, dass die Bildauswertung eines Objektes noch nicht abgeschlossen ist, bevor die Aufnahme des nachfolgenden Objekts beginnt. Die Lösung dieses Problems stellt an die Hard- und Software hinsichtlich Speicherkapazität, Rechenleistung und Verarbeitungsgeschwindigkeit hohe Anforderungen, weshalb wir sie der Stufe 4 zurechnen.

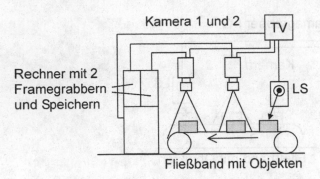

Abb. 20.7. Erfassung schnell bewegter Objekt an unterschiedlichen Orten mit einem asynchronen Mehrkamerasystem. Anwesenheitsprüfung mit Lichtschranke LS. LS-Signal generiert Hardwaretrigger, wobei für die Kameras entsprechend ihrer räumlichen Anordnung Triggerverzögerungen berücksichtigt werden müssen. Verzögerungszeiten werden vom Rechner in die Triggerverzögerungselektronik TV programmiert

20.5 Aufgaben

Aufgabe 20.1. Welche der beiden Auslesearten für CCD-Kameras ist gegenüber Bewegungsunschärfen weniger empfindlich, das Noninterlaced-Verfahren oder die Field-Integration-Methode?

Aufgabe 20.2. Denken Sie sich ein einfaches Verfahren aus, mit dem Sie die Helligkeitsdynamik Ihres BV-Systems abschätzen können.

Aufgabe 20.3. Wir haben ein BV-System, das 100 Graustufen getrennt auflöst. Wie groß ist die Helligkeitsdynamik S^*_N des Systems?

Anhang: Lösungen ausgewählter Probleme

Kapitel 4

Lösung zu Aufgabe 4.2

Wenn S die Speicherkapazität der Karte, B die Bilddaten, N die Anzahl der zu speichernden Bilder und x der gesuchte Faktor sind, so gilt:

$$N = \frac{S}{B \cdot x} \quad \text{oder} \quad x = \frac{S}{B \cdot N}.$$

Einsetzen der Werte S = 16 MB, B = 3,15 MB, N = 40 liefert x = 0,127. Die Kompressionsrate beträgt $1/x = 7,874 \approx 8$.

Lösung zu Aufgabe 4.3

Ist N durch n teilbar, so bleiben N/n Grauwerte übrig. Wenn N nicht durch n teilbar ist, so gibt es aber ein größtes $N^* < N$, das durch n teilbar ist. In diesem Fall bleiben $\frac{N^*}{n} + 1$ übrig.

Kapitel 5

Lösung zu Aufgabe 5.1

Die gesuchte Grauwertmatrix (Cooccurrencematrix) lautet:

$$C = \begin{pmatrix} 1 & 5 & 2 & 0 \\ 0 & 0 & 3 & 4 \\ 0 & 0 & 0 & 6 \\ 0 & 0 & 0 & 3 \end{pmatrix}$$

Kapitel 6

Lösung zu Aufgabe 6.1

Die Ergebnisse sind in der Tabelle A.1 aufgelistet

Tabelle A.1. Lösungen zu Aufgabe 6.1

Operand	Dezimalzahl	Binärzahl
A	190	10111110
B	220	11011100
C = A AND B	156	10011100
C^* = A OR B	254	11111110
NOT C^*	1	00000001
C^{**} = A XOR B	98	01100010
NOT C^{**}	157	10011101

Lösung zu Aufgabe 6.2

Die Maskenbilder (mit B bezeichnet) werden mit den Urbildern (mit A bezeichnet) über AND miteinander verknüpft:

$$C = A \text{ AND } B$$

$$C_{i,j} = \begin{cases} 0 & \text{für } B_{i,j} = 0 \\ A_{i,j} & \text{für } B_{i,j} = 255 \ . \end{cases}$$

Damit werden in C nur Bildbereiche aus A dargestellt, die im Maskenbild den Wert 255 haben.

Kapitel 7

Lösung zu Aufgabe 7.1

Da h = h1*h2 aus einer Faltung hervorgeht, sollte der Gauß-Operator um zwei Randpunkte erweitert werden.

$$h1 = \begin{pmatrix} 0 & 0 & 0 & 0 & 0 & 0 & 0 \\ 0 & 0 & 0 & 0 & 0 & 0 & 0 \\ 0 & 0 & 1 & 2 & 1 & 0 & 0 \\ 0 & 0 & 2 & 4 & 2 & 0 & 0 \\ 0 & 0 & 1 & 2 & 1 & 0 & 0 \\ 0 & 0 & 0 & 0 & 0 & 0 & 0 \\ 0 & 0 & 0 & 0 & 0 & 0 & 0 \end{pmatrix}$$

Zusammen mit h2 aus Gl. (7.7) und nach Abzug von 255 ergibt sich:

$$h = h1 * h2 = \begin{pmatrix} -1 & -2 & 0 & 2 & 1 \\ -4 & -8 & 0 & 8 & 4 \\ -6 & -12 & 0 & 12 & 6 \\ -4 & -8 & 0 & 4 & 8 \\ -1 & -2 & 0 & 2 & 1 \end{pmatrix}$$

Lösung zu Aufgabe 7.3

Das dyadische Produkt können wir in Tabellenform (Tabelle A.2) schreiben. Dabei geben die erste Spalte den Vektor $\vec{a}$ und die oberste Zeile den Vektor $\vec{b}$ an.

Tabelle A.2. Lösung zu Aufgabe 7.3

	1	7	21	35	21	7	1
1	1	7	21	35	21	7	1
4	4	28	84	140	84	28	4
6	6	42	126	210	126	42	6
4	4	28	84	140	84	28	4
1	1	7	21	35	21	7	1

Kapitel 9

Lösung zu Aufgabe 9.1

Die lokale Varianz ist in Gl. (8.3) definiert. Damit erhalten wir das Mittelwertbild m_G (Tabelle A.3) und das LV-Bild Q (Tabelle A.4).

Tabelle A.3. Mittelwertbild m_G

	1/3	7/9
	7/9	11/9

Tabelle A.4. LV-Bild Q

	1,33	1,74
	1,74	2,06

Lösung zu Aufgabe 9.2

Die Relation liefert hohe CM-Einträge in der Diagonalen (Tabelle A.5), wenn gleiche Grauwerte diagonal von links unten nach rechts oben verlaufen (Abb. 9.22a). In Abb. 9.22b ist die Vorzugsrichtung gleicher Grauwerte von rechts unten nach links oben, so dass nun die Relation zu niedrigen Werten auf der Matrixdiagonalen führt (Tabelle A.6).

Tabelle A.5. CM für Abb. 9.22a

		n →		
		0	1	2
m	0	9	0	0
↓	1	0	14	0
	2	1	0	10

Tabelle A.6. CM für Abb. 9.22b

		n →		
		0	1	2
m	0	2	7	4
↓	1	11	1	2
	2	1	7	0

Lösung zu Aufgabe 9.4

Der Kosinusfunktion entnehmen wir u/Z = 0,05 und v/S = 0,04.

a)   Mit Z = 200 und S = 600 folgt u = 0,05·200 = 10 und v = 0,04·600 = 24.
     An der Stelle (10, 24) befindet sich im Fourierbild A der Grauwert
     $A_{10,25}$ = 20.

b)   Aus Gl. (9.4) folgt für die Gitterkonstante

$$g = \frac{1}{\sqrt{\left(\frac{u}{Z}\right)^2 + \left(\frac{v}{S}\right)^2}} = \frac{1}{\sqrt{0,05^2 + 0,04^2}} = 15,62 \text{ pixel}.$$

Lösung zu Aufgabe 9.5

Für den Beweis reicht es, die Identität für einen Summanden nachzuweisen. Mit
den Abkürzungen

$$\alpha = 2\pi \cdot (\frac{i \cdot u}{Z} + \frac{j \cdot v}{S}), \ A_{u,v} = a, \ B_{u,v} = b \text{ und}$$

$$\underline{C} = \underline{A}_{u,v} = a - \underline{i} \cdot b$$

folgt

$$\begin{aligned}
\text{Re}\{\underline{C} \cdot e^{i \cdot \alpha}\} &= \text{Re}\{(a - \underline{i} \cdot b) \cdot (\cos(\alpha) + \underline{i} \cdot \sin(\alpha))\} \\
&= \text{Re}\{(a \cdot \cos(\alpha) + \underline{i} \cdot a \cdot \sin(\alpha) - \underline{i} \cdot b \cdot \cos(\alpha) + b \cdot \sin(\alpha))\} \\
&= a \cdot \cos(\alpha) + b \cdot \sin(\alpha),
\end{aligned}$$

was zu beweisen war.

Kapitel 10

Lösung zu Aufgabe 10.1

Bei der Shadingkorrektur C = A/B gehen wir von der Annahme aus, dass das Bild
A durch das Produkt aus einer vom Shading unabhängigen Objektfunktion C, der
Objektreflexion, und einer inhomogenen Lichtverteilung B gegeben ist, die unabhängig von A ermittelt werden muss. Die Qualität der Korrektur ist durch eine
Tiefpassfilterung von B wesentlich zu steigern. An den Stellen kleiner Grauwerte
von B wird das Bild A hoch verstärkt, so dass dort das Bildrauschen stark hervor
tritt.

Lösung zu Aufgabe 10.2

Bei einer Hintergrundbeleuchtung opaker Objekte oder bei jeglicher Art Hintergrundbeleuchtung teiltransparenter Objekte sollte eine Shadingkorrektur durchgeführt werden. Im Falle einer gerichteten, d.h. telezentrischen Hintergrundbeleuchtung ist eine Shadingkorrektur nicht nötig, weil sich die Objektkonturen scharf
vom Hintergrund abheben (siehe Abb. 18.21a und b).

Lösung zu Aufgabe 10.3

Durch die Ableitung des Bildes A = C·B (d.h. A(x, y) = C(x, y)·B(x, y)) wird der sich nur sehr langsam verändernde inhomogene Bildhintergrund B beseitigt. Nach der Produktregel gilt für die Ableitung nach x

$$\frac{\partial A(x,y)}{\partial x} = \frac{\partial C(x,y)}{\partial x} \cdot B(x,y) + C(x,y) \cdot \frac{\partial B(x,y)}{\partial x} \approx \frac{\partial C(x,y)}{\partial x} \cdot B(x,y),$$

so dass die Ableitung von C(x, y) mit dem Faktor B(x, y) gewichtet wird.

Lösung zu Aufgabe 10.4

Dieser Fall tritt z.B. bei der Abbildung gekrümmter Flächen, etwa von Dosen, auf (Abb. 10.8a).

Kapitel 11

Lösung zu Aufgabe 11.2

Nach der ersten Erosion fallen 101 Teilchen weg, so dass für die Flächen A der restlichen Teilchen $A > \pi \cdot [2 \cdot n]^2$ gilt. Allgemein bleiben nach der m-ten Erosion alle Teilchen mit Flächen $A > \pi \cdot [2 \cdot m \cdot n]^2$ übrig. Es kann nun die Tabelle A.7 aufgestellt werden, aus der sich leicht die zugehörigen Histogramme erstellen lassen. Wir erkennen, dass diese Flächenfilterung nicht linear erfolgt.

Tabelle A.7. Verteilungstafel zu Aufgabe 11.2

Anzahl Erosionen m	Anzahl Teilchen mit $\pi \cdot [2 \cdot (m-1) \cdot n]^2 \le A < \pi \cdot [2 \cdot m \cdot n]^2$	Kumulierte Anzahl Teilchen mit $A < \pi \cdot [2 \cdot m \cdot n]^2$
1	101	101
2	26	127
3	31	158
4	14	172
5	14	186
6	9	195
7	5	200

Kapitel 12

Lösung zu Aufgabe 12.1

Es gilt ganz allgemein, dass das Skalarprodukt zweier Vektoren $\vec{a}$ und $\vec{b}$ dann am größten ist, wenn die Vektoren parallel zueinander stehen und demzufolge linear abhängig sind. Vergleichbare Werte erhalten wir aber nur dann, wenn die Vektoren auf Länge 1 normiert sind. Es entsteht der aus der Statistik bekannte Korrelationskoeffizient

$$\rho = \frac{\vec{a} \cdot \vec{b}}{|\vec{a}| \cdot |\vec{b}|}$$

Kapitel 14

Lösung zu Aufgabe 14.1

Wir ordnen den Objekten unterschiedliche Merkmale zu, die gewöhnlich in einem m-dimensionalen Merkmalsvektor zusammengefasst sind. Als Merkmalsraum bezeichnen wir dann den m-dimensionalen Euklidischen Raum aller Merkmalsvektoren. Dabei repräsentiert jede Koordinate ein Merkmal für das eine Ordnungsrelation gilt, d.h. es muss immer entschieden werden können, dass ein Merkmalswert kleiner, gleich oder größer als ein anderer Merkmalswert ist.

Lösung zu Aufgabe 14.2

Das Verfahren ist dann anwendbar, wenn die zu klassifizierenden Objekte in ihrer Form wenig variieren und daher geeignete Templates existieren.

Kapitel 15

Lösung zu Aufgabe 15.2

$\beta = y'/y = d/(d-z)$

Lösung zu Aufgabe 15.3

$$\vec{b}' = \vec{v} \cdot \frac{\vec{n} \cdot (\vec{a} - \vec{b})}{\vec{n} \cdot \vec{v}} + \vec{b}$$

Kapitel 16

Lösung zu Aufgabe 16.1

Bei der Segmentierung nach Farbe.

Lösung zu Aufgabe 16.2

Im HIS-Farbmodell durch eine geeignete Verschiebung der H-Werte (Hue-Offset, Abschn. 16.4.1).

Lösung zu Aufgabe 16.3

Bei der Suche nach Orten gleicher Farbe (color location) wird in einem Bild nach allen Stellen gesucht, welche die gleiche Farbe wie das Template haben, während beim Farbvergleich die Farbe eines Objekts mit der Farbe des Templates verglichen wird.

Lösung zu Aufgabe 16.4

Wenn das Farbtemplate mit einem Farbstandard, der sich dicht neben dem Objekt befinden muss, für jeden Farbvergleich neu aufgenommen wird.

Lösung zu Aufgabe 16.5

Durch die Entwicklung der Bestrahlungsstärke $E(\lambda)$ nach einfachen Funktionen (z.B. Polynomen) gemäß Gl. (16.27).

Lösung zu Aufgabe 16.7

Weil es mehr unterscheidbare Farben (z.B. 3x 8Bit) als Grauwerte (8Bit) im Bild gibt.

Lösung zu Aufgabe 16.8

Weil für einen Weißabgleich die Polynomenentwicklung nur für glatte Lampenspektren geeignet ist.

Kapitel 18

Lösung zu Aufgabe 18.1

$\lambda = 555\text{nm}$

Kapitel 19

Lösung zu Aufgabe 19.1

Die Objektbrennweite sollte den Wert $f = 38,5\text{mm}$ haben.

Lösung zu Aufgabe 19.2

Die Objektweite muss $a = -1,377\text{m}$ betragen.

Lösung zu Aufgabe 19.3

Das Objekt darf höchstens 0,715m groß sein.

Lösung zu Aufgabe 19.4

Die Zwischenringdicke muss $d = 1,29\text{mm}$ betragen.

Lösung zu Aufgabe 19.5

Die Brechkraft der Nahlinse muss $D_{NL} = 1,6\text{dpt}$ betragen.

Lösung zu Aufgabe 19.6

Die Brennweite des unbekannten Objektivs beträgt $f' = 19,42mm$.

Lösung zu Aufgabe 19.7

Der Tabelle 19.2 entnehmen wir die Formel für die Objektweite a und erhalten daraus nach Umformung $\beta' = f'/(a+f')$. Einsetzen in Gleichung (19.5) liefert für die Zeilenauslesefrequenz $f = 1128kHz$.

Kapitel 20

Lösung zu Aufgabe 20.1

Das Noninterlaced-Verfahren

Lösung zu Aufgabe 20.2

Aufnahme einer möglichst homogen beleuchteten weißen Fläche und Bestimmung der Peakbreite ΔG an der halben Peakhöhe (Halbwertsbreite) im Grauwerthistogramm. Die Grauwertdynamik berechnet sich dann aus $S_N = N / \Delta G$, wobei N die Anzahl Grauwerte darstellt, die mit N = 256 für 8 Bit Quantisierung anzunehmen ist.

Lösung zu Aufgabe 20.3

Die Helligkeitsdynamik beträgt $S^*_N = 20$ dB$\cdot\log_{10}(100) = 40$.

Literatur

1. Abmayr W (1994) Einführung in die digitale Bildverarbeitung. B.G. Teubner, Stuttgart
2. Ahlers RJ (1995) Bildverarbeitung '95. Symposium. Technische Akademie Esslingen
3. Ahlers RJ (1996) Das Handbuch der Bildverarbeitung. Expert Verlag
4. Bartsch HJ.(2001) Taschenbuch Mathematischer Formeln. Fachbuchverlag, Leipzig
5. Bässmann H, Besslich PW (1989) Konturorientierte Verfahren in der digitalen Bildverarbeitung. Springer, Berlin Heidelberg New York
6. Bässmann H, Kreyss J (1998) Bildverarbeitung Ad Oculus. Springer, Berlin Heidelberg New York
7. Berger-Schunn A (1994) Praktische Farbmessung. Muster-Schmidt, Göttingen, Zürich
8. Besslich PW.,Tian L (1990) Diskrete Orthogonaltransformationen. Springer, Berlin Heidelberg New York
9. Billmeyer J, Salzman M (1981) Principles of Color Technology. John Wiley, Chichester, New York, Weinheim
10. Bracewell RN (1985)The Fourier Transform and its Applications. Mc. Graw-Hill, New York London Tokyo
11. Christoph G, Hackel H (2002) Starthilfe Stochastik. Teubner, Stuttgart
12. Cooley JM, Tukey JW (1965) An algorithm for the machine calculation of complex Fourier series. Math. Comp. 19: 297-301
13. Davidoff J (1991) Cognition Through Color. The MIT Press
14. Demant C, Streicher-Abel B, Waszkewitz P (1998) Industrielle Bildverarbeitung. Wie optische Qualitätsverarbeitung wirklich funktioniert. Springer, Berlin Heidelberg New York
15. Ernst H (1991) Einführung in die digitale Bildverarbeitung - Grundlagen und industrieller Einsatz mit zahlreichen Beispielen. Franzis Verlag, München
16. Farin G, Hansford D (2002) Lineare Algebra: Ein geometrischer Zugang. Springer, Berlin Heidelberg New York
17. Haberäcker P (1991) Digitale Bildverarbeitung. Grundlagen und Anwendungen. Carl Hanser, München Wien
18. Haralick RM (1986) Statistical image texture analysis. In: Young TY, Fu KS (eds) Handbook of pattern recognition and image processing. Academic Press, Orlando San Diego New York
19. Haralick RM Shapiro LG (1992/1993) Computer Vision Vol. 1 and Vol. 2. Addison-Wesley, Reading, Menlo Park, New York
20. Häußler G, Koch AW, Ruprecht MW, Toedter O (1998) Optische Messtechnik an Technischen Oberflächen. expert-verlag, Renningen-Malmsheim
21. Jähne B. (2002) Digitale Bildverarbeitung. Springer, Berlin Heidelberg New York
22. Jain R, Kasturi R, Schunk BG (1995) Machine Vision. McGraw-Hill, New York, London, Tokyo

23. Jaroslavskij LP.(1990) Einführung in die digitale Bildverarbeitung. Hüthig, Heidelberg

24. Jiang X, Bunke H (1997) Dreidimensionales Computersehen, Gewinnen und Analysieren von Tiefenbildern. Springer, Berlin Heidelberg New York

25. Jochems T (1991) Transformationen der mathematischen Morphologie. In: Vorlesungsmitschrift. Centre de Morphologie Mathematique, Fontainbleau

26. Klette R, Zamperoni P (1995) Handbuch der Operatoren für die Bildverarbeitung. Vieweg, Braunschweig

27. Klinger T (2003) Image Processing with LabVIEW and IMAQ Vision. Prentice Hall, Upper Saddle River

28. Kopp H (1997) Bildverarbeitung interaktiv. Teubner, Stuttgart

29. Lehmann T, Oberschelp W, Pelikan E, Repges R (1997) Bildverarbeitung für die Medizin. Springer, Berlin Heidelberg New York

30. Lenz R (1987) Informatk-Fachbericht 149. In: Paulus E (Hrgs) Proc.9 DAGM-Symp. Mustererkennung. Springer, Berlin Heidelberg New York

31. Mathcad 2000 (2000) Offizielles Benutzerhandbuch: MITP-Verlag

32. Osten W (1991) Digitale Verarbeitung und Auswertung von Interferenzbildern. Akademie Verlag, Berlin

33. Petrotti F, Petrotti L (2000) Optik für Ingenieure. Springer, Berlin Heidelberg New York

34. Rosenfeld A, Kak AC (/1982) Digital Picture Processing, Vol. 1 and Vol. 2.: Academic Press, San Diego

35. Russ JC (1999) The IMAGE PROCESSING Handbook. Springer, Berlin Heidelberg New York

36. Schlicht HJ (1993) Digitale Bildverarbeitung mit dem PC: Addison-Wesley; Reading, Menlo Park, New York

37. Schmid R (1995) Industrielle Bildverarbeitung. Vieweg, Braunschweig

38. Schröder G (1990) Technische Optik.Vogler, Würzburg

39. Strutz T (1994) Ein genaues optisches Triangulationsverfahren zur Oberflächenvermessung. Dissertation, TU Magdeburg,

40. Voss K, Süsse H (1991) Praktische Bildverarbeitung. Carl Hanser, München Wien

41. Wahl FM (1984) Digitale Bildsignalverarbeitung. Springer, Berlin Heidelberg New York

42. Zamperoni P (1991) Methoden der digitalen Bildsignalverarbeitung. Vieweg, Braunschweig

Sachverzeichnis

Druck: Saladruck, Berlin
Verarbeitung: Stein+Lehmann, Berlin